Z-Transformation für Ingenieure

Grundlagen und Anwendungen in der Elektrotechnik, Informationstechnik und Regelungstechnik

Von Dr.-Ing. habil. Fritz Bening
Professor an der Universität Rostock

B.G. Teubner Stuttgart 1995

Die Deutsche Bibliothek – CIP-Einheitsaufnahme

Bening, Fritz :
Z-Transformation für Ingenieure : Grundlagen und
Anwendungen in der Elektrotechnik, Informationstechnik und
Regelungstechnik / von Fritz Bening. – Stuttgart : Teubner,
1995
   ISBN 978-3-519-06159-5   ISBN 978-3-322-99752-4 (eBook)
   DOI 10.1007/978-3-322-99752-4

Gesamtherstellung: Präzis-Druck GmbH, Karlsruhe

Vorwort

Wozu eigentlich Z-Transformation? Diese Frage hört man häufig von Studenten, die bereits Grundregeln der Fourier- und der Laplace-Transformation verstanden haben und sich - wenn auch nach anfänglichem Zögern - sogar damit anfreunden konnten. Nun schon wieder eine neue Transformation? Ist sie wirklich nötig? Wo kann ich sie anwenden und welche Vorteile bringt sie mir?

Diese Einführung versucht, solche und ähnliche Fragen leicht faßlich und präzise zu beantworten. Sie richtet sich zuerst an den Anfänger, den weniger mathematische Grundsatzfragen interessieren, der vielmehr das breit gefächerte Anwendungsspektrum der Z-Transformation kennenlernen möchte und nützliche Hinweise sowie praxisbezogene Rechenbeispiele erwartet. Darüber hinaus wird auch der Fortgeschrittene angesprochen, der den Gebrauch der Z-Transformation in der Technik kennenlernen und sich in diese Thematik einarbeiten möchte, um daraus für eigene Problemstellungen Nutzen zu ziehen.

Denn eines ist unbestritten: dynamische Vorgänge in zeitdiskreten technischen Anwendungen werden vorwiegend mit Methoden der Z-Transformation behandelt; diese lineare Funktionaltransformation hat sich als leistungsfähiges Hilfsmittel zur rechnerischen Behandlung solcher Problemkreise durchgesetzt.

Dies gilt insbesondere für digitale Aufgabenstellungen der Systemtheorie, der Regelungs- und Automatisierungstechnik sowie der allgemeinen Elektrotechnik. Vorwiegend dort, wo Rechentechnik einsetzbar ist, hat sich die Z-Transformation bei numerischen Untersuchungen bewährt. So ist beispielsweise die Analyse von Meßwertreihen selten an kontinuierliche Funktionen geknüpft, sie erfolgt vielmehr an Hand von gemessenen "Zahlenkolonnen", deren Verarbeitung eine Domäne der Z-Transformation darstellt.

Zum Inhalt:
Das 1. Kapitel stellt *mathematische Grundlagen* vor, soweit sie für den rechnenden Ingenieur unverzichtbar sind. Grundlegenden Definitionen folgt die Z-Abbildung einfacher und zusammengesetzter Signale; Transformationseigenschaften und Rechengesetze werden erläutert.
Das 2. Kapitel befaßt sich mit der inversen Operation, der *Z-Rücktransformation* und stellt in der Rechenpraxis bewährte Methoden vor. Vorwiegend werden (gebrochen-) rationale Funktionen von z, die bei Signalen und in Systemen mit konzentrierten Bauelementen vorherrschen, behandelt.
Das 3. Kapitel beschreibt Systeme mit Hilfe der *Gewichts- und der Übertragungsfunktion*. Unterschiede bei der Anwendung der Z-Transformation auf (getastete) kontinuierliche und diskrete Systeme werden herausgearbeitet. Auch die Reaktion auf verschiedene Signaltypen, wie aperiodisch, periodisch und amplitudenmoduliert, wird ausführlich besprochen. Den Abschluß bildet die

erweiterte Z-Transformation; sie erlaubt bei kontinuierlichen Zeitfunktionen die Berechnung beliebig vieler Zwischenwerte innerhalb einer Tastperiodendauer .

Das 4. Kapitel stellt weitere *Kennfunktionen im z-Frequenzbereich*, wie den komplexen Frequenzgang mit seinen technisch bedeutsamen Komponenten Ortskurve, Amplituden- und Phasengang vor und geht auf die graphische Konstruktion dieser Kennfunktionen aus dem P-N-Plan ein.

Das 5. Kapitel ist dem Zusammenspiel zwischen *Differenzengleichungen und der Z-Transformation*, also dem Zusammenwirken von *Zeit*bereich und *Bild*bereich gewidmet. Sowohl Analyse- als auch Syntheseprobleme werden betrachtet.

Das 6. Kapitel behandelt am Beispiel technischer Aufgabenstellungen ausgewählte *numerische Verfahren*, die auf die Z-Transformation als Rechenhilfe zurückgreifen.

Das 7. Kapitel enthält eine *Aufgabensammlung samt Lösungen*, die aus studentischen Rechenübungen zusammengestellt wurden und querschnittsmäßig den gesamten behandelten Stoff widerspiegeln.

Das 8. Kapitel beinhaltet *Hilfsprogramme*, welche die Z-Rücktransformation und die Systemanalyse im Zeit- und Bildbereich erleichtern. Es umfaßt Demonstrationen zum Thema Anwendungen der Z-Transformation und bietet Lösungshilfen zu Beispielen und Aufgaben an.

Das 9. Kapitel stellt wichtige Bezeichnungen, *Formeln, Sätze* und *Korrespondenzen* zusammen, soweit sie in den vorangegangenen Kapiteln benutzt wurden.

Das Buch entstand aus Vorlesungen und Übungen, die der Autor am Fachbereich Elektrotechnik der Fakultät für Ingenieurwissenschaften an der Universität Rostock gehalten hat. Die inhaltliche Gestaltung und die Auswahl der eingefügten Beispiele sind betont anwendungsorientiert gehalten. Sie geben dem Leser Gelegenheit, den Umgang mit den Elementen der Z-Transformation an Hand technischer Standardaufgaben zu üben.

Wünschenswert für die mühelose Lektüre sind Vorkenntnisse in der Mathematik, der Elektrotechnik und der Signal- und Systemtheorie, wie sie im Grundstudium wissenschaftlicher Studiengänge vermittelt werden. Das Buch wendet sich vorwiegend an Studenten technischer Fachrichtungen und an Ingenieure. Um das Verständnis beim Leser zu fördern, sind zahlreiche vollständig durchgerechnete Aufgaben eingearbeitet. Dem Studierenden sollen Grundlagen vermittelt und technische Anwendungen der Z-Transformation nahegebracht werden. Diese einführende Darstellung versucht, den Ansprüchen an ein kombiniertes Lehr- und Übungsbuch zu genügen und ist nach Meinung befragter Studenten und des Autors zum Selbststudium geeignet.

Rostock, im Sommer 1995   Fritz Bening

Inhalt

Formelzeichen und Symbole

$\omega = 2\pi f$	Kreisfrequenz [rad/sec]
ω_A	Abtastfrequenz [rad/sec]
$\varphi(e^{j\omega T})$	Phasengang diskreter Systeme
$\varphi(\omega)$	Phasengang kontinuierlicher Systeme
$\Delta(nT)$	Einheits-Impuls, Kronecker-Delta
$\Delta T/T$	relative Einschaltdauer
$\Delta[f(nT)]$	Differenz 1.Ordnung
$\Delta\omega$	Abstand der Spektrallinien
$\delta(t)$	Dirac-Funktion
$\mid G(e^{j\omega T})\mid$	Amplitudengang diskreter Funktionen
$\mid G(j\omega)\mid$	Amplitudengang kontinuierlicher Funktionen
$1(nT)$	diskrete Sprungfunktion
$1(t)$	kontinuierliche Sprungfunktion
$a(nT)$	diskretes Ausgangssignal
$a(t)$	kontinuierliches Ausgangssignal
$A(z)$	Ausgangssignal im Z-Bereich
DFT	Diskrete Fouriertransformation
DGL	Differentialgleichung
Diff.-Gl.	Differenzengleichung
$e(nT)$	diskretes Eingangssignal
$e(t)$	kontinuierliches Eingangssignal
$E(z)$	Eingangssignal im Z-Bereich
f	Frequenz [Hz]
$f(nT)$	diskretwertige Wertefolge, T - Abstand, n- natürliche Zahl
$f(t)$	Funktion der kontinuierlichen Zeit t
$F(m\Delta\omega)$	Spektrum der Diskreten Fouriertransformation
$F(z)$	Rationale Funktion im Z-Bereich
$F^{-1}\{F(j\omega)\}$	Fourier-Rücktransformation
$F\{f(t)\}$	Fourier-Transformation
f_{max}	höchste enthaltene Frequenzkomponente
$g(nT)$	Gewichtsfolge, Einheits-Impulsreaktion
$g(t)$	Gewichtsfunktion, Dirac-Reaktion

$G(j\omega)$	komplexer Frequenzgang kontinuierlicher Systeme
$G(p)$	Übertragungsfunktion im Laplacebereich
$G(z)$	Übertragungsfunktion im Z-Bildbereich
$G_H(p)$	L-Transformierte des Haltegliedes O. Ordnung
$i(t)$	Strom
Im	Imaginärteil
k	Konstante, Verstärkungsfaktor von $G(z)$
$L^{-1}\{F(p)\}$	Laplace-Rücktransformation
$L\{f(t)\}$	Laplace-Transformation
m	Grad des Zählerpolynoms, Tastverhältnis, Zählvariable
n	Grad des Nennerpolynoms, natürliche Zahl
$p = \sigma+j\omega$	komplexe Variable bei der Laplace-Transformation
Re	Realteil
$si(x)$	Spaltfunktion $si(x) = sin(x) / x$
t	kontinuierliche Zeitvariable
T	Tastperiodendauer
T_F	Fensterlänge (Beobachtungsdauer) eines Funktionsausschnitts
T_{max}	höchstzulässige Tastperiodendauer
T_o	Periodendauer
TP	Tiefpaß, Verzögerungsglied
$u(t)$	Spannung
$ü(t)$	Übergangsfunktion, Sprungreaktion
v	Verstärkung
z_v^*	Nullstellen des Zählerpolynoms
z_μ	Nullstellen des Nennerpolynoms
$Z^{-1}\{F(z)\}$	Z-Rücktransformation
$Z\{f(nT)\}$	Z-Transformation

1 Z-Transformation

In der Theorie *diskreter* Signale und Systeme hat sich die Z-Transformation als zentrales Rechenhilfsmittel bewährt; sie ergänzt die Laplace- und die Fourier-Transformation, die im *kontinuierlichen* Bereich vorherrschen. Die Z-Transformation stellt leistungsfähige Werkzeuge zur Untersuchung *diskontinuierlicher* Vorgänge bereit, wie sie u.a. in der Signal- und Systemtheorie, der Allgemeinen Elektrotechnik, der Regelungstechnik und der Energieelektronik auftreten.

Einleitend sollen die für technische Anwendungen wichtigsten Begriffe, Eigenschaften und Rechenregeln der Z-Transformation zusammengestellt und an Beispielen erläutert werden.

1.1 Definition und Vereinbarungen
1.1.1 Wege zur Z-Transformation

Die Mathematik definiert die Z-Transformierte $F(z)$ einer Wertefolge $f(nT)$ als unendliche Summe der mit z^{-n} multiplizierten Folgenelemente.

$$\boxed{Z\{f(nT)\} = F(z) = \sum_{n=0}^{\infty} f(nT) \cdot z^{-n}} \qquad \text{Einseitige Z-Transformation} \qquad (1.1)$$

Die Beziehung Gl(1.1) gilt im Zeitbereich innerhalb des Summationsintervalls $0 \leq n \leq \infty$ und wird *einseitige* Z-Transformation genannt.

Die komplexe Variable z mit dem Realteil $\mathrm{Re}\{z\}$ und dem Imaginärteil $\mathrm{Im}\{z\}$ kann als Produkt ihres Betrages $|z|$ und der Phase $\varphi(\omega)$ geschrieben

$$z = \mathrm{Re}\{z\} + j \cdot \mathrm{Im}\{z\} = |z| \cdot e^{j\varphi(\omega)} \quad \text{mit} \quad \begin{cases} |z| = \sqrt{\mathrm{Re}^2(z) + \mathrm{Im}^2(z)} \\[2mm] \varphi(\omega) = \mathrm{arctg}\dfrac{\mathrm{Im}(z)}{\mathrm{Re}(z)} \end{cases} \qquad (1.2)$$

und in der Gauß'schen Zahlenebene (z-Ebene) dargestellt werden (vergl.Kap.4.1).

Bei technischen Aufgabenstellungen treten an die Stelle *diskreter* Folgenelemente $f(nT)$ oftmals die Funktionswerte *kontinuierlicher* Funktionen $f(t)$. In solchen Fällen kann $f(t)$ punktweise mit Hilfe *diskreter* Probenwerte $f(nT)$ angenähert werden, die der Funktion in hinreichend kleinem Abstand T zu entnehmen sind (Bild 1.1). Auf diese Weise werden Rechenregeln und theoretische Aussagen der Z-Transformation auch auf kontinuierliche Vorgänge anwendbar.

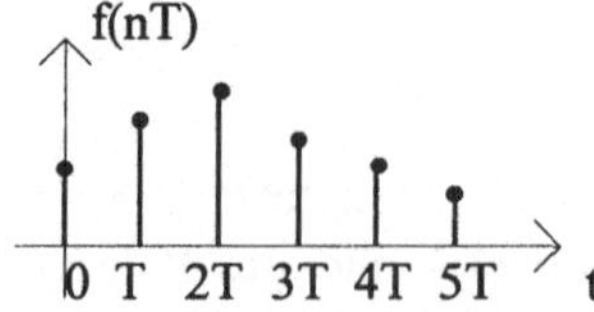
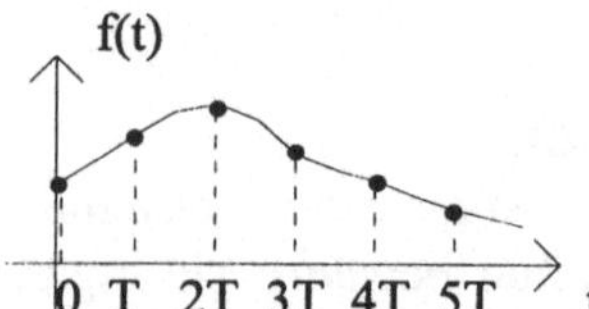

Bild 1.1 Gegenüberstellung der Wertefolge f(nT) (links) und der Funktion f(t) (rechts), die ersatzweise mittels diskreter Probenwerte f(nT) beschrieben wird.

Dabei setzt man stillschweigend voraus, daß die Funktion hinreichend glatt verläuft. Die Frage, wie groß T im Einzelfall höchstens gewählt werden darf, ist mit Hilfe des Shannon'schen Abtast-Theorems zu beantworten. Es lehrt, daß der Ersatz von f(t) durch f(nT) ohne Informationsverlust erfolgen kann , wenn der Abstand einen höchstzulässigen Wert T_{max} nicht überschreitet:

$$\boxed{T_{max} < \frac{1}{2 f_{max}}}$$

Höchstzulässiger Abstand der Probenwerte f(nT) bei periodischen Funktionen   (1.3)

Hierin ist f_{max} die höchste in f(t) enthaltener Frequenzkomponente.
In diesem Falle ist die kontinuierliche Funktion f(t) aus ihren Probenwerten f(nT) mit Hilfe des Abtasttheorems für frequenzbegrenzte Vorgänge (Gl(1.4))

$$\boxed{f(t) = \sum_{n=-\infty}^{\infty} f(nT) \cdot si\left[\pi\left(\frac{t}{T} - n\right) \right]}$$

Rekonstruktion der Funktion f(t) aus diskreten Probenwerten f(nT)   (1.4)

fehlerfrei rekonstruierbar. Die jeweils um π gegeneinander versetzten Spaltfunktionen si[π(t/T-n)] = sin[π(t/T-n)] / [π(t/T-n)] füllen die Lücken zwischen den Abtastwerten f(nT) und erzeugen so die kontinuierliche Funktion f(t).

Bild 1.2 veranschaulicht die Notwendigkeit, den Probenwertabstand T hinreichend klein zu wählen. Gibt es doch stets mehrere Funktionen, z.B. $f_1(t)$, $f_2(t)$, $f_3(t)$, die sämtlich dieselbe Wertefolge f(nT) und somit auch dieselbe Z-Transformierte F(z) besitzen !

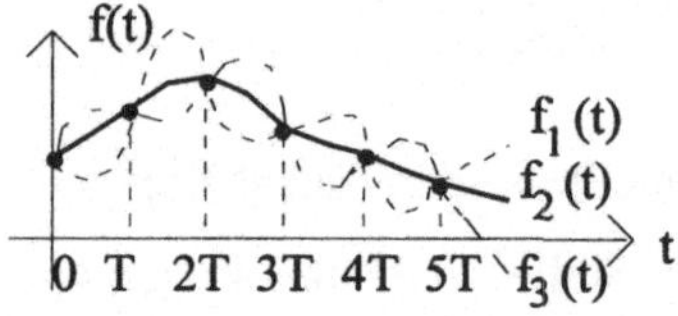

Bild 1.2 Verschiedene Zeitfunktionen $f_1(t)$, $f_2(t)$, $f_3(t)$ mit derselben Z-Transformierten

Dennoch sind die skizzierten Funktionen - trotz gleicher f(nT) - voneinander zu unterscheiden, da sie ungleiche Amplitudendichtespektren F(jω) = F{f(t)} besitzen. Folglich weisen sie auch unterschiedliche Maximalfrequenzen f_{max} auf, die nach dem Abtasttheorem voneinander abweichende Abtastraten T erzwingen [Gl(1.3)]. Auf diese Weise entstehen wieder eindeutige Verhältnisse.

Die Skizze verdeutlicht aber auch eindrucksvoll, daß der geeigneten Wahl des Probenwerteabstandes T stets genügend Aufmerksamkeit zu widmen ist.

Soweit erste Aussagen zum zulässigen Abstand der Probenwerte. In der Rechenpraxis des Ingenieurs kommen weitere Aspekte hinzu, über die Kapitel 6.1 ausführlicher berichtet.

Zur Einordnung der Z-Transformation in die Kategorie nützlicher Rechenhilfsmittel sollen nun Querverbindungen zu zwei anderen in der Technik gebräuchlichen Funktionaltransformationen genannt werden, nämlich der Laplace- und der Diskreten Fourier-Transformation.

Laplace- und Z-Transformation

Die (einseitige) Laplace-Transformation $L\{f(t)\}$ definiert zu einer Originalfunktion $f(t)$ eine Bildfunktion $F(p)$ nach dem Bildungsgesetz:

$$L\{f(t)\} = F(p) = \int_{t=0}^{\infty} f(t)e^{-pt}dt, \tag{1.5}$$

worin $p = \sigma + j\omega$ eine komplexe Variable darstellt. Beziehungen zur Z-Transformation verdeutlicht der nachfolgende Vergleich.

Nähert man die kontinuierliche Funktion $f(t)$ durch eine Folge schmaler Rechtecke mit den Amplituden $f(nT)$ und der Breite T an (Bild 1.3):

$$f(t) \approx \sum_{n=0}^{\infty} f(nT) \cdot \left[1(t-nT) - 1(t-(n+1)T)\right] = f_{Treppe}(nT), \tag{1.6}$$

so entsteht durch Aneinanderreihen der Elemente eine stückweise konstante Treppenfunktion $f_{Treppe}(nT)$.

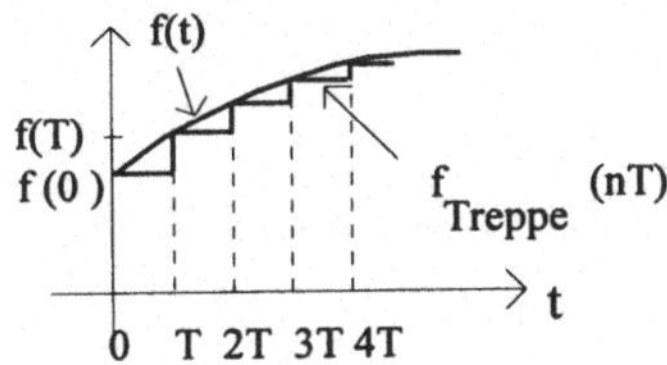

Bild 1.3 Kontinuierliche Funktion $f(t)$ und zugehörige Treppenfunktion $f_{Treppe}(nT)$

Die Gl(1.5) geht dann näherungsweise über in

$$F(p) \approx \int_{t=0}^{\infty} f_{Treppe}(t) \cdot e^{-pt}dt,$$

woraus ausführlicher geschrieben

$$F(p) \approx \int\limits_{t=0}^{\infty} \sum_{n=0}^{\infty} f(nT)\{1(t-nT) - 1[t-(n+1)T]\}\, e^{-pt} dt \quad . \tag{1.7}$$

wird.

Bei Integralen mit festen Grenzen darf die Reihenfolge von Integration und Summation vertauscht werden, und das Produkt des Funktionswertes f(nT) mit dem Ausdruck {1(t-nT) - 1[t-(n+1)T]} bedeutet eine Multiplikation des ersteren mit dem Faktor 1 für die Dauer einer Tastperiode. Also gilt:

$$F(p) \approx \sum_{n=0}^{\infty} \int\limits_{nT}^{(n+1)T} f(nT) e^{-pt} dt = \sum_{n=0}^{\infty} f(nT) \int\limits_{nT}^{(n+1)T} e^{-pt} dt. \tag{1.8}$$

Das rechte Integral im obigen Ausdruck liefert:

$$\int\limits_{nT}^{(n+1)T} e^{-pt} dt = -\frac{1}{p} (e^{-pt}) \Big|_{nT}^{(n+1)T} = \frac{1}{p}(1 - e^{-pT}) e^{-pnT},$$

so daß als Zwischenergebnis Gl(1.9) entsteht:

$$F(p) \approx \sum_{n=0}^{\infty} \frac{1 - e^{-pT}}{p} \cdot f(nT) e^{-pnT} = \frac{1}{p}\left(1 - e^{-pT}\right) \cdot \sum_{n=0}^{\infty} f(nT) e^{-pnT}. \tag{1.9}$$

Der Faktor $\frac{1}{p}(1\text{-}e^{-pT})$ im obigen Ausdruck kennzeichnet ein Halteglied 0. Ordnung, das die Folge diskreter Werte f(nT) in eine Treppenkurve $f_{\text{Treppe}}(t)$ umwandelt.

Der Summenanteil $\sum\limits_{n=0}^{\infty} f(nT) e^{-pnT}$ in Gl(1.9) entspricht im Zeitbereich einer Folge von Abtastwerten f(nT), die im Abstand T aufeinander angeordnet sind. Er geht mit Hilfe der Substitution Gl(1.11)

Fußnote: Ein Halteglied 0.Ordnung besitzt die in Bild 1.4 skizzierten Eigenschaften.

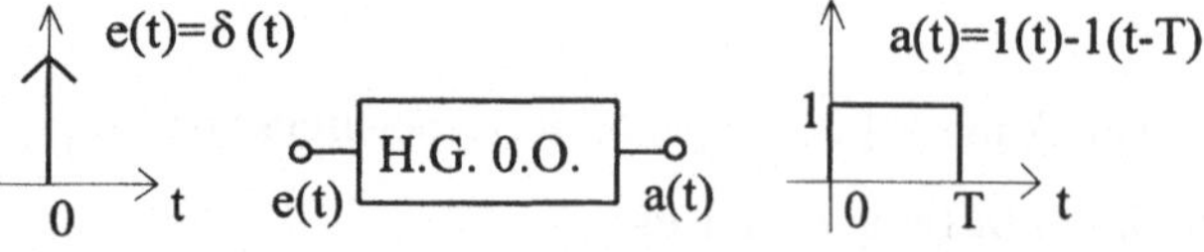

Bild 1.4 Das Halteglied 0.Ordnung antwortet auf einen Dirac-Stoß mit einer Rechteckfunktion a(t) der Länge T. Die Übertragungsfunktion ergibt sich als Laplace-Transformierte der Stoßerregung zu $G_{\text{Halte}}(p) = L\{a(t)\} = (1\text{-}e^{-pT})/p$. $\qquad$ (1.10)

$$\boxed{e^{pT} = z}\qquad\text{Verknüpfung von Z- und L-Transformation}\qquad(1.11)$$

in den Ausdruck Gl(1.12)

$$F(z) = \sum_{n=0}^{\infty} f(nT)\cdot z^{-n} = Z\{f(t)\},\qquad(1.12)$$

also in die Definitionsgleichung der Z-Transformation über.

In Worten:

> Die Substitution
> $e^{pT} = z$
> vermittelt zwischen Laplace- und
> Z-Transformation *kontinuierlicher* Funktionen

Diskrete Fourier- und Z-Transformation

Auch zwischen der Diskreten Fouriertransformation (DFT) und der Z-Transformation besteht eine mathematische Verwandtschaft. Die Diskrete Fourier-Transformation berechnet das Spektrum $F(m\Delta\omega)$ eines zeitlichen Ausschnitts der Funktion $f(t)$ mit einer Länge T_F zu

$$F(m\,\Delta\omega) = T\sum_{n=0}^{N-1} f(nT)e^{-j(m\Delta\omega T)n} = T\sum_{n=0}^{N-1} f(nT)\cdot\left(e^{jm\Delta\omega T}\right)^{-n}.\qquad(1.13)$$

Hierin bedeuten:

$m = 0, 1, 2, 3 \ldots$ die Folge der natürlichen Zahlen,
$\Delta\omega$ den Spektrallinienabstand bei der Funktion $F(m\Delta\omega)$
$N = T_F / T$ den Quotienten aus Länge T_F (Beobachtungsdauer)
    und Abtastperiodendauer T.

Vergleicht man $F(m\Delta\omega)$ in Gl(1.13) mit der Definitionsgleichung der Z-Transformation

$$Z\{f(nT)\} = F(z) = \sum_{n=0}^{\infty} f(nT)\cdot z^{-n},$$

so fallen unter den Summenzeichen beider Ausdrücke Ähnlichkeiten auf. Offenbar tritt der Ausdruck $e^{j(m\Delta\omega T)}$ mit dem *konstanten* Betrag $|e^{j(m\Delta\omega T)}| = 1$ an die

Stelle des Terms $z = |z|\cdot e^{j\varphi(\omega)}$, der eine komplexe Variable mit *beliebigem* endlichen Betrag $|z|$ darstellt.

Der Übergang von der diskreten Fouriertransformation zur Z-Transformation
entspricht somit einer Erweiterung des Wertevorrats der Variablen z vom Ein-
heitskreis ($|z| = 1$) auf die gesamte komplexe Ebene.

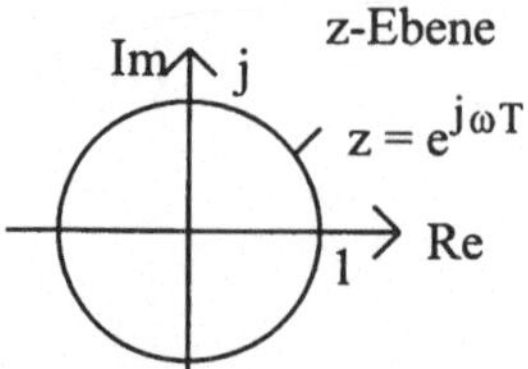

Bild 1.5 Einheitskreis in der komplexen Zahlenebene. Die diskrete Fouriertransforma-
tion ist wegen $|z| = |e^{jωT}| = 1$ auf den Einheitskreis beschränkt; die Z-Transformation
kann dagegen auf die gesamte Zahlenebene zugreifen.

Somit steht die Relation

$$\boxed{F(z)\big|_{z=e^{jωT}} = F(e^{jωT}) = F(mΔω)/T}$$
$\qquad$ Verknüpfung von Z- und $\qquad$ (1.14)
$\qquad$ diskreter Fourier-Transformation

als Bindeglied zwischen Z-Transformation und diskreter Fourier-Transformation.

Die Verwandtschaft zwischen den 3 Verfahren: Fourier-, Laplace- und Z-Transformation ermöglicht es unter anderem, direkte Querverbindungen der Funktionaltransformationen untereinander herzustellen, ohne den Umweg über den Zeitbereich, d.h. über die jeweilige Rücktransformation in Anspruch zu nehmen. Das
geschieht in praxi in Form von Vergleichstabellen, die einen raschen wechselsei-
tigen Übergang zwischen den verschiedenen Transformationen erlauben (vergl.
Kap. 9.2.6).

1.1.2 Ein- und zweiseitige Z-Transformation

Dehnt man das Summationsintervall in der Definitionsgleichung Gl(1.1) auf negative Werte der Zählvariablen n aus, so geht die einseitige in die *zweiseitige*
Z-Transformation $F_{II}(z)$ über,

$$\boxed{F_{II}(z) = \sum_{n=-\infty}^{\infty} f(nT)z^{-n}}$$
$\qquad$ Zweiseitige Z-Transformation $\qquad$ (1.15)

für die ähnliche Rechengesetze wie für die einseitige Z-Transformation gelten.
An dieser Stelle soll jedoch vorwiegend von der an technische Schaltvorgänge
angepaßten *einseitigen* Z-Transformation die Rede sein. Auf Abweichungen bzw.
Unterschiede wird bei Bedarf hingewiesen.

Kausalität

Man bezeichnet Wertefolgen f(nT), die nur für nichtnegative n von Null verschiedene Elemente aufweisen, als kausale Folgen. Dagegen besitzen nichtkausale Folgen auch für n < 0 nichtverschwindende Werte.

Aus dieser Vereinbarung geht hervor, daß die einseitige Z-Transformation wegen ihres Summationsintervalls $0 \leq n \leq \infty$ auf die Verarbeitung kausaler Folgen spezialisiert ist. Das folgende Bild zeigt zum Vergleich je einen Vertreter beider Kategorien.

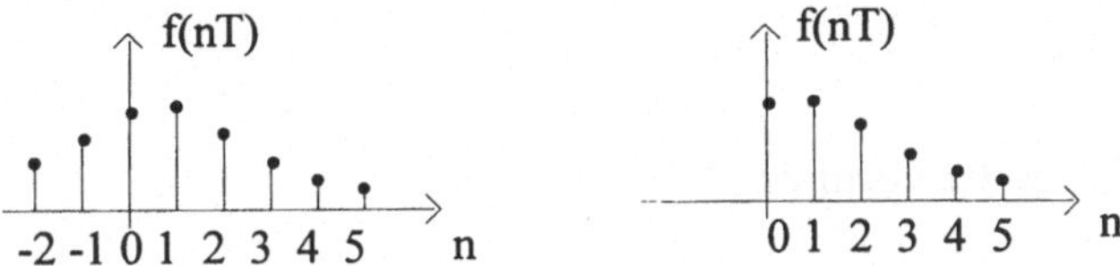

Bild 1.6 Zum Begriff der kausalen Folge. Links: nichtkausale Folge mit f(nT) ≠ 0 für n < 0; rechts: kausale Folge mit f(nT) ≠ 0 nur für n ≥ 0

Kausale Folgen werden auch rechtsseitige Folgen genannt, während nichtkausale Folgen i.a. zweiseitige Folgen (mit nichtverschwindenden Werten beidseitig vom Koordinatenursprung) darstellen.

Konvergenz

Die Definitionsgleichung der Z-Transformation verlangt, daß die Summe

$$F(z) = \sum_{n=0}^{\infty} f(nT) \cdot z^{-n} < \infty \qquad (1.16)$$

endlich bleibt, da sonst keine Z-Transformierte der Wertefolge f(nT) existiert. Man sagt dann, F(z) ist konvergent für alle z, welche die obige Ungleichung erfüllen.

Aus Gl(1.16) geht unmittelbar hervor, daß Folgen mit einer *endlichen* Elementezahl beschränkter Amplituden *immer* eine Z-Transformierte besitzen, da die Reihensumme unter dieser Voraussetzung stets endlich bleibt.

Dagegen erfordern kausale Folgen mit *unendlich* vielen Elementen bezüglich ihrer Konvergenz zusätzliche Überlegungen.

So kann nach den Regeln der Partialbruchzerlegung jede echt gebrochene rationale Funktion F(z) in eine Summe von Linearfaktoren zerlegt werden:

$$F(z) = \frac{(z - z_1^*) \cdots (z - z_m^*)}{(z - z_1) \cdots (z - z_n)} = \sum_{i=1}^{n} \frac{A_i}{z - z_i} \cdot$$

Diese Beziehung gilt ohne Beschränkung der Allgemeinheit, sofern komplexe A_i und z_i zugelassen werden. Formt man die rechte Seite obiger Gleichung um:

$$\sum_{i=1}^{n}\frac{A_i}{z-z_i} = z^{-1}\left(\sum_{i=1}^{n}A_i\frac{z}{z-z_i}\right),$$

so liefert die aus der Z-Transformation der Sprungfunktion (vergl. Kap.1.2.1) bekannte Beziehung

$$\frac{z}{z-z_i} = \sum_{n=0}^{\infty}\left(\frac{z_i}{z}\right)^n$$

eine Möglichkeit, $F(z)$ in folgender Form zu schreiben:

$$F(z) = z^{-1}\left(\sum_{i=1}^{n}A_i\sum_{n=0}^{\infty}\left(\frac{z_i}{z}\right)^n\right).$$

Obiger Ausdruck konvergiert sicherlich dann und nur dann, wenn alle in ihm enthaltenen geometrischen Reihen

$$A_i\sum_{n=0}^{\infty}\left(\frac{z_i}{z}\right)^n$$

konvergieren. Das ist aber gerade der Fall, wenn die Ungleichung

$$|z| > |z_i| \qquad \text{für alle } i = 1...n \text{ erfüllt ist.}$$

Hieraus wird erkennbar, daß für kausale Folgen der Pol mit dem größten Betrag den Konvergenzbereich der Funktion $F(z)$ bestimmt. Das folgende Bild verdeutlicht diese Feststellung.

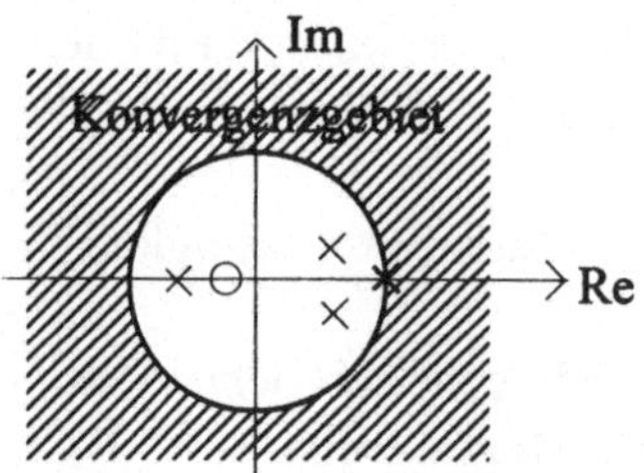

Bild 1.7 Der Konvergenzkreis der Funktion $F(z)$ verläuft durch den Pol mit dem größten Betrag, wenn $F(z)$ eine kausale Folge beschreibt

Ergebnis:

Ist F(z) die Z-Transformierte einer kausalen Folge f(nT), so konvergiert F(z) für alle z außerhalb eines Konvergenzkreises, dessen Radius $|z|$ durch den betragsmäßig größten Pol gegeben ist: $|z| > \mathrm{Max}\,|z_i|$ worin $i = 1...n$

Zur Veranschaulichung dieser Aussage dient folgende Aufgabe.

Beispiel

Gegeben: kausale Zeitfunktion $f(t) = a^t \cdot 1(t)$
Gesucht: Bildfunktion F(z) und ihr Konvergenzbereich

Lösung:
Nach der Definitionsgleichung der Z-Transformation gilt

$$F(z) = \sum_{n=0}^{\infty} a^{nT} 1(nT) \cdot z^{-n} = \sum_{n=0}^{\infty} (a^T z^{-1})^n .$$

Damit F(z) konvergiert, muß sicher jede der Teilsummen kleiner als 1 sein, d.h., es ist zu fordern:

$$\left| a^T z^{-1} \right| < 1 \quad \text{oder} \quad |z| > \left| a^T \right| .$$

Die Reihensumme lautet im Beispielfall:

$$F(z) = \sum_{n=0}^{\infty} a^{nT} \cdot z^{-n} = 1 + \frac{a^T}{z} + \frac{a^{2T}}{z^2} + \frac{a^{3T}}{z^3} + ... = \frac{z}{z - a^T} .$$

Aus dem Nenner der Bildfunktion F(z) ist ersichtlich, daß F(z) für alle $|z| > |a^T|$ konvergiert, während nach der oben genannten Teilsummenforderung ein

$$|z| \leq |a^T|$$

die Divergenz von F(z) nach sich zieht.

Bild 1.8 illustriert den zulässigen Bereich für die Variable z.

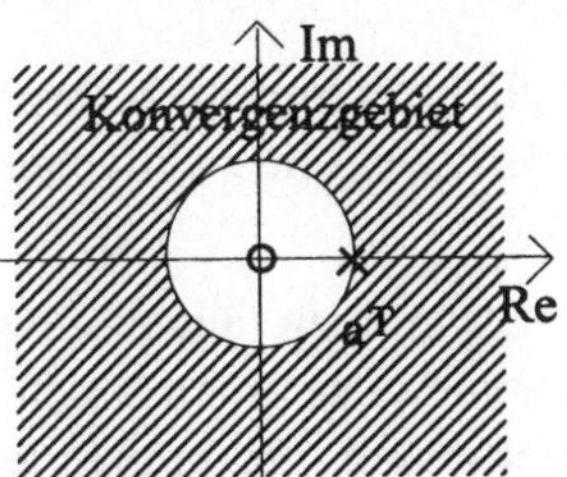

Bild 1.8 P-N-Plan mit Nullstelle $z^* = 0$ im Ursprung und Pol bei $z = a^T$ und Konvergenzbereich von F(z) (schraffiert)

Hinweis : Das ermittelte kreisförmige *Konvergenz*gebiet darf keinesfalls mit dem in Kap.4.1.1 zu besprechenden *Stabilitäts*gebiet - dieses wird durch das Innere des Einheitskreises in der komplexen Zahlenebene charakterisiert - verwechselt werden !

1.2   Abbildung einfacher Signale
1.2.1   Elementarsignale

Von der Definitionsgleichung der Z-Transformation ausgehend, werden technisch interessante Funktionen in den z-Bereich abgebildet, um so die Entstehung der in Kap. 9.2 zusammengestellten Korrespondenztafeln zu veranschaulichen.

Sprungfunktion

Die Z-Transformierte des Elementarsignals f(t) = 1(t) kann leicht an Hand der Definitionsgleichung ermittelt werden:

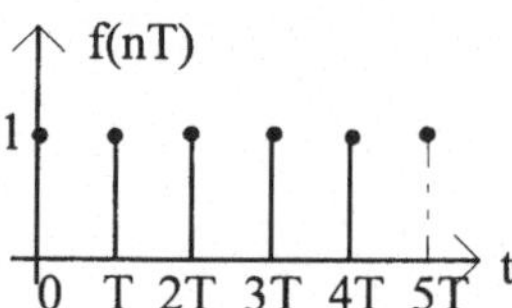

Bild 1.9 Diskrete Sprungfunktion f(nT) = 1(nT)

Nach Bild 1.9 bildet f(nT) = 1(nT) = {1, 1, 1, ...} eine unendliche bei n = 0 beginnende Folge mit dem konstanten Element 1. Das Aufsummieren der mit z^{-n} multiplizierten Probenwerte ergibt mit Hilfe der geometrischen Reihe folgende Reihensumme

$$F(z) = Z\{1(t)\} = \sum_{n=0}^{\infty} 1 \cdot z^{-n} = 1 + \frac{1}{z} + \frac{1}{z^2} + \frac{1}{z^3} + ... = \frac{z}{z-1} . \qquad (1. 17)$$

Am obigen Ergebnis fällt positiv auf, daß sich die unendliche Reihe nach ihrer Summation als rationale Funktion von z darstellt; diese ist zweifellos einfacher handhabbar als die zugehörige unendliche Wertefolge.

Durch Bildung der Reihensumme unendlicher Folgen kann man leicht eine Sammlung von Korrespondenzen technisch wichtiger Signale zusammenstellen. Darüber hinaus lassen sich mit Hilfe der Partialbruchzerlegung komplizierte Funktionen aus einfacheren Bauelementen zusammenfügen. Näheres dazu in den folgenden Beispielen.

Potenzfunktion

Verabredet man in $f(t) = a^t \cdot 1(t)$ einen Basiswert $a \neq 1$, so ergibt sich aus der Definitionsgleichung und dem Vergleich mit Gl(1.17) die Z-Transformierte der Potenzfunktion zu

$$Z\{a^t\} = \sum_{n=0}^{\infty} a^{nT} \cdot z^{-n} = 1 + \frac{a^T}{z} + \frac{a^{2T}}{z^2} + \frac{a^{3T}}{z^3} + \ldots = \frac{z}{z - a^T}. \qquad (1.18)$$

Dieses Ergebnis ist mehrfach abwandelbar. Durch geeignete Wahl der Basis a der Potenzfunktion können daraus technisch interessante Unterfunktionen gefunden werden.

Exponentialfunktion

a) Setzt man in Gl(1.18) für die Basis a den Term
$a = e^b$,
so ergibt sich sofort die Z-Transformierte der Exponentialfunktion zu

$$Z\{e^{bt}\} = \frac{z}{z - e^{bT}}. \qquad (1.19)$$

b) Wird in Gl(1.19) als spezieller Exponent
$b = j\omega_0$
gewählt, so folgt für die Z-Transformierte der *komplexen* Exponentialfunktion unmittelbar der Ausdruck:

$$Z\{e^{j\omega_0 t}\} = \frac{z}{z - e^{j\omega_0 T}}. \qquad (1.20)$$

Damit sind ohne zusätzliche Rechnung zwei weitere Korrespondenzen gefunden.

Harmonische Funktion

Aus Gl(1.20) folgt nach dem Satz von Moivre
$e^{j\omega_0 t} = \cos\omega_0 t + j \sin\omega_0 t$
zusätzlich die Beziehung

$$Z\{\cos\omega_0 t + j\sin\omega_0 t\} = \frac{z}{z - (\cos\omega_0 T + j\sin\omega_0 T)} = \frac{z}{(z - \cos\omega_0 T) - j\sin\omega_0 T}$$

$$= \frac{z(z - \cos\omega_0 T + j\sin\omega_0 T)}{z^2 - 2z\cos\omega_0 T + \cos^2\omega_0 T + \sin^2\omega_0 T},$$

woraus sich nach Aufteilung in Real- und Imaginärteil die Z-Transformierten der cos- Funktion zu

$$Z\{\cos\omega_0 t\} = \frac{z(z - \cos\omega_0 T)}{z^2 - 2z\cos\omega_0 T + 1} \qquad (1.21)$$

und der sin-Funktion zu

$$Z\{\sin\omega_0 t\} = \frac{z(\sin\omega_0 T)}{z^2 - 2z\cos\omega_0 T + 1} \quad . \qquad (1.22)$$

ablesen lassen.

Werden derartige Überlegungen zielgerichtet fortgesetzt, so entsteht eine für die Rechenpraxis sehr brauchbare Korrespondenztafel, die häufig auftretende Elementarfunktionen und deren zugehörige Z-Transformierte zusammenstellt.

Die Korrespondenzen solcher Elementarfunktionen sind insbesondere dann vorteilhaft anwendbar, wenn komplizierte Zeitfunktionen in einfachere Bausteine zerlegt und diese dann mit Hilfe der tabellierten Elementarfunktionen gliedweise transformiert werden können. Auf diese Weise ist der umständlichere Weg über die Reihendarstellung der Z-Transformierten in vielen für die Anwendung interessanten Fällen vermeidbar.

Kapitel 9.2 faßt die gebräuchlichsten Korrespondenzen zwischen Zeit- und z-Bereich zusammen.

1.3   Rechenregeln und Sätze

Bestimmte Operationen wie Summation, Verschiebung, Multiplikation, Differentiation und Integration treten bei praktischen Aufgabenstellungen häufig auf. Um damit verbundene Rechenschritte nicht ständig von Anfang an wiederholen zu müssen, erweist es sich als nützlich, diese Prozeduren mit Hilfe vorgefertigter Rezepte, den "Rechenregeln und Sätzen" zu behandeln. Auf diese Weise kann viel Routinearbeit eingespart werden.

1.3.1 Linearitätssatz

Die Z-Transformation ist eine lineare Operation, d.h., es gilt das Superpositionsgesetz. Enthält die Originalfunktion mehrere Summanden, so addieren sich im Bildbereich die Z-Transformierten der Summanden. Wenn

$$f(t) = k_1 \cdot f_1(t) + k_2 \cdot f_2(t) \qquad , \qquad (1.23)$$

dann folgt aus der Definitionsgleichung der Z-Transformation

$$Z[k_1 \cdot f_1(t) + k_2 \cdot f_2(t)] = \sum_{n=0}^{\infty} [k_1 \cdot f_1(nT) + k_2 \cdot f_2(nT)] \cdot z^{-n}$$

$$= \sum_{n=0}^{\infty} k_1 f_1(nT) z^{-n} + \sum_{n=0}^{\infty} k_2 f_2(nT) z^{-n}.$$

Man liest aus dem obigen Ausdruck ab:

$$\boxed{Z\{k_1 f_1(t) + k_2 f_2(t)\} = k_1 F_1(z) + k_2 F_2(z)} \qquad \text{Linearitätssatz} \qquad (1.24)$$

In Worten:

> **Satz:** Die Z-Transformierte einer Summe von Funktionen ist gleich der
> Summe der Z-Transformierten der Summanden

1.3.2 Verschiebungssätze

Unter *Schaltfunktionen* sollen solche Funktionen verstanden werden, die zu einem Zeitpunkt $t \geq 0$ beginnen, während sie für Zeiten $t < 0$ verschwinden. Man spricht in diesem Falle auch von "kausalen" Funktionen. Wie bereits weiter oben festgestellt wurde, ist die hier betrachtete *einseitige* Z-Transformation auf die Behandlung solcher kausalen Funktionen zugeschnitten.

Verschiebungssatz-links für Schaltfunktionen

Die Z-Transformierte F(z) einer Schaltfunktion $f(t) \cdot 1(t)$ sei bekannt. Gesucht wird die Z-Transformierte der um 1 Tastperiode T nach links verschobenen, bei $t = 0$ beginnenden Funktion $f(t + T) \cdot 1(t)$.

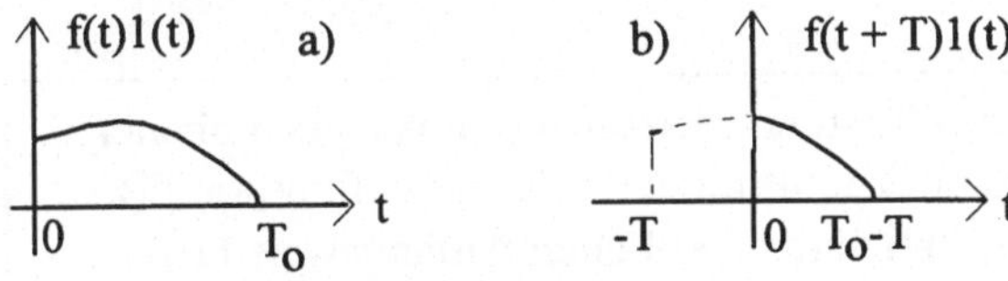

Bild 1.10 a) Schaltfunktion $f(t) \cdot 1(t)$;
b) um T nach links verschobene Schaltfunktion $f(t+T) \cdot 1(t)$ mit Startpunkt bei $t = 0$ (!)

Nach Bild 1.10 ergibt sich für $t = nT$, wenn man auf eine nochmalige Startpunkt-Kennzeichnung durch die Funktion $1(t)$ verzichtet:

$$Z[f(t+T)] = Z[f(n+1)T] = \sum_{n=0}^{\infty} f[(n+1)T] \cdot z^{-n}.$$

Eine Substitution $n + 1 = n_1$ erzeugt die neue Summationsvariable n_1; zusätzlich ändern sich die Summationsgrenzen:

Wenn $0 < n < \infty$

dann $0 < n_1 - 1 < \infty$

d.h. $1 < n_1 < \infty$.

Somit resultiert als Zwischenergebnis:

$$\sum_{n=0}^{\infty} f[(n+1)T] \cdot z^{-n} = \sum_{n_1=1}^{\infty} f(n_1 T) z^{-(n_1-1)} = z \sum_{n_1=1}^{\infty} f(n_1 T) z^{-n_1} . \qquad (1.25)$$

Da das Summationsintervall in Gl(1.25) bei $n_1 = 1$ beginnt, die Definitionsgleichung aber ein Aufsummieren von 0 bis ∞ verlangt, ist der Summe das fehlende 0. Glied hinzuzufügen; anschließend kann es außerhalb des Summenausdrucks wieder abgezogen werden:

$$\sum_{n_1=1}^{\infty} f(n_1 T) z^{-n_1} = \sum_{n_1=0}^{\infty} f(n_1 T) z^{-n_1} - f(0 \cdot T) \cdot z^{-0} = F(z) - f(0) . \qquad (1.26)$$

Infolgedessen ergibt sich als gesuchter Zusammenhang

$$\boxed{Z[f(t+T)] = \sum_{n=0}^{\infty} f[(n+1)T] = z \cdot F(z) - z \cdot f(0)} \qquad \begin{array}{l}\text{Verschiebungssatz-links} \\ \text{für Schaltfunktionen} \qquad (1.27)\end{array}$$

worin $f(t+T)$ als Abkürzung für die Schaltfunktion $f(t+T) \cdot 1(t)$ zu verstehen ist.

In Worten:

> Satz: Die Z-Transformierte der um 1 Tastperiodendauer T linksverschobenen Schaltfunktion ist gleich der mit z multiplizierten Originalfunktion F(z) vermindert um den mit z multiplizierten zeitlichen Anfangswert f(0).

Entsprechende Überlegungen für k Tastperioden erzeugen den Merksatz für beliebige Linksverschiebung von Schaltfunktionen:

$$\boxed{Z[f(t+kT)] = \sum_{n=0}^{\infty} f[(n+k)T] = z^k \left[F(z) - \sum_{r=0}^{k-1} f(rT) z^{-r} \right]} \qquad \begin{array}{l}\text{Verschiebungssatz-} \\ \text{links für k Takte} \\ \qquad\qquad (1.28)\end{array}$$

Verschiebungssatz-rechts für Schaltfunktionen
Bild 1.11 verdeutlicht die Aufgabenstellung. Bekannt sei $Z\{f(t)1(t)\} = F(z)$. Gesucht wird $Z\{f(t-kT)1(t-kT)\}$ als Funktion von $F(z)$.

a) 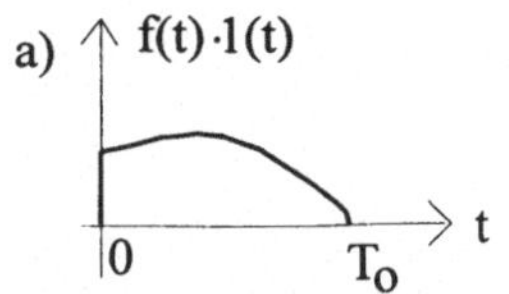

b) 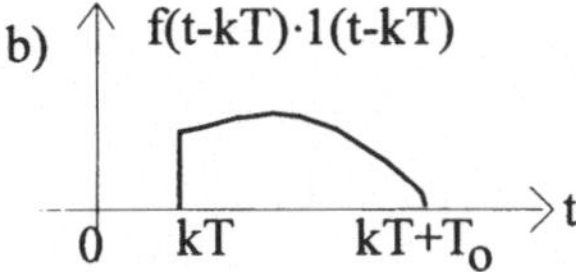

Bild 1.11   a) Originalfunktion $f(t)\cdot 1(t)$ mit der Z-Transformierten $F(z)$;
b) die um k Takte nach rechts verschobene Schaltfunktion $f(t-kT)\cdot 1(t-kT)$, deren Bildfunktion zu bestimmen ist.

Man sieht, daß wegen der Rechtsverschiebung der Schaltfunktion um k Takte erst ab $n = k$ zu summieren ist, denn es verschwindet der Ausdruck

$$f(t-kT) \cdot 1(t-kT) = 0 \qquad \text{für } n < k.$$

Folglich kann man schreiben:

$$Z\{f(t - kT) \cdot 1(t - kT)\} = Z[f(t - kT)] = \sum_{n=k}^{\infty} f[(n - k)T]z^{-n} \; .$$

Eine Substitution $n - k = n_1$ liefert neue Summationsgrenzen:

$$\begin{aligned}
\text{wegen} \quad & k < n < \infty \\
\text{wird} \quad & k - k < n_1 < \infty - k, \\
\text{also} \quad & 0 < n_1 < \infty .
\end{aligned}$$

Dann gilt:

$$\boxed{Z\{f(t - kT) \cdot 1(t - kT)\} = z^{-k} \sum_{n_1=0}^{\infty} f[n_1 T] \cdot z^{-n_1} = z^{-k} \cdot F(z)}$$

Verschiebungssatz-rechts für Schaltfunktionen (1.29)

In Worten:

> **Satz:** Die Z-Transformierte einer um k Tastperioden nach rechts verschobenen Schaltfunktion ist gleich der mit z^{-k} multiplizierten Z-Bildfunktion.

Beispiel zum Linearitäts- und zum Verschiebungssatz
Gegeben: Zeitfunktion $f(t)$ bzw. $f(nT)$ lt. Bild 1.12
Gesucht: Z-Transformierte von $f(nT)$

Lösung:
Die kontinuierliche Funktion $f(t)$ ist aus 3 Rampenfunktionen aufgebaut :

$$f(t) = \frac{1}{T} \cdot t \cdot 1(t) - \frac{3}{2T} \cdot (t-2T) \cdot 1(t-2T) + \frac{1}{2T} \cdot (t-6T) \cdot 1(t-6T)$$

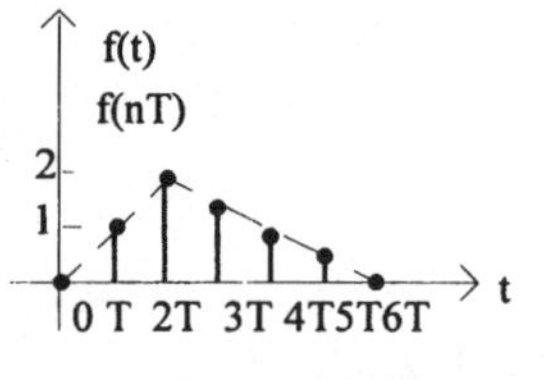

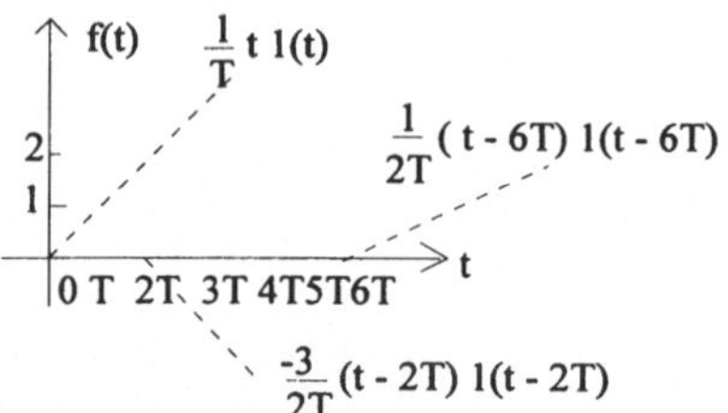

Bild 1.12 Zeitfunktion zum Rechenbeispiel
Links: a) diskret: f(nT) und b) kontinuierlich f(t) (gestrichelt)
Rechts: Zerlegung in Elementarfunktionen

Eine gliedweise Transformation nach Kap. 9.2, Tabelle 9.2.1 liefert:

$$F(z) = \frac{1}{T} \cdot \frac{Tz}{(z-1)^2} - \frac{3}{2T} \cdot \frac{1}{z^2} \cdot \frac{Tz}{(z-1)^2} + \frac{1}{2T} \cdot \frac{1}{z^6} \cdot \frac{Tz}{(z-1)^2}.$$

Hinweis: Umständlicher wäre eine Lösung an Hand der diskreten Wertefolge:

$$f(nT) = 1 \cdot \Delta\big[(n-1)T\big] + 2 \cdot \Delta\big[(n-2)T\big] + 3/2 \cdot \Delta\big[(n-3)T\big] + \Delta\big[(n-4)T\big] + 1/2 \cdot \Delta\big[(n-5)T\big].$$

Auch die diskrete Schreibweise der kontinuierlichen Funktion f(t)

$$f(nT) = \frac{1}{T} \cdot nT \cdot 1(nT) - \frac{3}{2T} \cdot \big[(n-2)T\big] \cdot 1\big[(n-2)T\big] + \frac{1}{2T} \cdot \big[(n-6)T\big] \cdot 1\big[(n-6)T\big]$$

erscheint weniger übersichtlich .
Der offensichtliche Vorteil der "kontinuierlichen Ersatzfunktion" verdeutlicht, weshalb
man zur Transformation häufig die kontinuierliche "Hüllkurve" bevorzugt. Eine Fehler-
quelle entsteht allerdings bei unachtsamer Differenzbildung von kontinuierlichen
Sprungfunktionen (vergl. Kap.1.4.1).

Verschiebungssatz-rechts für Nicht-Schaltfunktionen
Bei der Lösung von Differenzengleichungen können Eingangssignale "mit Ver-
gangenheit" auftreten, deren rechnerische Behandlung einen angepaßten Verschiebungssatz erfordert.

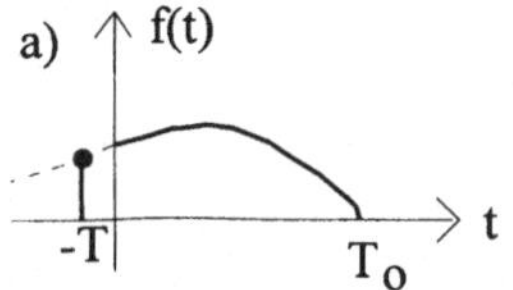

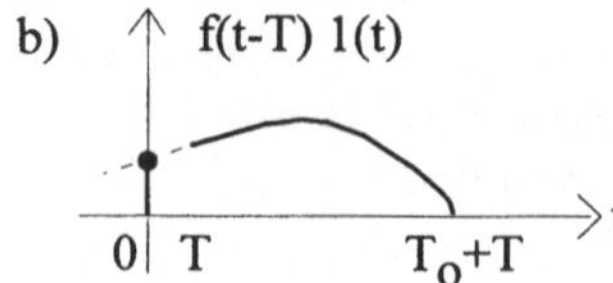

Bild 1.13 Eine nichtkausale Funktion f(t) und ihre Rechtsverschiebung um T

Das obige Bild verdeutlicht die Zusammenhänge: die *rechtsverschobene* Funktion f(t-T)·1(t) besitzt als Startwert (bei t = 0) den Funktionswert f(-T) der *nichtverschobenen* Funktion f(t).

Gesucht ist dann bei gegebenem F(z) = Z{f(t)·1(t)} die zugehörige Z-Transformierte des Ausdrucks

$$Z\{f(t-T)\cdot 1(t)\} = Z\{f(t-T)\} = \sum_{n=0}^{\infty} f[(n-1)T]\cdot z^{-n}.$$

Mit der Substitution n - 1 = m wird eine neue Variable m eingeführt. Dann ergibt sich das geänderte Summationsintervall für m aus folgender Überlegung:

> Wenn $0 < n < \infty$
>
> dann $0 < m+1 < \infty$
>
> also $-1 < m < \infty$.

Deshalb gilt zunächst:

$$Z\{f(t-T)\} = \sum_{m=-1}^{\infty} f[(m)T]\cdot z^{-(m+1)} = z^{-1}\cdot \sum_{m=-1}^{\infty} f(mT)\cdot z^{-m}.$$

Zerlegt man noch den rechten Term in eine Summe von $0 < m < \infty$ und fügt den Rest hinzu, so ergibt das:

$$Z\{f(t-T)\} = z^{-1}\cdot \left\{ \sum_{m=-1}^{\infty} f(mT)\cdot z^{-m} + f(-T)\cdot z^{+1} \right\},$$

woraus in kürzerer Schreibweise die gesuchte Beziehung

$$\boxed{Z\{f(t-T)\} = \frac{1}{z}\cdot F(z) + f(-T)}$$

Verschiebungssatz-rechts
für Nicht-Schaltfunktionen   (1.30)

entsteht.

Dieses Ergebnis leuchtet unmittelbar ein; kommt doch wegen der Nichtkausalität der Funktion f(t) bei deren Rechtsverschiebung um einen Takt T der Vergangenheitswert f(-T) hinzu.

1.3.3   Skalierung im z-Bereich

Multipliziert man in einer Bildfunktion F(z) die unabhängige Variable z mit einem reellen Skalierungsfaktor a, ersetzt also F(z) durch F(az), so hat das im Zeitbereich folgende Auswirkung . Aus

$$F(z) = \sum_{n=0}^{\infty} f(nT) \cdot z^{-n} \quad \text{wird}$$

$$F(az) = \sum_{n=0}^{\infty} f(nT) \cdot (az)^{-n} = \sum_{n=0}^{\infty} (a^{-n} f(nT)) \cdot z^{-n},$$

woraus die Beziehung Gl(1.31) abzulesen ist.

$$\boxed{F(az) = Z\{a^{-n} f(t)\}}$$

Skalierung im Bildbereich.   (1.31)

In Worten:

> **Satz:** Eine Multiplikation der Variablen z mit dem Parameter a im z-Bereich korrespondiert mit der Multiplikation von f(nT) mit a^{-n} $(0 \leq n \leq \infty)$ im Zeitbereich.

1.3.4 Differentiation

Die Differentiation diskreter Wertefolgen ist streng genommen nicht möglich, da eine Wertefolge keine Tangente, somit keine "Steigung in einem Punkt" und folglich auch keinen Differentialquotienten besitzt. Vielmehr tritt an dessen Stelle ein Differenzenquotient, der die mittlere Steigung innerhalb eines Intervalls der Basislänge T repräsentiert. Diese Tatsache bleibt nicht ohne Auswirkungen auf den "Differentiationssatz", wie dieser trotz obiger Einschränkungen genannt wird.

Differentiation mittels Vorwärtsdifferenzen
Das folgende Bild skizziert die Ausgangssituation bei der sogenannten "Vorwärts-Differentiation".

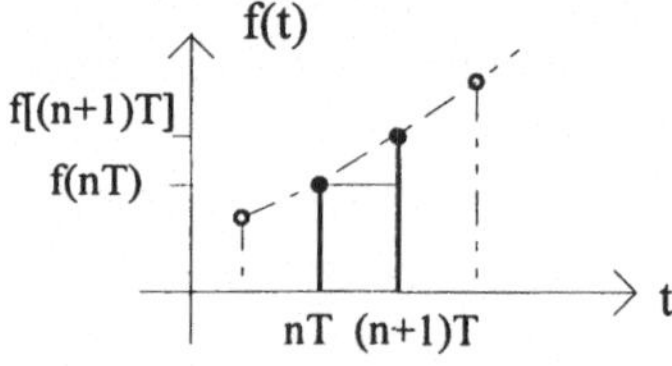

Bild 1.14 Zur Definition des Vorwärts-Differenzenquotienten einer Wertefolge f(nT)

Die Steigung der Kurve im Intervall nT < t < (n-1)T ist näherungsweise mit Hilfe des Differenzen-Quotienten angebbar:

$$f'(t) \approx \frac{f[(n+1)T - f(nT)]}{T}$$

Oberer Differenzenquotient
(Vorwärts-Differenz)   (1.32)

 Dabei handelt es sich um den "oberen Differenzenquotienten", weil die Steigung der Funktion *oberhalb* der Stelle des Beobachtungspunktes t = nT erfaßt wird.

Unterwirft man obigen Ausdruck mit Hilfe des Verschiebungssatzes (links) einer Z-Transformation, so entsteht:

$$Z[f'(t)] = \frac{Z[f(n+1)T]}{T} - \frac{Z[f(nT)]}{T} = \frac{1}{T}\{zF(z) - zf(0)\} - \frac{F(z)}{T} \text{ , d.h.,}$$

$$Z[f'(t)] = \frac{z-1}{T} \cdot F(z) - \frac{z}{T} \cdot f(0)$$

Differentiationssatz-vorwärts   (1.33)

Diese Beziehung nennt man "Differentiationssatz-vorwärts" und meint damit, daß seiner Herleitung die Vorwärts-Differenz zugrundeliegt.

Differentiation mittels Rückwärtsdifferenzen.
In der Technik herrscht der "untere" Differenzenquotient vor, da häufig nur "Vergangenheitswerte" der zu differenzierenden Funktion bekannt sind. Das folgende Bild veranschaulicht diese Situation.

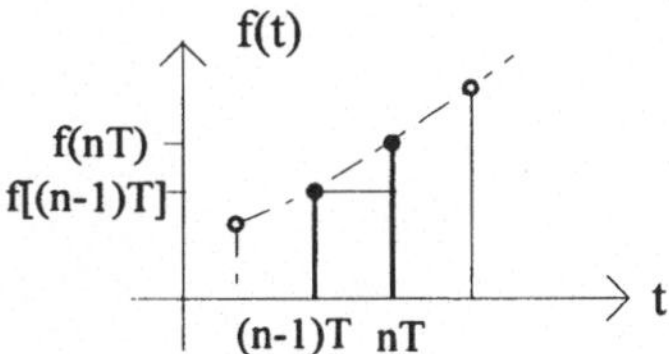

Bild 1.15 Zur Definition des Rückwärts-Differenzenquotienten einer Wertefolge f(nT)

Betrachtet man anstelle des in Bild 1.14 zugrunde gelegten Zeitintervalls nT < t < (n+1)T den Bereich (n-1)T < t < nT , so ändert sich zwangsläufig die Form des Differenzenquotienten in:

$$f'(t) \approx \frac{f(nT) - f[(n-1)T]}{T}$$

Unterer Differenzenquotient   (1.34)
(Rückwärts-Differenz)

In diesem Falle handelt es sich um den "unteren" Differenzenquotienten, weil die Steigung der Funktion unterhalb des Beobachtungspunktes $t = nT$ erfaßt wird.

Die zugehörige Z-Transformierte lautet:

$$Z[f'(t)] = \frac{1}{T} Z[f(nT)] - \frac{1}{T} Z[f((n-1)T)] = \frac{1}{T}\left(F(z) - \left[\frac{1}{z}F(z) + f(-T)\right]\right)$$

Der Term $f(-T)$ im rechten Ausdruck ist bei Schaltfunktionen stets Null, so daß bei zugrundegelegter Rückwärtsdifferenz folgende Beziehung resultiert:

$$\boxed{Z[f'(t)] = \frac{1}{z} \cdot \frac{z-1}{T} F(z)}$$

Differentiationssatz-rückwärts   (1.35)

Vergleicht man die Ergebnisse für Vorwärts- und Rückwärtsdifferenz , so ist die Wirksamkeit des Verschiebungssatzes (links) im Vorfaktor $1/z$ von Gl(1.35) erkennbar. (Zur Erinnerung: Multiplikation mit $1/z$ im Bildbereich entspricht einer Verschiebung um T nach links im Zeitbereich).

Beispiel

Gegeben: $f(t)=(a+bt)1(t)$

Gesucht: $Z\{f(t)\}$ mittels Differentiationssatz -vorwärts

Lösung:
Zunächst ergibt sich die Z-Transformierte der Originalfunktion

$f(t) = a \cdot 1(t) + b \cdot t \cdot 1(t)$

Bild 1.16 Links: kontinuierliche Zeitfunktion f(t); rechts: diskrete Zeitfunktion f(nT), auf die der Differentiationssatz-vorwärts anzuwenden ist .

mit Hilfe der Korrespondenztafel zu :

$$Z[f(t)] = a\frac{z}{z-1} + b\frac{Tz}{(z-1)^2} = F(z)$$

Die Anwendung des Differentiationssatzes-vorwärts auf F(z) liefert mit dem Anfangswert im Zeitbereich $f(0) = a$:

$$Z[f'(t)] = \frac{z-1}{T} \cdot F(z) - \frac{z}{T} f(0) = \frac{z-1}{T} \cdot (a\frac{z}{z-1} + b\frac{Tz}{(z-1)^2}) - \frac{z}{T} a$$

oder zusammengefaßt:

$$Z[f'(t)] = b\frac{z}{z-1}.$$

Die zugehörige Zeitfunktion (vergl. Korrespondenztafel Kap. 9.2.1)

$f'(nT) = b \cdot 1(nT)$

zeigt Bild 1.17:

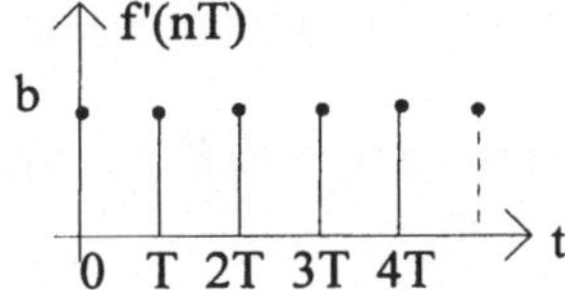

Bild 1.17 Ergebnis der Differentiation mittels Differentiationssatz-vorwärts. Die Ähnlichkeit mit dem Differentiationsergebnis für die kontinuierliche Funktion besteht wegen des linearen Verlaufs der Beispielfunktion f(t).

Erkenntnis: Wie das obige Beispiel lehrt, ist bei der Anwendung des Differentiationsatzes folgende Reihenfolge einzuhalten:

Zur Differentiation im z-Bereich:

Es ist zunächst Z[f(t)] = F(z) zu bilden, anschließend ist auf dieses F(z) der Differentiationssatz anwenden:

$$Z[f'(nT)] = \frac{z-1}{z} F(z) - \frac{z}{T} f(0).$$

(Nicht etwa f '(t) berechnen, um daraus Z{f '(t)} zu bilden!)

Kontrollfrage 1.3.4
Erkläre, warum der Lösungsansatz: 1. f '(t) bilden, 2. Z{f '(t)} berechnen, nicht zum Ziel führen kann!

1.3.5   Integration

Die hier besprochene Operation "Integration" stützt sich auf eine Treppenapproximation der Originalfunktion f(t) und soll an Hand von Bild 1.18 erläutert werden.

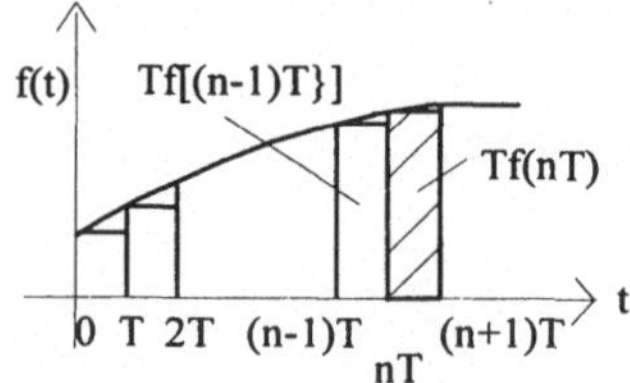

Bild 1.18 Zur Integration im z-Bildbereich wird f(t) mit Hilfe einer Treppenkurve mit äquidistanten Abständen T angenähert.

Man bilde zunächst die Summe S(nT). Sie nähert die Fläche unter der Kurve f(t) bis zur Abszisse t = nT durch eine Summe von Rechtecken an .

$$S(nT) = \int_0^{nT} f(\tau)d\tau \approx \sum_{i=0}^{n-1} Tf(i\,T).$$

(1.36)

Man beachte die obere *Summationsgrenze* i = n-1, während die *Integrationsgrenze* nT ist !

Summiert man die Rechtecke bis zur Abszisse t = (n+1)T, so entsteht:

$$S[(n+1)T] = \int_0^{(n+1)T} f(\tau)d\tau \approx \sum_{i=0}^{n} Tf(i\,T).$$

(1.37)

Die Differenz beider Teilsummen S[(n+1)T] - S(nT) bildet die dann Fläche T·f(nT) des in Bild 1.18 schraffiert dargestellten Rechtecks:

$$Tf(nT) = \int_0^{(n+1)T} f(\tau)d\tau - \int_0^{nT} f(\tau)d\tau = S[(n+1)T] - S(nT).$$

(1.38)

Faßt man nun die Fläche T·f(nT) als Funktion von nT auf und wendet die Z-Transformation auf Gl(1.38) an, so resultiert:

Z[T·f(nT)] = Z{S[(n+1)T]} - Z[S(nT)].

Mit dem Verschiebungssatz-links wird hieraus

$$T \cdot F(z) = \big[z \cdot Z[S(nT)] - z \cdot S(0T)\big] - Z[S(nT)] = (z-1) \cdot Z\left\{ \int_0^{nT} f(\tau)d\tau \right\}.$$

(1.39)

Beachtet man außerdem, daß der Anfangswert S(0·T) im obigen Term wegen

$$z \cdot S(0 \cdot T) = \int_0^{0 \cdot T} f(\tau)d\tau = 0$$

verschwindet, so liefert die Umstellung der Gleichung (1.39) die gesuchte Beziehung für die Integration im z-Bereich:

$$Z\left\{\int_0^{nT} f(\tau)d\tau\right\} = \frac{T}{z-1} \cdot F(z) \qquad \text{Integrationssatz} \qquad (1.40)$$

In Worten:

Satz: Die Integration im Zeitbereich entspricht einer Multiplikation der Bildfunktion $F(z)$ mit $\dfrac{T}{(z-1)}$ im Bildbereich

Dieses Ergebnis gilt für eine Annäherung der Zeitfunktion $f(t)$ durch eine *Treppenkurve* auf der Basis von Vorwärtsdifferenzen, wie sie in Bild 1.18 zugrundegelegt wurde.

Beispiel

Gegeben: $Z[1(t)] = \dfrac{z}{z-1}$;   Gesucht: $Z[t.1(t)]$ mit Hilfe des Integrationssatzes

Lösung: Bekanntlich ist die Rampenfunktion $t \cdot 1(t)$ das Integral der Sprungfunktion $1(t)$. Folglich wird:

$$Z[t] = Z\left\{\int_0^t 1(\tau)d\tau\right\} = \frac{T}{z-1} \cdot \frac{z}{z-1} = \frac{Tz}{(z-1)^2} \cdot$$

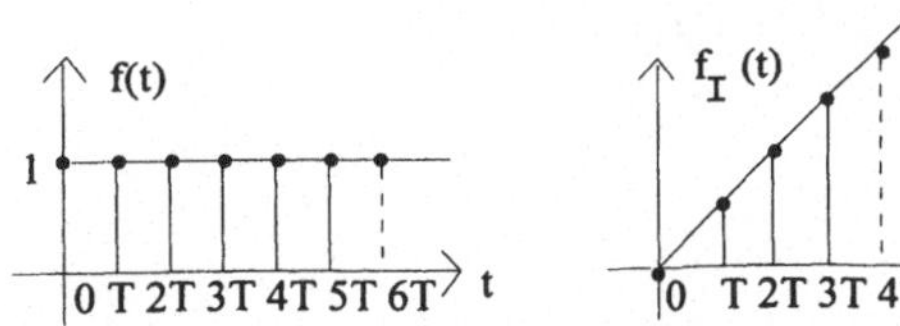

Bild 1.19 Links: die Originalfunktion $f(t) = 1(nT)$; rechts: die integrierte Funktion $f_I(t) = nT \cdot 1(nT)$

Anmerkung:

Eine (Vorwärts-) Differentiation im Zeitbereich entspricht im Bildbereich einer Multiplikation mit $(z-1)/T$; die Integration verlangt eine Division durch diesen Term. Folglich ist der Faktor $(z-1)/T$ im z-Bereich mit dem Faktor p im Laplace-

Bildbereich bezüglich der Rechenoperationen Differentiation bzw. Integration vergleichbar.

1.3.6 Faltung

Die aus der Laplace- Transformation bekannte Faltungsoperation ist auch im z-Bereich definiert. Sie weist dem Produkt im Bildbereich $F_1(z) \cdot F_2(z)$ eine symbolische Multiplikation im Zeitbereich zu:

$$F_1(z) \cdot F_2(z) = Z\{f_1(nT) * f_2(nT)\}. \tag{1.41}$$

Diese symbolische Multiplikation wird "gefaltet mit" gelesen, durch ein Sternchen gekennzeichnet und beinhaltet eine Summation über das Produkt der gegeneinander um iT verschobenen Funktionen $f_1(nT)$ und $f_2[(n-i)T]$.

Verknüpft man die Stufenformel der Diskreten Faltung /z.B. Fritzsche/

$$f_1(nT) * f_2(nT) = \sum_{i=0}^{\infty} f_1(nT) \cdot f_2[(n-i)T]$$

mit der Definitionsgleichung der Z-Transformation, so folgt zunächst

$$Z\{f_1(nT) * f_2(nT)\} = \sum_{n=0}^{\infty} \left[f_1(nT) * f_2(nT) \right] \cdot z^{-n}.$$

Anschließend wird bei eingesetzter Stufenformel

$$Z\{f_1(nT) * f_2(nT)\} = \sum_{n=0}^{\infty} \left\{ \sum_{i=0}^{\infty} \left[f_1(nT) \cdot f_2[(n-i)T] \right] \right\} \cdot z^{-n}$$

und nach Vertauschen der Summationsreihenfolge

$$Z\{f_1(nT) * f_2(nT)\} = \sum_{i=0}^{\infty} f_1(iT) \left(\sum_{n=0}^{\infty} f_2[(n-i)T] \cdot z^{-n} \right),$$

woraus mittels Verschiebungssatz

$$\sum_{n=0}^{\infty} f_2[(n-i)T] z^{-n} = z^{-i} \cdot F_2(z) \text{ , d.h.,}$$

$$Z\{f_1(nT) * f_2(nT)\} = \sum_{i=0}^{\infty} f_1(iT) \cdot z^{-i} \cdot F_2(z) = F_1(z) \cdot F_2(z) \tag{1.42}$$

die obige Beziehung Gl(1.41) folgt.

Auch die Umkehrung obiger Operation ist erlaubt. Man erhält die Relationen:

$$\boxed{\begin{aligned} &Z\{f_1(t)*f_2(t)\} = F_1(z) \cdot F_2(z) \\ &\text{sowie} \\ &F_1(z)*F_2(z) = Z\{f_1(t) \cdot f_2(t)\} \end{aligned}}$$ Faltungsoperation im z-Bereich   (1.43)

In Worten:

> Satz: Die Faltung im Originalbereich entspricht einer Multiplikation im Bildbereich.
>
> Umkehrung:
>   Die Faltung im Bildbereich entspricht einer Multiplikation im Originalbereich

Die Faltungsoperation bewährt sich beim Vergleich von Zeit- und Bildoperationen und erlaubt u.a. theoretische Schlußfolgerungen über Zusammenhänge zwischen beiden Bereichen (vergl. Kap. 6.1).

Beispiel zur Anwendung der Faltungsoperation

Gegeben: $F(z) = \dfrac{z^2}{(z-e^{aT}) \cdot (z-e^{bT})}$;

Gesucht: f(nT) mittels Faltungssatz

Lösung: Eine Zerlegung von F(z) in die Faktoren $F_1(z)$ und $F_2(z)$

$$F_1(z) = \frac{z}{z-e^{aT}}; \qquad F_2(z) = \frac{z}{z-e^{bT}},$$

deren zugehörige Zeitfunktionen

$f_1(t) = e^{at} \cdot 1(t)$ bzw. $f_2(t) = e^{bt} \cdot 1(t)$,

bekannt sind, liefert nach dem Faltungssatz die Beziehung

$f(t) = f_1(t) * f_2(t) = e^{at} \cdot 1(t) * e^{bt} \cdot 1(t).$

Die Faltungsoperation erfordert den Ansatz:

$$f(t) = \int_0^t e^{a\tau} \cdot e^{b(t-\tau)} d\tau$$

und führt nach kurzer Rechnung auf die Lösung

$$f(t) = Z^{-1}\{F_1(z) \cdot F_2(z)\} = f_1(t)*f_2(t) = \frac{e^{at}-e^{bt}}{a-b}$$

die für diskrete Werte t = nT in:

$$f(nT) = \frac{e^{anT} - e^{bnT}}{a - b}$$

übergeht.

1.3.7 Grenzwertsätze

Sowohl der Anfangswert $f(0{\cdot}T)$ als auch der Endwert $f(\infty{\cdot}T)$ einer Zeitfunktion können unter bestimmten Voraussetzungen direkt aus der Bildfunktion $F(z)$ gefunden werden, ohne daß deren vorherige Rücktransformation in den Zeitbereich erforderlich ist. Dazu eignen sich der Anfangswert- bzw. der Endwertsatz.

Anfangswertsatz

Schreibt man die Definitionsgleichung der Z-Transformation ausführlich hin, so wird

$$F(z) = \sum_{n=0}^{\infty} f(nT) \cdot z^{-n} = f(0) + \frac{f(T)}{z} + \frac{f(2T)}{z^2} + \frac{f(3T)}{z^3} + \dots \quad . \tag{1.44}$$

Strebt in Gl(1.44) $z \to \infty$, so verschwinden sämtliche Summanden bis auf den ersten Term $f(0)$. Also gilt:

$$\boxed{f(0) = \lim_{z \to \infty} F(z)} \qquad \text{Anfangswertsatz} \tag{1.45}$$

In Worten:

> **Satz:** Man erhält den Anfangswert $f(0{\cdot}T)$ im Zeitbereich, indem man in der Bildfunktion $F(z)$ die Variable z gegen Unendlich gehen läßt.

Endwertsatz

Auch $f(\infty{\cdot}T)$, d.h., der Zeitfunktionswert für $n \to \infty$, ist ohne vorherige Rücktransformation der Bildfunktion $F(z)$ bestimmbar, *wenn* $f(\infty\, T)$ gegen einen endlichen Wert *konvergiert*.
Liegen alle Pole von $F(z)$ im Innern des Einheitskreises und besitzt $F(z)$ nicht mehr als einen einfachen Pol bei $z = 1$, dann gilt der Endwertsatz mit folgender Aussage :

$$\boxed{\lim_{n \to \infty} f(nT) = \lim_{n \to \infty} (z - 1)F(z)} \qquad \text{Endwertsatz} \tag{1.46}$$

In Worten:

> Man erhält den Endwert $f(\infty \cdot T)$ im Zeitbereich, indem man in der mit $(z-1)$ multiplizierten Bildfunktion die Variable z gegen Unendlich gehen läßt.

Obiger Sachverhalt läßt sich mit Hilfe des Umkehrintegrals (vergl. Kap. 2) der Z-Transformation bestätigen.

Erstreckt man den Integrationsweg des Umkehrintegrals kreisförmig um den Ursprung mit dem Radius $R > 1$, so umschließt er lt. Voraussetzung alle Pole von $F(z)$ und kann mit Hilfe des Residuensatzes berechnet werden. Der Wert des Integrals ist dann gleich der Summe aller Residuen.

Zur Erklärung: Pole *innerhalb* des Einheitskreises besitzen ein Residuum A_i, das sich folgendermaßen angeben läßt:

$$A_i = (z - z_v) \cdot F(z) \cdot z^{n-1} \Big|_{z=z_v} .$$

Für $n \to \infty$ verschwinden demnach alle A_i, da laut Voraussetzung $|z| < 1$ ist und

deshalb gemäß $\lim\limits_{n \to \infty} z^{n-1} \Big|_{z=z_v} = 0$

im Term für A_i den Wert Null annimmt.

Technisch bedeutet dies: die den Polen mit $|z| < 1$ zugeordneten Einschwingvorgänge konvergieren mit wachsender Zeit gegen den Wert Null .

Für den Pol bei $z_v = 1$ gilt:

$$A_v = (z-1) \cdot F(z) \cdot 1^{n-1} \Big|_{z=1} = (z-1) \cdot F(z),$$

womit die eingangs getroffene Aussage [Gl(1.46)] bestätigt ist.

Der zugehörige Einschwingvorgang strebt dann einem endlichen Wert zu.

Wie in Gl(1.46) vorausgesetzt, müßte zur Anwendung des Endwertsatzes die Polverteilung von $F(z)$ eigentlich bekannt sein. Überlegt man jedoch die 3 möglichen Ergebnisse:

      - unendlich (wenn mindestens ein Pol außerhalb des Einheitskreises liegt),
      - Null   (wenn sich alle Pole innerhalb des Einheitskreises befinden),
      - Konstante (wenn 1 Pol bei $z = 1$ existiert),

so kann der Endwertsatz bei den technisch vorherrschenden *stabilen* Systemen auch ohne genaue Kenntnis der Pol-Geometrie von $F(z)$ angewendet werden.

Beispiel

Gegeben: P-N-Plan

Gesucht: $f(\infty T)$ mittels Endwertsatz

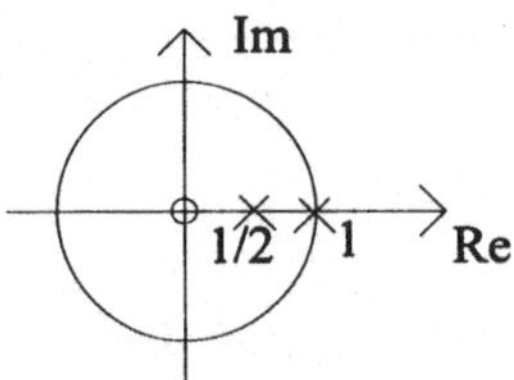

Bild 1.20 P-N-Plan mit einem stabilen Pol: $z_1 = 1/2$ und einem Pol in Grenzlage auf dem Einheitskreis: $z_2 = 1$

Lösung: Aus dem P-N-Plan kann die Produktform (vergl. Kap. 4.2.2) der z-Bildfunktion abgelesen werden:

$$F(z) = \frac{z}{(z-0.5)(z-1)}.$$

Nach dem Endwertsatz folgt dann für $f(\infty T)$

$$\lim_{n \to \infty} f(nT) = \lim_{z \to 1} (z-1) \cdot \frac{z}{(z-0.5)(z-1)} = 2.$$

Ergebnis: Grenzwert der zugehörigen Zeitfunktion $f(nT)$ für $n \to \infty$ ist die Konstante 2

Kontrolle: Nach der Korrespondenztafel Kap. 9.2.1 notiert man die Rücktransformierte der Bildfunktion F(z) zu:

$$f(nT) = Z^{-1}\{F(z)\} = \frac{(0.5)^n - 1^n}{0.5 - 1},$$

woraus für $n \to \infty$ ebenfalls der Endwert $f(T) = (-1)/(-0.5) = 2$ hervorgeht.

1.4   Abbildung zusammengesetzter Signale
1.4.1   Zerlegung in Elementarsignale

In technischen Anwendungen auftretende Signale bestehen häufig aus einer Kombination mehrerer Elementarfunktionen. In diesem Falle hat sich bei der Signaltransformation in den z-Bereich folgender Weg bewährt:

- Zerlege das vorgegebene Signal in eine Summe von tabellierten Elementarsignalen

- Bilde die Z-Transformierte der Summanden mit Hilfe der Korrespondenztafel und der Hilfssätze (Kap. 9.2)
- Bei Bedarf bringe man das Ergebnis in eine zur weiteren Verarbeitung günstige Form

Wie diese vielfach erprobte Methode ablaufen kann, zeigen einige Musterfälle.

Exempel 1

Gegeben: Dreiecksimpuls f(t) wie im folgenden Bild, der durch k+1 Probenwerte beschrieben wird

Gesucht: Z-Transformierte von f(t)

Lösung:
Nach Bild 1.21 ist die kontinuierliche Funktion f(t) in 3 Bausteine zerlegbar:

$$f(t) = A \cdot 1(t) - \frac{A}{kT} \cdot t \cdot 1(t) + \frac{A}{kT} \cdot (t - kT) \cdot 1(t - kT).$$

Diese Summe von Elementen kann gliedweise mit Hilfe der Korrespondenztafel in den z-Bereich abgebildet werden.

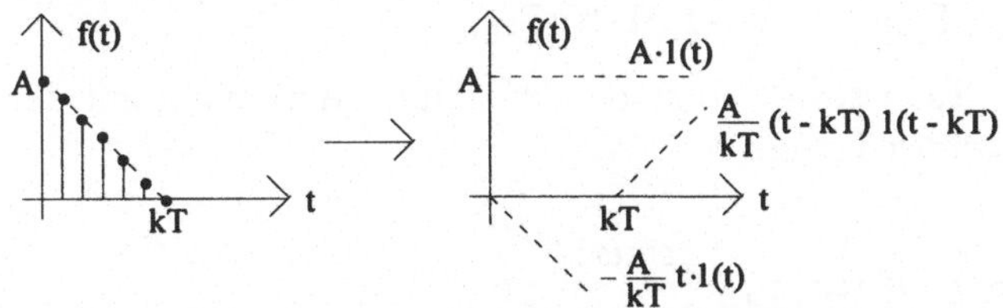

Bild 1.21 Links: Der Dreiecksimpuls f(t) mit der Amplitude A und einer Länge von k Tastperioden T soll in den z-Bildbereich transformiert werden. Rechts: die Zerlegung von f(t) in 3 tabellierte Elementarfunktionen bereitet die Transformation vor.

Als zugehörige Z-Transformierte entsteht dann der Ausdruck:

$$F(z) = A \left\{ \frac{z}{z-1} - \frac{1}{kT} \left[\frac{Tz}{(z-1)^2} - \frac{1}{z^k} \frac{Tz}{(z-1)^2} \right] \right\},$$

dessen Elemente zur besseren Übersichtlichkeit noch etwas umgeordnet sind:

$$F(z) = A \left\{ \frac{z}{z-1} - \frac{1}{kT} \left[\frac{Tz}{(z-1)^2} \left(1 - z^{-k} \right) \right] \right\}$$

Sprungfunktion   Rampe   2 um kT verschobene
Rampen

So verdeutlicht die Struktur von F(z) bereits die Zusammensetzung des Signals im Zeitbereich. Es besteht aus 1 Sprung- und 2 Rampenfunktionen mit unterschiedlichen Vorzeichen, die um k Takte gegeneinander verschoben einsetzen.

Exempel 2

Gegeben: Ein zeitlich begrenzter Abschnitt der Funktion $f(nT) = B \cdot \sin(\omega_0 nT)$
mit der Länge T_0, wie in Bild 1.22 skizziert

Gesucht: Z-Transformierte dazu

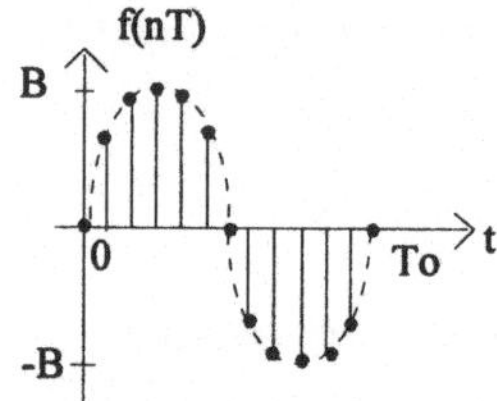

Bild 1.22 Harmonischer Impuls mit der Länge $T_0 = 12\,T$

Lösung:

Die Hüllkurve der obigen Funktion besteht aus der Differenz zweier zeitverschobener sinusförmiger Schaltfunktionen:

$$f(nT) = B \cdot \sin(\omega_0 \cdot nT) \cdot 1(nT) - B \cdot \sin[\omega_0 \cdot (nT-T_0)] \cdot 1(nT-T_0).$$

In dieser Schreibweise ist f(nT) sofort korrespondenzfähig. Man entnimmt der Tafel Kap. 9.2.1 die zugehörigen Terme:

$$F(z) = B\left\{ \frac{z\sin\omega_0 T}{z^2 - 2z\cos\omega_0 T + 1} \right\} - B\,\frac{1}{z^{12}}\left\{ \frac{z\sin\omega_0 T}{z^2 - 2z\cos\omega_0 T + 1} \right\}$$

oder übersichtlicher geschrieben:

$$F(z) = B\left\{ \frac{z\sin\omega_0 T}{z^2 - 2z\cos\omega_0 T + 1} \right\}\left[1 - \frac{1}{z^{12}} \right].$$

Sonderfall

Die beschriebene Zerlegung in kontinuierliche Elementarsignale funktioniert i.a. problemlos, ist jedoch an folgende Voraussetzung gebunden:

> Die Z-Transformation des zusammengesetzten Signals muß sowohl für die kontinuierliche Hüllkurvenfunktion f(t) als auch für die diskrete Darstellung f(nT) *umkehrbar eindeutig* sein, d.h. Hin- und anschließende Rücktransformation müssen die ursprüngliche Funktion ergeben.

Diese scheinbar selbstverständliche Voraussetzung kann in Sonderfällen zu Komplikationen führen, wie folgende Aufgabenstellung zeigt.

Problem:
Man untersuche einen *kontinuierlichen* Rechteckimpuls der Länge 2T und seine Z-Transformierte auf eindeutige Umkehrbarkeit.

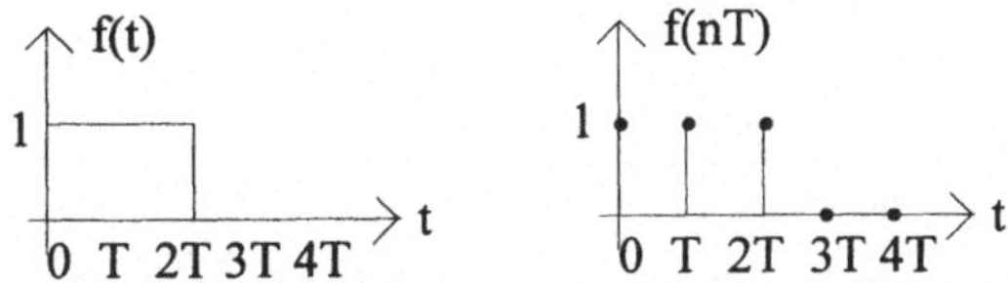

Bild 1.23 Rechteckimpuls in (kontinuierlicher) Hüllkurven- und in diskreter Darstellung

Der Transformation soll zuerst die *kontinuierliche* Darstellung des Impulses f(t)

  a) f(t) = 1(t) - 1(t-2T),

und anschließend die *diskrete* Form f(nT)

  b) f(nT) = Δ(nT) +Δ [(n-1)T]+ Δ[(n-2)T]

zugrunde gelegt werden. Die Ergebnisse sind zu vergleichen !

Lösung:
Zu a) Gegeben: f(t)=1(t) - 1(t-2T)
  Gesucht: F(z)
  Die Lösung soll von der *kontinuierlichen* Darstellung für f(t)
  (Bild 1.23, links) ausgehen!

Der Rechteckimpuls wird zunächst in zwei Sprungfunktionen zerlegt, die anschließend zu transformieren sind.

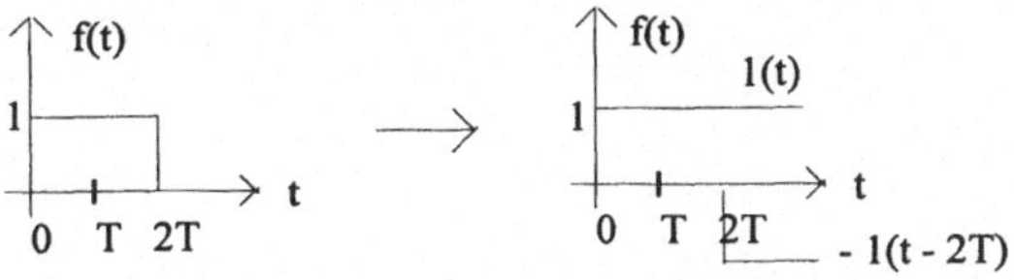

Bild 1.24 Zerlegung des (kontinuierlichen) Rechtecksignals in 2 Sprungfunktionen

Nach der Korrespondenztafel ergäbe sich dann:

$$Z\{1(t)-1(t-2T)\} = \frac{z}{z-1} - \frac{1}{z^2}\frac{z}{z-1} = \frac{z^2-1}{z(z-1)} \, .$$

Würde man obigen Ausdruck in den Zeitbereich zurücktransformieren, so entstünde:

$$Z^{-1}\left\{\frac{z}{z-1} - \frac{1}{z^2}\frac{z}{z-1}\right\} = 1(nT) - 1[(n-2)T].$$

Dieses Ergebnis ist in Bild 1.25 aufgezeichnet und weist einen Fehler auf (nämlich welchen ?).

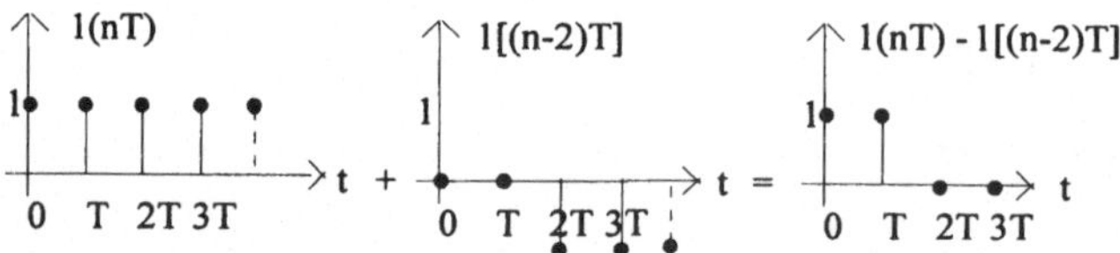

Bild 1.25 Differenz zweier zeitverschobener Sprungfunktionen. Der Funktionswert f(nT) an der Stelle n = 2 fehlt.

Offensichtlich geht bei der Z-Rücktransformation der *kontinuierlichen* Darstellungsform der letzte Signalwert an der Stelle t = 2T verloren. Das ist bereits aus der Z-Transformierten zu erkennen, wenn man dort F(z) ausdividiert:

$$F(z) = \frac{z^2 - 1}{z(z-1)} = 1 + 1 \cdot z^{-1}.$$

Die zugehörige Zeitfunktion f(nT) enthält dann lediglich 2 von Null verschiedene Werte (statt der notwendigen 3 Probenwerte mit der Amplitude 1).

Zu b) Gegeben: f(nT) = Δ(nT) + Δ[(n-1)T]+Δ[(n-2)T]
      Gesucht: F(z)
      Die Lösung soll von der *diskreten* Signaldarstellung f(nT)
      (Bild 1.23, rechts) ausgehen und die Definitionsgleichung der
      Z-Transformation benutzen !

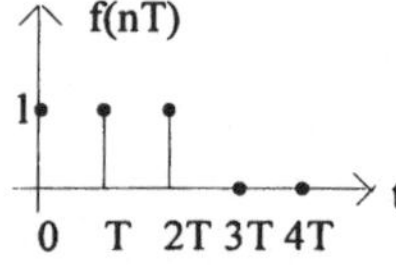

Bild 1.26 Die ersten 3 diskreten Werte des betrachteten Rechteckimpulses sind 1, alle übrigen werden Null

Aus obigem Bild liest man ab:

f(nT) = {1, 1, 1, 0 , 0 , ...}.

Die Definitionsgleichung für Z-Transformierte liefert in diesem Falle

$$F(z) = Z\{f(nT)\} = \sum_{n=0}^{2} 1 \cdot z^{-1} = 1 + \frac{1}{z} + \frac{1}{z^2}.$$

und die zugehörige Rücktransformierte lautet:

$$Z^{-1}\left\{1+\frac{1}{z}+\frac{1}{z^2}\right\} = \Delta(nT)+\Delta[(n-1)T]+\Delta[(n-2)T].$$

Das ist das richtige Ergebnis, dem (auch nach der Rücktransformation) 3 zeitliche Probenwerte der Amplitude 1 zugeordnet sind.

Erkenntnis:

> Die Z-Transformation zusammengesetzter Funktionen mit *negativen Sprüngen* erfordert besondere Aufmerksamkeit. Bedient man sich der für *kontinuierliche* Funktionen üblichen Elementarsignalzerlegung, so geht möglicherweise 1 Funktionswert verloren.
> Der Fehler kann abgefangen werden, indem man anstelle eines negativen Sprunges -1(t - kT) die um 1 Takt rechtsverschobene Funktion -1[t - (k +1)T] zugrundelegt.

Standardfall für die o.g. Fehlermöglichkeit ist der Rechteckimpuls, dessen rückwärtige Flanke durch Differenzbildung von 2 Sprungfunktionen entsteht.
Gelegentlich bleibt der genannte Fehler unbeachtet, da bei genügend vielen Abtastwerten pro Impuls das Rechenergebnis nicht merklich verfälscht wird. Nur bei sehr kurzen Rechteckimpulsen (z.B. Gewichtsfunktion des Haltegliedes 0. Ordnung) wird die Unkorrektheit auffällig!

1.4.2 Periodisch fortgesetzte Signale

In der Technik kommen häufig periodisch fortgesetzte Signale als Systemeingangsgrößen vor (Bild 1.27, rechts). Zu fragen ist dann nach der Z-Transformierten $F_{per}(z)$ des periodischen Signals $f_{per}(nT)$, wenn $F(z)$ des aperiodischen Einzelsignals $f(nT)$ bekannt ist .

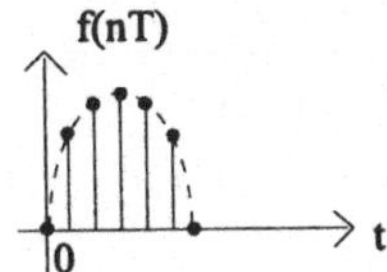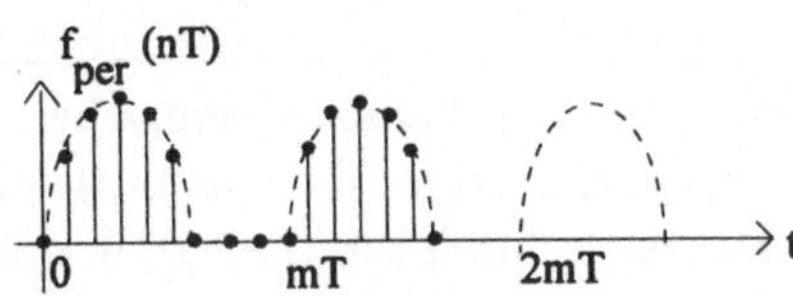

Bild 1.27 Links: Diskretisiertes Signal mit $Z\{f(nT)\} = F(z)$;
rechts: periodisch fortgesetztes Signal $f_{per}(nT)$; gesucht wird $Z\{f_{per}(nT)\}$

Zur Lösung dieses Problems kann man auf Methoden, die sich in der Laplace-Transformation bewährt haben, zurückgreifen.

Aus der L-Transformation ist der Periodizitätsfaktor $1/(1-e^{-pT})$ bekannt.

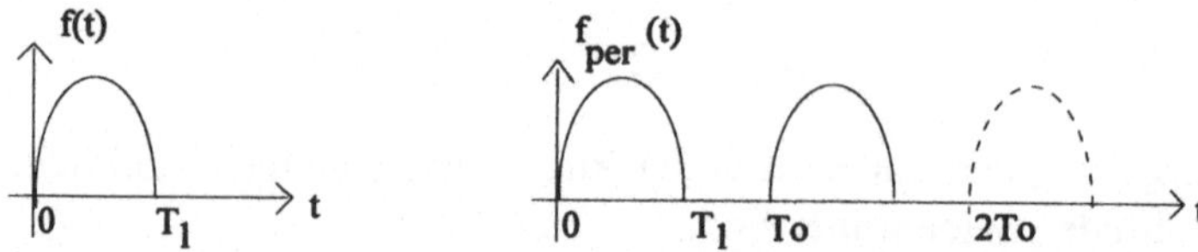

Bild 1.28 Links: kontinuierliches Einzelsignal mit $L\{f(t)\} = F(p)$;
rechts: periodisch fortgesetztes Signal mit $L\{f_{per}(t)\} = F_{per}(p)$

Zwischen den Bildfunktionen $F(p) = L\{f(t)\}$ eines Einzelsignals und des periodisch fortgesetzten Signals $F_{per}(p) = L\{f_{per}(t)\}$ besteht der Zusammenhang:

$$F_{per}(p) = F(p) \cdot \frac{1}{1-e^{-pT_0}}, \qquad (1.47)$$

worin T_0 die Signalperiodendauer darstellt.

Die zwischen Laplace- und Z-Transformation vermittelnde Beziehung $e^{pT} = z$ läßt folgenden Analogieschluß zu (Bild 1.28):

Ersetzt man T_0 (vom p-Bereich) durch die Periodendauer mT (im z-Bereich), so wird

$$e^{-pT_0} \rightarrow e^{-p\,mT} = (e^{pT})^{-m} = z^{-m}.$$

Folglich ist in Gl(1.47) der Nennerterm e^{-pT_0} durch z^{-m} zu ersetzen, um den Periodizitätsfaktor der Z-Transformation zu erhalten. Dann gilt:

$$\boxed{Z\left[f_{per}(nT)\right] = F(z) \cdot \frac{1}{1-z^{-m}}} \qquad \text{Periodizitätsfaktor im z-Bereich} \qquad (1.48)$$

mit mT als Periodendauer von $f_{per}(nT)$.

Es genügt also, das $F(z)$ des nichtperiodischen Signals $f(nT)$ zu kennen, um sofort das $F_{per}(z)$ des periodischen Vorgangs $f_{per}(nT)$ hinschreiben zu können.

In Worten:

> Satz: Die Z-Transformierte $F_{per}(z)$ einer periodischen Funktion $f_{per}(t)$ mit
> einer Periodendauer mT ergibt sich aus $F(z)$ der zugehörigen
> aperiodischen Funktion durch Multiplikation mit
>
> $$\frac{1}{1-z^{-m}},$$
>
> dem Periodizitätfaktor im z-Bildbereich

Beispiel

Gegeben: Dreieckfunktion lt. Skizze mit T_0 - Signalperiodendauer,
$\qquad\qquad$ T - Tastperiodendauer

Gesucht: $F_{per}(z)$ des periodischen Signals

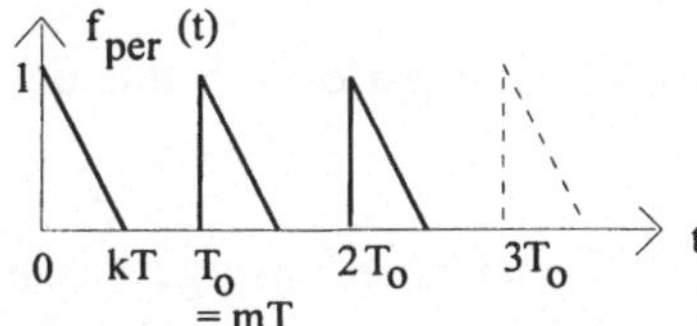

Bild 1.29 Periodische Zeitfunktion, der Probenwerte im Abstand T entnommen werden

Lösung:

Nichtperiodisches Dreiecksignal:

Die 1. Periode des Signals im obigem Bild besteht aus 3 Elementarsignalen

$$f(t) = 1(t) - \frac{1}{kT} \cdot t \cdot (1(t) + \frac{1}{kT} \cdot (t - kT) \cdot 1(t - kT),$$

deren Transformation auf die Bildfunktion F(z) führt :

$$F(z) = \frac{z}{z-1} - \frac{1}{kT} \cdot \left(\frac{Tz}{(z-1)^2} \right) + \frac{1}{kT} \cdot \frac{1}{z^k} \cdot \left(\frac{Tz}{(z-1)^2} \right).$$

Das ist die Z-Transformierte des *aperiodischen* Signals.

Übergang zum periodischen Signal:

Der Periodizitätsfaktor liefert als Z-Transformierte des *periodischen* Signals:

$$F_{per}(z) = \frac{1}{1 - z^{-m}} F(z). \qquad \text{(Voraussetzung: m = } T_0/T > 1, \text{ ganz)}$$

Man beachte die nachfolgend skizzierte Struktur der obigen Lösung; sie läßt den Aufbau des Signals im Zeitbereich erkennen!

$$F_{per}(z) = \left\{ \frac{z}{z-1} - \frac{1}{kT} \left(1 - \frac{1}{z^k} \right) \cdot \left(\frac{Tz}{(z-1)^2} \right) \right\} \cdot \left(\frac{1}{1 - z^{-m}} \right)$$

$$\qquad\qquad\quad \uparrow \qquad\qquad\qquad\qquad \uparrow$$

Sprungfunktion $\qquad\qquad$ Rampenfunktion

$$\qquad\qquad \uparrow \qquad\qquad\qquad\qquad \uparrow$$

(2 um k Takte $\qquad\qquad$ Hinweis auf
verschobene Lösungen) $\qquad$ Periodizität

Anmerkung: Beim Übergang von der Bildfunktion $F_{per}(z)$ zur Zeitfunktion $f_{per}(nT)$, die im nächsten Kapitel behandelt wird, beschränkt sich die eigentliche

Rücktransformation des obigen Ausdrucks auf die (unterstrichenen) Funktionsterme, die eine Sprungfunktion bzw. eine Rampenfunktion repräsentieren.

Zusätzlich gibt der Vorfaktor $\{1 - 1/z^k\}$ des 2. Terms den Hinweis, daß dessen Rücktransformierte aus 2 um k Takte verschobenen Rampenfunktionen besteht.

Der letzte Term $\left(\dfrac{1}{1-z^{-m}} \right)$ verdeutlicht, daß die Lösung sich periodisch mit der Periodendauer mT (mit m > 1, ganz) wiederholt.

Eine tabellarische Zusammenstellung der bisherigen Transformationsergebnisse und einige Ergänzungen dazu sind im Kap. 9.2 zu finden.

Kontrollaufgabe 1.4.1
Man bestimme (im Anschluß an die Lektüre des Kap.2) die Rücktransformierte der Beispielsaufgabe von Bild 1.29 ! Beachte dabei die Struktur der Lösung !

2 Z-Rücktransformation

Die Umkehrung der Z-Transformation - auch inverse Z-Transformation oder Rücktransformation genannt - ermittelt zu einer gegebenen Bildfunktion F(z) die zugehörige Originalfunktion f(nT):

$$\boxed{Z^{-1}\{F(z)\} = f(nT)}\,. \qquad \text{Z-Rücktransformation} \qquad (2.1)$$

Um diese Rechenoperation durchzuführen, stehen mehrere Verfahren bereit:
- das Umkehrintegral,
- die Partialbruchentwicklung mit anschließender Benutzung einer Korrespondenztafel,
- die Reihenentwicklung,
- die Rekursionsformel,

die nun vorgestellt und deren Handhabung an Beispielen demonstriert werden soll.

2.1 Umkehrintegral

Das Umkehrintegral stellt die allgemeinste Methode dar, um vom z-Bildbereich in den Original-Zeitbereich zu gelangen.

$$\boxed{f(nT) = \frac{1}{2\pi j} \oint F(z)\cdot z^{n-1}\cdot dz} \qquad \text{Umkehrintegral} \qquad (2.2)$$

Das Ringintegral in Gl(2.2) ist über eine geschlossene Kurve zu erstrecken, die innerhalb des Konvergenzgebietes verläuft und sämtliche Singularitäten von F(z) in sich einschließt.
Eine Auswertung der Umkehrformel kann mit Hilfe der Residuenrechnung erfolgen. Die Methode ist auf beliebige Bildfunktionen F(z) anwendbar; der Rechenaufwand ist aber oftmals höher als bei anderen Verfahren.

Zum Umkehrintegral kann man mit Hilfe der Lösungsformel für komplexe Umlaufintegrale

$$\oint z^{-m} dz = \begin{cases} 2\pi j & \text{für } m = 1 \\ 0 & \text{für } m \neq 1 \end{cases}, \qquad (2.3)$$

die aus der Funktionentheorie bekannt ist, gelangen. Multipliziert man die Definitionsgleichung der Z-Transformation:

$$F(z) = \sum_{n=0}^{\infty} f(nT) \cdot z^{-n}$$

beidseitig mit dem Faktor z^{i-1}, wobei $i = 0, 1, 2, 3....$ die Folge der natürlichen Zahlen durchläuft:

$$z^{i-1} \cdot F(z) = \sum_{n=0}^{\infty} f(nT) \cdot z^{-(n-i+1)}$$

und integriert anschließend beide Seiten:

$$\oint_C z^{i-1} \cdot F(z) \cdot dz = \oint_C \sum_{n=0}^{\infty} f(nT) \cdot z^{-(n-i+1)} \cdot dz,$$

so ergibt sich, wenn die rechte Seite der Gleichung ausführlich geschrieben wird:

$$\oint_C z^{i-1} \cdot F(z) \cdot dz = \oint_C \left\{ f(0) \cdot z^{i-1} + f(T) \cdot z^{i-2} + f(2T) \cdot z^{i-3} + \cdots \right\} \cdot dz. \tag{2.4}$$

In Gl(2.4) verschwinden lt. Gl(2.3) für $i = 0$ sämtliche Summanden bis auf den ersten $[f(0) \cdot z^{-1}]$; für $i = 1$ sämtliche Summanden bis auf den zweiten $[f(T) \cdot z^{-1}]$; für $i = 2$ sämtliche Summanden bis auf den dritten $[f(2T) \cdot z^{-1}]$ usw., so daß sich bei der Summation gerade das gesuchte Umkehrintegral Gl(2.2) ergibt.

Beispiel

Gegeben: $F(z) = \dfrac{z}{(z-a)(z-b)}$ mit $a < 1$ und $b < 1$

Gesucht: $f(nT)$ mittels Umkehrintegral

Lösung:
Die Funktion $F(z)$ besitzt 2 einfache Pole 1.Ordnung bei $z_1 = a$ und $z_2 = b$. Zur Lösung kann man die Residuenmethode der Funktionentheorie benutzen. Der Residuensatz für Pole 1.Ordnung lautet:

$$\operatorname{Res}(z_v) = \lim_{z \to z_v} (z - z_v) \cdot F(z) \cdot z^{n-1},$$

der auf die gegebene Funktion $F(z)$ angewendet wird.

Es ergibt sich für $z_1 = a$:

$$\operatorname{Res}(a) = \lim_{z \to a} (z - a) \frac{z^n}{(z-a)(z-b)} = \frac{a^n}{a - b}$$

und entsprechend für $z_2 = b$:

$$Res(b) = \lim_{z \to b} (z-b)\frac{z^n}{(z-a)(z-b)} = \frac{b^n}{b-a} \cdot$$

Der Wert des Integrals errechnet sich dann aus der Summe der Residuen zu:

$$f(nT) = \sum Res = \frac{a^n - b^n}{b-a}$$

(vergl. auch Kap. 9.2, Tab.9.2.1).

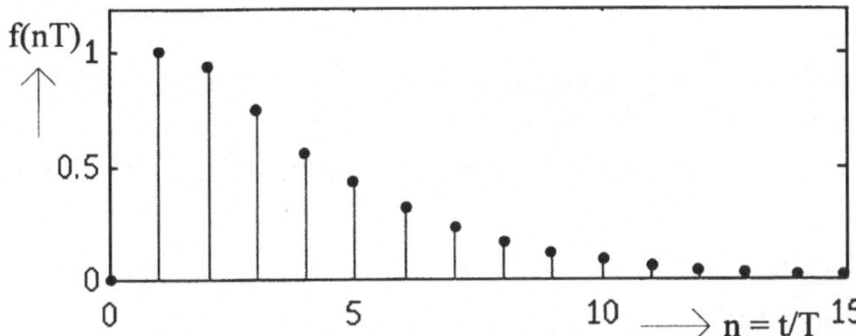

Bild 2.1 Verlauf der Funktion f(nT) für die Parameter a = 0.75; b = 0.2

Das obige Bild zeigt die Lösungsfunktion für 2 feste Parameter a = 0.75, b = 0.2; für alle $|a| < 1$ und $|b| < 1$ konvergiert f(nT) gegen Null.

Der Vorteil der Umkehrformel liegt in ihrer uneingeschränkten Anwendbarkeit; insbesondere für theoretische Untersuchungen ist sie unverzichtbar.
In der Technik wird das Umkehrintegral wegen seiner oft umständlichen Handhabung dagegen eher selten verwendet, nämlich vorwiegend dann, wenn günstigere Methoden versagen.

Lineare Systeme mit konstanten Koeffizienten, von denen hier ausschließlich die Rede sein wird, führen auf (gebrochen) rationale Funktionen von z, die mit einfacheren Mitteln, z.B. der Partialbruchzerlegung behandelt werden können.

2.2 Partialbruchentwicklung und Korrespondenztafel

Als leistungsfähiges Instrument zur Rücktransformation rationaler Funktionen haben sich Korrespondenztafeln bewährt (siehe Kap.9.2). Bei der Partialbruchzerlegung von F(z) in Terme 1. und 2.Ordnung lassen sich die meisten technischen Standardaufgaben ohne Benutzung des Umkehrintegrals mittels tabellierter Korrespondenzen lösen. Um eine geeignete Lösungsform zu erhalten, ist F(z) zuvor an gegebene Musterkorrespondenzen anzupassen.

Anpassung von F(z) an die Korrespondenztafel
Das grundsätzliche Vorgehen ist einfach und wiederholt stets 2 Schritte:

> 1. Zerlegung einer gegebenen Funktion F(z) in korrespondenzfähige Terme.
> Hilfsmittel hierbei ist die Partialbruchzerlegung. Sie zerlegt komplizierte in einfachere tabellierte Ausdrücke
>
> 2. Rücktransformation der Einzelterme mit Hilfe tabellierter Korrespondenzen.

In elementaren Fällen ist F(z) in der Korrespondenztafel enthalten und kann direkt zurücktransformiert werden. Trifft das nicht zu, führt eine Anpassung an vorgegebene Korrespondenzen zum Erfolg. Meistverwendete Hilfen bei derartigen Umformungen sind:

- die Partialbruchzerlegung,
- die Verschiebungssätze,
- der Faltungssatz.

1. Modellfall:
Bei besonders günstigen Voraussetzungen kann eine Partialbruchzerlegung der Bildfunktion entfallen, wie folgendes Beispiel zeigt.

Gegeben: $F(z) = \dfrac{1}{z-1}$

Gesucht: f(nT)

Lösung:
Man erkennt in F(z) durch Erweiterung mit z die Form

$$F(z) = \frac{1}{z} \cdot \frac{z}{z-1} \, .$$

Der 1. Faktor (1/z) beinhaltet gemäß Anhang , Kap. 9.2 eine Rechtsverschiebung um 1 Tastperiodendauer, während der 2. Faktor [z / (z-1)] die Sprungfunktion repräsentiert. Folglich kann in diesem einfachen Fall ohne weitere Zwischenschritte die Rücktransformierte von F(z) sofort hingeschrieben werden, indem man den Verschiebungssatz- rechts und die Korrespondenz für die Sprungfunktion kombiniert . Es gilt:

$$f(nT) = Z^{-1}\{F(z)\} = 1[(n-1)T],$$

wodurch der um 1 Tastperiodendauer T rechtsverschobene Sprung beschrieben wird (vergl. auch weiter unten: Postellenüberschuß).

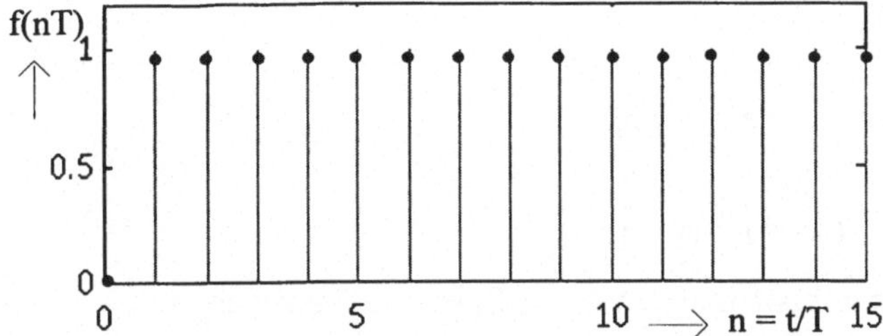

Bild 2.2 Um 1 Takt nach rechts verschobene diskrete Sprungfunktion f(nT) = 1[(n-1)T]

In der Regel ist jedoch eine Partialbruch-Zerlegung der vorgelegten F(z)-Funktion unumgänglich. Bei der erforderlichen Anpassung an tabellierte z-Korrespondenzen tritt eine Besonderheit zutage:

- alle Korrespondenzen der Tabellen in Kap. 9.2 besitzen ein *Zähler-z* .

Es empfiehlt sich deshalb, beim Partialbruch*ansatz* darauf zu achten, daß das Ergebnis der Zerlegung in korrespondenzfähige Elementarterme *nicht* auf Zähler-polynome nullter Ordnung führt !

Man kann so vorgehen, daß man aus F(z) ein Zähler-z als Vorfaktor heraus-zieht:

$$F(z) = z \cdot F_1(z)$$

und anschließend die Restfunktion $F_1(z)$ in Partialbrüche entwickelt.
Dem Ergebnis dieser Partialbruchzerlegung wird dann das vorher reservierte z zugefügt. Auf diese Weise gelingt es, ein Zähler-z zur problemlosen Anwen-dung der Korrespondenztafel abzuspalten.

Ein 2. Modellfall soll die erforderlichen Schritte verdeutlichen.

Gegeben: $F(z) = \dfrac{z}{3z^2 - 4z + 1}$

Gesucht: f(nT) (geschlossene Lösung mit Hilfe der Korrespondenztafel)

Lösung: Zuerst wird ein Zähler-z reserviert:

$$F(z) = z \cdot F_1(z) = z \cdot \frac{1}{3z^2 - 4z + 1}.$$

Die Partialbruchzerlegung von $F_1(z)$ schließt sich an. Eine Berechnung der Nen-nerwurzeln liefert $z_{1;2} = 1; (1/3)$ und ermöglicht die Zerlegung des Nenners in 2 Linearfaktoren:

$$F(z) = \frac{z}{3} \cdot \frac{1}{(z-1)(z-1/3)} \ .$$

Es folgt, nachdem z/3 vorgezogen wurde:

$$F_1(z) = \frac{1}{(z-1)(z-1/3)} = \frac{A}{(z-1)} + \frac{B}{(z-1/3)},$$

woraus sich die Partialbruchkoeffizienten A = 3/2, B = -3/2 errechnen.

Somit wird:

$$F(z) = \frac{z}{3} \cdot F_1(z) = \frac{z}{3} \cdot \left(\frac{(3/2)}{(z-1)} - \frac{(3/2)}{(z-1/3)} \right) = \frac{1}{2} \cdot \left(\frac{z}{(z-1)} - \frac{z}{(z-1/3)} \right),$$

d.i. eine korrespondenzfähige Lösung im z-Bereich.

Die Rücktransformation mit Hilfe der Korrespondenz (Kap.9.2.1, Nr.7)

$$Z\left\{ a^{t/T} \right\} = \frac{z}{z-a}$$

liefert als gesuchte Zeitfunktion f(t):

$$f(t) = \frac{1}{2}\left(1 - (1/3)^{t/T} \right)$$

oder für diskrete Werte

$$f(nT) = \frac{1}{2}\left(1 - (1/3)^{n} \right).$$

Das Ergebnis der Rücktransformation ist im folgenden Bild über n aufgetragen

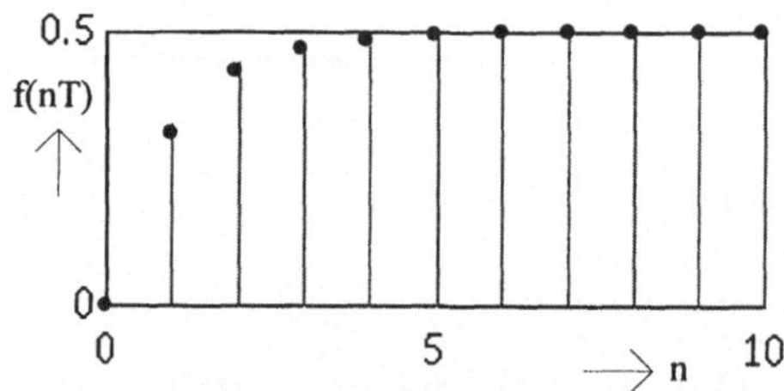

Bild 2.3 Graphische Darstellung der Zeitfunktion f(nT)

Als nachteilig erweist sich bei der Partialbruchmethode, daß die Nennerwurzeln der zu transformierenden Bildfunktion F(z) bekannt sein müssen. Vorteilhaft ist dagegen die Übersichtlichkeit der geschlossenen Lösung !

Anmerkung: Neben der im obigen Beispiel beschriebenen Methode, vor der Partialbruchzerlegung ein Zähler-z zu reservieren, kann zur Anpassung an die Korrespondenztafel auch der Verschiebungssatz-rechts benutzt werden. Hierzu sei nochmals auf das 1. Beispiel verwiesen. Dort führte die Multiplikation des F(z) mit z und anschließende Division durch z auf eine korrespondenzfähige Lösung.

Hinweis:
Auf die Anwendung der Korrespondenz Nr.17 (Kap.9, Tab. 9.2.1) wurde in obigem Beispiel verzichtet, um die Besonderheit bei der Partialbruchzerlegung, nämlich die Reservierung des Zähler-z zu verdeutlichen .

Ein 3. Modellfall mit komplexen Nennerwurzeln soll die Übungen zur Anpassung an die Korrespondenztafel abrunden (vergl. auch Kap.4.2., wo die Beispielfunktion nochmals diskutiert wird).

$$\text{Gegeben: } G(z) = \frac{z^2 + z}{z^2 - 2\sigma_p \cdot z + (\sigma_p^2 + \omega_p^2)}$$

Gesucht: g(nT) mittels Korrespondenztafel

Lösung:
Bei komplexen Nennerwurzeln der Bildfunktion ist der zugehörige Zeitvorgang vom harmonisch abklingenden Typ. Für solche Fälle stellt die Korrespondenztafel Kap. 9.2 die folgenden Korrespondenzen bereit:

$$Z\left\{e^{-at}\cos\omega_0 t\right\} = \frac{z^2 - 2\cdot z\cdot e^{-aT}\cdot\cos\omega_0 T}{z^2 - 2\cdot z\cdot e^{-aT}\cdot\cos\omega_0 T + e^{-2aT}} \quad \text{und} \tag{2.5}$$

$$Z\left\{e^{-at}\sin\omega_0 t\right\} = \frac{z\cdot e^{-aT}\cdot\sin\omega_0 T}{z^2 - 2\cdot z\cdot e^{-aT}\cdot\cos\omega_0 T + e^{-2aT}} . \tag{2.6}$$

An diese Terme ist die gegebene Funktion G(z) anzupassen.

Die Parameter σ_p und ω_p sind gegeben; die Größen a, ω_0 sind gesucht. Zur Anpassung an die Korrespondenzen (2.5) und (2.6) wird G(z) umgeformt:

$$\frac{z^2 + z}{z^2 - 2\sigma_p z + (\sigma_p^2 + \omega_p^2)} = \frac{z^2 - 2\sigma_p z}{\text{Nenner}} + \frac{(1 + 2\sigma_p)z}{\text{Nenner}} .$$

Im obigen Ausdruck entspricht der 1. Term auf der rechten Seite der Gleichung formal der Korrespondenz Gl(2.5) . Schreibt man den 2. Term noch passend um, so entsteht

$$\frac{z^2 + z}{z^2 - 2\sigma_p z + (\sigma_p^2 + \omega_p^2)} = \frac{z^2 - 2\sigma_p z}{z^2 - 2\sigma_p z + (\sigma_p^2 + \omega_p^2)} + \frac{(1 + 2\sigma_p)}{e^{-aT}\sin\omega_0 T}\cdot\frac{z\cdot e^{-aT}\sin\omega_0 T}{z^2 - 2\sigma_p z + (\sigma_p^2 + \omega_p^2)}$$

Dieser Ausdruck korrespondiert mit den Gln (2.5) bzw. (2.6). Man erkennt beim Koeffizientenvergleich:

$$-2\sigma_p = -2e^{-aT}\cos\omega_0 T, \qquad \sigma_p^{\,2} + \omega_p^{\,2} = e^{-2aT}.$$

Das sind 2 Gleichungen zur Bestimmung der gesuchten Größen a und ω_0. Man findet durch Logarithmieren des letzten Terms

$$a = -\frac{1}{2T}\cdot\ln(\sigma_p^{\,2}+\omega_p^{\,2}), \tag{2.7}$$

während sich aus dem ersten Term die andere gesuchte Größe ergibt:

$$\omega_0 = \frac{1}{T}\cdot\arccos(\sigma_p\cdot e^{aT}) \tag{2.8}$$

Damit ist die gliedweise Rücktransformation möglich und es entsteht die gesuchte Zeitfunktion:

$$g(nT) = e^{-anT}\cdot\left[\cos\omega_0 nT + \frac{1+2\sigma_p}{e^{-aT}\cdot\sin\omega_0 T}\cdot\sin\omega_0 nT\right],$$

worin der Parameter a durch Gl(2.7) und ω_0 mit Hilfe von Gl(2.8) gegeben ist.

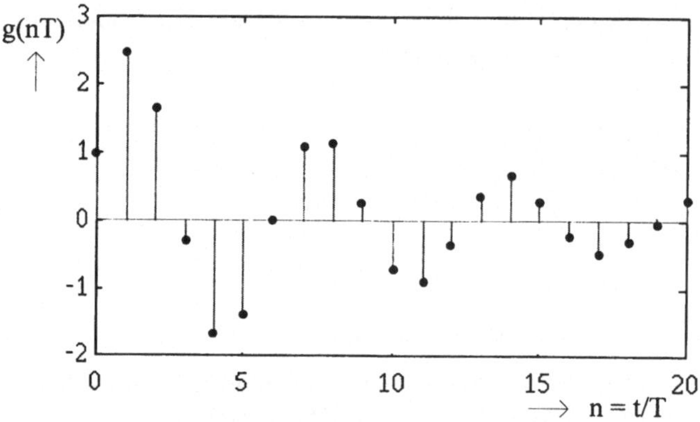

Bild 2.4 Verlauf der Gewichtsfolge g(nT) für Parameter $\sigma_p = 0.5$; $\omega_p = 0.75$; T = 0.01

Das obige Bild zeigt den erwarteten harmonisch abklingenden Verlauf von g(nT).

Nullstellenüberschuß

Bisher war die zurückzutransformierende Bildfunktion F(z) = P(z) / Q(z) stillschweigend als gebrochen rationale Funktion ohne Nullstellenüberschuß vorausgesetzt worden, d.h. der Grad m des Zählerpolynoms P(z) durfte höchstens gleich dem Grad n des Nennerpolynoms Q(z) sein. Dann war unter Beachtung des erforderlichen Zähler-z die Partialbruchzerlegung problemlos durchführbar. Ist nun der Grad m des Zählerpolynoms P(z) größer als der Grad n des Nennerpolynoms Q(z), so spricht man von Nullstellenüberschuß. In diesem Falle sind von F(z) solange Potenzen von z abzuspalten, bis die Restfunktion $F_1(z)$ durch m = n gekennzeichnet ist:

$$F(z) = a_k z^k + \cdots + a_1 z + F_1(z). \tag{2.9}$$

Mit Hilfe des Linearitäts- und des Verschiebungssatzes liefern die Abspaltprodukte $a_k z^k + \ldots + a_1 z$ zeitverschobene Einheitsimpulse, während die Restfunktion $F_1(z)$ wie weiter oben erläutert zurücktransformiert werden kann.

Beispiel

Gegeben: $F(z) = \dfrac{2z^2 + (1 - 2e^{-aT})}{z - e^{-aT}}$ $\tag{2.10}$

Gesucht: zugehörige Zeitfunktion f(nT)
Lösung: Der Zählergrad von F(z) ist m = 2; der Nennergrad n = 1. Folglich ist ein Term mit z abzuspalten. Die Division ergibt:

$$F(z) = \left[2z^2 + (1 - 2 \cdot e^{-aT})\right] : (z - e^{-aT}) = 2z + \frac{z}{z - e^{-aT}} \cdot$$

Obiger Ausdruck ist korrespondenzfähig und liefert die Wertefolge

$$f(nT) = 2 \cdot \Delta\left[(n+1)T\right] + e^{-anT} \cdot 1(nT).$$

Eine Skizze obiger Funktion läßt die technische Bedeutung des *Nullstellenüberschuß* in F(z) um 1 deutlich werden: er kennzeichnet eine *nichtkausale* Funktion, die auch bei negativer Zeit (t = -T) einen von Null verschiedenen Wert besitzt.

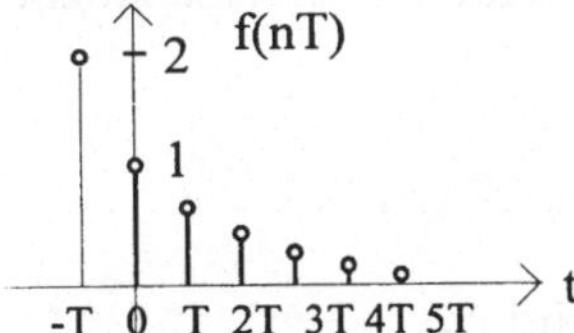

Bild 2.5 Nichtkausale Folge f(nT), die zu einer Bildfunktion F(z) mit Nullstellenüberschuß um 1 gehört (Gl(2.4)).

Allgemein gilt:

> Nullstellenüberschuß in F(z) um m-n = k ruft eine bei t = - kT einsetzende Zeitfunktion f(nT) hervor

Das obige Beispiel beinhaltet noch eine weitere Aussage:
Gleicher Zähler- und Nennergrad m = n kennzeichnet Funktionen, die bei t = 0 einen von Null verschiedenen Anfangswert aufweisen. Dieser Sachverhalt bestätigt sich auch bei den Korrespondenzen in Kap. 9.2.

Polstellenüberschuß

Ist der Grad n des Nennerpolynoms Q(z) einer Bildfunktion F(z) = P(z) / Q(z) größer als der Grad m des Zählerpolynoms P(z), so spricht man von Polstellen-überschuß.

Zur Rücktransformation derartiger Funktionen mit Hilfe von Korrespondenztafeln sind fehlende Zählernullstellen "aufzufüllen", um korrespondenzfähige Formen zu erhalten, denn in den genannten Tafeln sucht man vergeblich nach Ausdrücken mit m < n + 1.

Zur Erklärung soll folgender Modellfall dienen:

$$\text{Gegeben: } F(z) = \frac{1}{z(z-a)^2} ; \qquad \text{Gesucht: } f(nT)$$

Lösung: Grad des Zählerpolynoms ist m = 0; Grad des Nennerpolynoms: n = 3, d.h., es besteht Polstellenüberschuß um 3.

Ein Auffüllen von 2 Zählernullstellen liefert für $F_0(z)$ den Term:

$$F(z) = z^{-2} \cdot \frac{z}{(z-a)^2} = z^{-2} \cdot F_0(z)$$

Nach Tabelle 9.2.1 gehört zum Term $F_0(z)$ die Zeitfunktion

$$f_0(nT) = n \cdot a^{(n-1)} \cdot 1(nT).$$

Demnach resultiert aus F(z) nach Tabelle 9.2 das um 2 Takte rechtsverschobene Ergebnis:

$$f(nT) = (n-2) \cdot a^{(n-3)} \cdot 1[(n-2)T].$$

Die Zeitfunktion f(nT) und das zugehörige $f_0(nT)$ zeigt Bild 2.6.

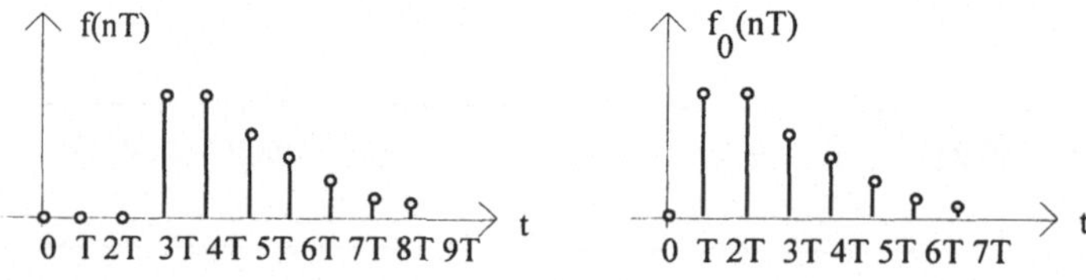

Bild 2.6 Verdeutlicht die Auswirkung von Polstellenüberschuß im Bildbereich auf die zugehörige Zeitfunktion.
Links: um 2 Takte rechtsverschobene Funktion mit Polstellenüberschuß n - m = 3; rechts: Originalfunktion mit n - m = 1

Man erkennt leicht den folgenden Zusammenhang:

> - Postellenüberschuß in F(z) um n - m = k ruft eine um k Takte verzögerte
>   Zeitfunktion hervor.
> - Gleicher Zähler- und Nennergrad (n - m = 0) der Bildfunktion F(z) bewirkt
>   einen Start der Zeitfunktion f(nT) bei t = 0;

Die Gesetzmäßigkeit dieser Aussage wird sich auch im folgenden Abschnitt zeigen.

2.3 Reihenentwicklung

Die Definitionsgleichung der Z-Transformation stellt aus mathematischer Sicht eine Laurent-Reihe dar, die eine gebrochen rationale Funktion F(z) nach fallenden Potenzen von z entwickelt. Diese Reihenentwicklung von F(z) im Bildbereich läßt direkte Schlüsse auf die zugehörige Zeitfunktion, also auf die Z-Rücktransformierte zu, wie im folgenden erläutert wird.

Nach Kap.1 gilt für die Reihenentwicklung der Sprungfunktion 1(t):

$$Z[1(t)] = \frac{z}{z-1} = 1 \cdot z^0 + 1 \cdot z^{-1} + 1 \cdot z^{-2} + 1 \cdot z^{-3} + \cdots = \sum_{n=0}^{\infty} 1 \cdot z^{-n} \tag{2.11}$$

Man beachte, daß die Wertefolge 1(nT) = {1, 1, 1, 1, 1, 1,......} lautet.

Aus demselben Kapitel ist auch die Potenzfunktion f(t) = a$^{t/T}$ bekannt. Zu ihr gehört die Bildfunktion:

$$Z\left[a^{t/T}\right] = \frac{z}{z-a} = a^0 \cdot z^0 + a^1 \cdot z^{-1} + a^2 \cdot z^{-2} + a^3 \cdot z^{-3} + \cdots = \sum_{n=0}^{\infty} a^n \cdot z^{-n} \tag{2.12}$$

Man stellt fest, daß die Wertefolge die Gestalt a^n = {a^0, a^1, a^2, a^3,......} annimmt.

Ein Vergleich der Laurent-Reihen obiger Zeitfunktionen mit den zugehörigen Wertefolgen läßt nachstehenden Sachverhalt deutlich werden:

- Die Zeitfunktion f(t) stimmt an den Stellen t = nT mit den Koeffizienten der zugehörigen Laurent-Reihe überein , d.h., ihre Koeffizienten bilden die gesuchte Rücktransformierte !

Anders formuliert:

> Ist die Bildfunktion F(z) gebrochen rational in z, dann ergeben sich die f(nT) als Koeffizienten der Laurent-Reihe, die beim Ausdividieren von F(z) entsteht.

Beispiel

Gegeben: Dreieckfunktion mit Probenwerten lt. Skizze

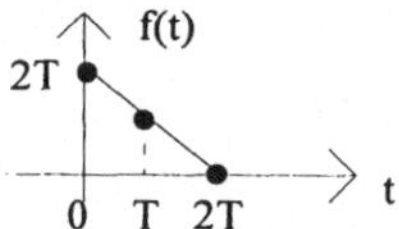

Bild 2.7 Zeitfunktion f(t), der Probenwerte im Abstand T entnommen werden

Gesucht: a) f(t),
        b) F(z),
        c) $f(nT) = Z^{-1}\{F(z)\}$ mittels Reihenentwicklung

Lösung:

Zu a) Die Funktion ist in Elementarsignale zu zerlegen, deren z-Bildfunktionen in der Korrespondenztafel Kap. 9.2 enthalten sind.

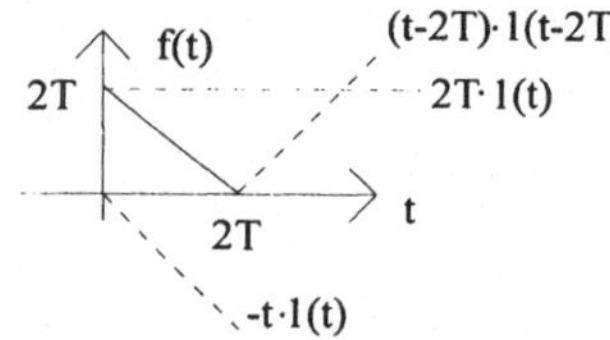

Bild 2.8 Zerlegung des Dreiecks von Bild 2.7 in 3 tabellierte Elementarfunktionen

Wie die obige Skizze zeigt, setzt sich die Ausgangsfunktion aus 3 Elementarfunktionen zusammen:

$$f(t) = - t \cdot 1(t) + 2T \cdot 1(t) + (t-2T) \cdot 1(t-2T)$$

Zu b) Z-Transformation: Die Zeitfunktion f(t) ist gliedweise in den z-Bereich zu transformieren (Kap. 9, Tab. 9.2). Dann wird:

$$F(z) = -\frac{Tz}{(z-1)^2} + 2T\frac{z}{z-1} + \frac{1}{z^2}\frac{Tz}{(z-1)^2} = T\frac{2z^3 - 3z^2 + 1}{z^3 - 2z^2 + z}$$

Zu c) Ausdividieren des obigen Ausdrucks ergibt:

$$
\begin{aligned}
T(2z^3 - 3z^2 + 1) &/ (z^3 - 2z^2 + z) = T(2 + 1z^{-1})\\
\underline{2z^3 - 4z^2 + 2z}& \\
z^2 - 2z + 1& \\
\underline{z^2 - 2z + 1}& \\
0&
\end{aligned}
$$

Die Division liefert also lediglich 2 von Null verschiedene Glieder, alle weiteren verschwinden. Das Ergebnis ist in Bild 2.9 skizziert.

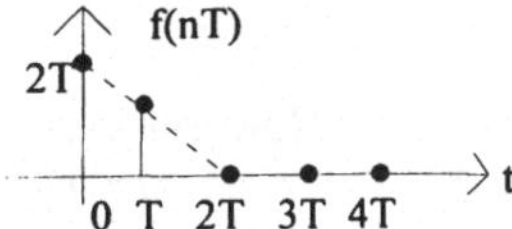

Bild 2.9 Ergebnis der Rücktransformation von F(z) durch Ausdividieren von F(z)

Damit bestätigt sich die oben getroffene Aussage über die Möglichkeit einer Rücktransformation durch Ausdividieren der Bildfunktion.

2.4 Allgemeine Rekursionsformel

In praktischen Fällen wird man selten die gebrochen rationale Funktion F(z) ausdividieren, um die zugehörige Zeitfunktion f(nT) gliedweise zu finden. Für kompliziertere Signalformen bedarf es leistungsfähigerer Methoden; insbesondere ist eine computerfreundliche Lösungsvariante interessant. Es gilt daher, das oben beschriebene Divisionsverfahren in eine algorithmusfähige Form zu bringen.

Ist F(z) eine gebrochen rationale Funktion der allgemeinen Form:

$$Z[f(t)] = F(z) = \frac{a_0' z^{-0} + a_1' z^{-1} + a_2' z^{-2} + \ldots\ldots}{b_0' z^{-0} + b_1' z^{-1} + b_2' z^{-2} + \ldots\ldots}, \tag{2.13}$$

so kann das Absolutglied des Nenner mittels Division durch b_0' stets zu 1 gemacht werden und es entsteht die Normalform :

$$F(z) = \frac{a_0 + a_1 z^{-1} + a_2 z^{-2} + \ldots}{1 + b_1 z^{-1} + b_2 z^{-2} + \ldots} \ . \qquad \text{Normalform} \tag{2.14}$$

Wird die allgemeine Divisionsregel auf diesen Ausdruck angewendet, so entsteht der Term

$$(a_0 + a_1 z^{-1} + a_2 z^{-2} + \ldots) \div (1 + b_1 z^{-1} + b_2 z^{-2} + \ldots) = a_0 + (a_1 - a_0 b_1) z^{-1} + \ldots\ldots$$

Führt man die Division für genügend viele Glieder aus, so wird für obige Summe ein allgemeines Bildungsgesetz erkennbar, welches die Struktur der nach fallenden Potenzen von z geordneten Bildfunktion verdeutlicht.

$$F(z) = c_0 + c_1 z^{-1} + c_2 z^{-2} + c_3{}^{-3} + \dots\text{worin}$$

$$c_\nu = a_\nu - \sum_{\mu=1}^{\nu} b_\mu \cdot c_{\nu-\mu} \quad (c_0 = a_0, \quad \nu = 1,2,3,\dots)$$

Allgemeine Rekursions-
formel   (2.15)

Der obige Ausdruck trägt die Bezeichnung "*allgemeine Rekursionsformel*" , weil der jeweils nte Funktionswert mittels Rückgriff auf den (n-1)ten Wert - also rekursiv - gebildet wird.

Diese Rekursionsformel stellt einen für die Praxis der Z-Rücktransformation sehr nützlichen Zusammenhang dar. Die Funktionswerte f(nT) der Zeitfunktion werden von den c_ν gebildet, die sich mit einem einfachen Algorithmus bestimmen lassen (vergl. Kap. 8.1, Programm z_rueck.m) .

Als vorteilhaft ist hervorzuheben, daß die Nennernullstellen von F(z) vor der Rücktransformation *nicht* ermittelt werden müssen. Nachteilig ist, daß im Gegensatz zu den eingangs besprochenen Varianten Umkehrintegral und Korrespondenztafel *keine geschlossene* Lösung resultiert. Vielmehr entsteht anstelle einer Summen*formel* eine diskrete Lösungswert*folge* . Um das Verhalten einer langsam konvergierenden Funktion f(nT) für große n zu erkennen, sind also entsprechend viele (nämlich n) Funktionswerte zu berechnen.

Einführende Aufgabe

Gegeben: $F(z) = \dfrac{z^2 - 1}{z^2 - z}$;   Gesucht: f(nT) mittels allg. Rekursionsformel

Lösung:

Der Anpassung an die Normalform folgt die Bestimmung der Konstanten durch Vergleich beider Ausdrücke:

$$F(z) = \frac{z^2-1}{z^2-z} = \frac{1-z^{-2}}{1-z^{-1}} = \frac{a_0 + a_1 z^{-1} + a_2 z^{-2}}{1 + b_1 z^{-1}} ;$$

$$\rightarrow \ \left\{ a_0 = 1, \ a_1 = 0, \ a_2 = -1; \ b_0 = 1, \ b_1 = -1; \right\}$$

Beim Einsetzen in die allg. Rekursionsformel entstehen lediglich 2 von Null verschiedene Glieder:

$$Z[f(nT)] = c_0 + c_1 z + c_2 z = 1 + 1 \cdot z^{-1} + 0 \cdot z^{-2} + 0\dots = \{1, 1, 0, 0, 0, 0, \dots\},$$

f(0) f(T)   f(2T)   f(3T)

während alle folgenden Koeffizienten verschwinden. Die zugehörige Zeitfunktion ist im Bild 2.10 skizziert.

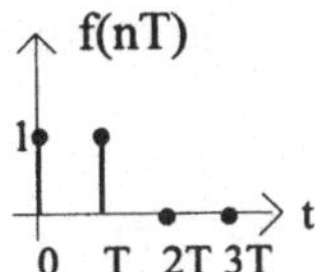

Bild 2.10 Die Rücktransformation mittels Rekursionsformel liefert eine Zeitfunktion mit 2 von Null verschiedenen Elementen

Nachdem die obige Problemstellung die grundsätzliche Wirkungsweise der allgemeinen Rekursionsformel demonstrierte, soll ein weiteres Exempel eine etwas umfangreichere Aufgabenstellung behandeln, deren Lösung allerdings kleine Vorgriffe auf Aussagen nachfolgender Kapitel erfordert.

Gegeben sei die in Bild 2.11 skizzierte Anordnung. Zu berechnen ist die Folge der Ausgangswerte a(nT).

Lösung: Das Eingangssignal e(t) ist eine bei t = 0 beginnende Schaltfunktion:

$$e(t) = A_0 \cdot \sin\omega_0 t \cdot 1(t).$$

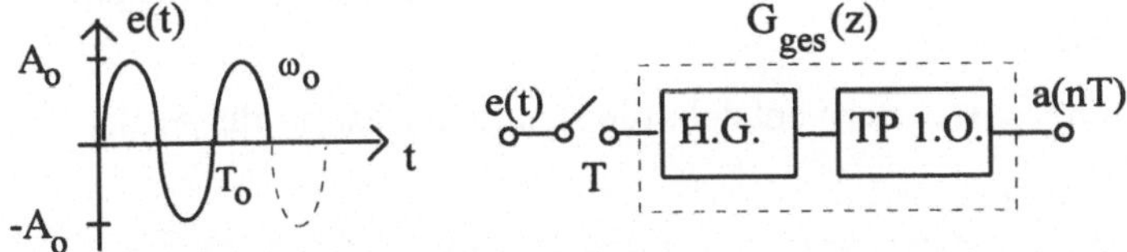

Bild 2.11 Ein harmonisches Eingangssignal wirkt für t ≥0 auf einen getasteten TP 1.Ordnung mit vorgeschaltetem Halteglied 0. Ordnung ein. Gesucht wird das Ausgangssignal des TP in den Zeitpunkten t = nT

Die zugehörige Z-Transformierte E(z) lautet nach Tabelle 9.2.1

$$E(z) = A_0 \frac{z \cdot \sin\omega_0 T}{z^2 - 2z \cdot \cos\omega_0 T + 1}.$$

Als Übertragungsfunktion der Kettenschaltung von Halteglied 0. Ordnung und Tiefpaß 1. Ordnung resultiert (siehe Kap.3.2.3):

$$G_{ges}(z) = \frac{1 - e^{-T/\tau}}{z - e^{-T/\tau}},$$

während der Produktansatz für A(z) als Ausgangssignal im z-Bereich

$$A(z) = E(z) \cdot G(z) = A_0 \frac{(1 - e^{-T/\tau}) \cdot \sin\omega_0 T \cdot z}{(z - e^{-T/\tau}) \cdot (z^2 - 2z \cdot \cos\omega_0 T + 1)}$$

liefert. Anstelle einer ebenfalls möglichen geschlossenen Lösung, die eine Partialbruchzerlegung von A(z) erfordern würde, soll die allgemeine Rekursionsformel zur Rücktransformation angewendet werden.

Dazu ist obiger Ausdruck in die zugehörige Normalform [Gl(2.14)] zu bringen:

$$A(z) = \frac{A_o(1-e^{-T/\tau}) \cdot \sin\omega_0 T \cdot z^{-2}}{1-(e^{-T/\tau}+2\cdot\cos\omega_0 T)\cdot z^{-1}+(1+2\cdot e^{-T/\tau}\cdot\cos\omega_0 T)\cdot z^{-2}-e^{-T/\tau}\cdot z^{-3}} \cdot$$

Als Parameter treten neben der Tastperiodendauer T noch die Signalamplitude A_0 und die Kreisfrequenz ω_0 des Eingangssignals auf. Der Tiefpaß wird durch seine Zeitkonstante τ gekennzeichnet, die gleichzeitig dessen Grenzfrequenz $\omega_{gr} = 1/\tau$ bestimmt.

Ein gewählter 1. Parametersatz T = 0.1, (A_0 = 1, τ = 1, ω_0 = 0.628) liefert eine technisch sinnvolle Lösung, weil bei der gewählten Tastperiodendauer T = 0.1 die Forderung des Abtasttheorems (vergl. Kap.6.1)

$$T_{max} \leq \frac{\pi}{\omega_0} = \frac{3.14}{0.628} = 5$$

gegenüber T = 0.1 sicher erfüllt und das Eingangssignal in hinreichend kurzen Abständen abgetastet wird.

Mit den obigen Schaltungsparametern entsteht die spezielle Lösung für A(z):

$$A(z) = \frac{0.0485\cdot z^{-2}}{1-2.7054\cdot z^{-1}+2.4554\cdot z^{-2}-0.7408\cdot z^{-3}}$$

deren mit Hilfe der Rekursionsformel gefundenes Rücktransformationsergebnis $a(nT) = Z^{-1}\{A(z)\}$ im folgenden Bild skizziert ist.

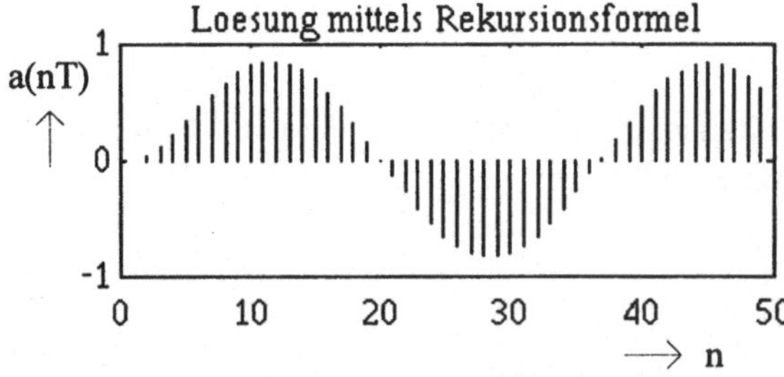

Bild 2.12 Ausgangswertefolge mit dem Parametersatz: T = 0.1, (A_0 =1, τ = 1, ω_0 = 0.628). Die gewählte Tastperiodendauer T erfüllt das Abtasttheorem. Die Lösung a(nT) zeigt einen harmonischen Verlauf

Man beachte, daß im obigen Bild sowohl a(0) und a(T) Null werden. Das ist eine Auswirkung des Haltegliedes, das den 1. Signalwert e(0) = 0 während der Dauer der 1. Tastperiode auf diesem Wert hält.

Ein 2. Parametersatz T = 6, (A_0 = 1, τ = 1, ω_0 = 0.628) weist dagegen eine zur Signalrekonstruktion unzulässig groß gewählte Tastperiodendauer T auf. Infolgedessen stellt die Ausgangswertefolge den harmonischen Verlauf des Eingangssignals verfälscht dar.

Die Lösung im z-Bildbereich lautet in diesem Fall:

$$A(z) = \frac{-0.5848 \cdot z^{-2}}{1 + 1.6178 \cdot z^{-1} + 0.9960 \cdot z^{-2} - 0.0025 \cdot z^{-3}},$$

woraus sich nach Rücktransformation in den Zeitbereich die in Bild 2.13 skizzierte Wertefolge ergibt.

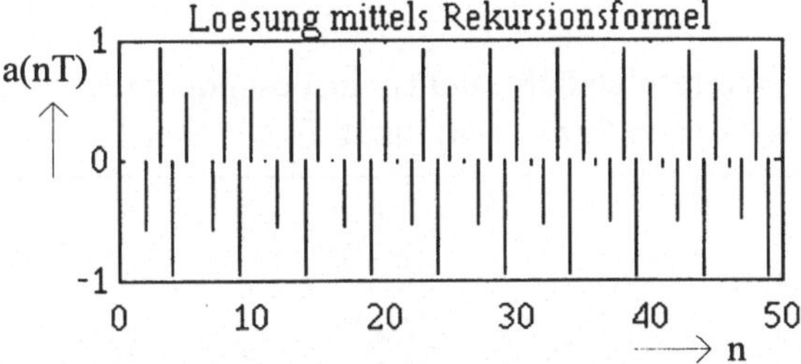

Bild 2.13 Ausgangswertefolge mit dem Parametersatz T = 6, (A_0 = 1, τ = 1, ω_0 = 0.628). Die gewählte Tastperiodendauer T verletzt das Abtasttheorem. Die Lösung a(nT) läßt deshalb keinen harmonischen Verlauf erkennen.

Die obigen Ergebnisse sind mit dem Hilfsprogramm *z_rueck* (Kap. 8.1) leicht nachzuvollziehen oder auch mit anderen Parametersätzen in ihrer Aussage zu variieren.

Differenzengleichungs-Methode
Auf eine weitere Möglichkeit zur Rücktransformation soll noch kurz hingewiesen werden, die Differenzengleichungs-Methode.
Wie in Kap.5 gezeigt wird, kann man einer gebrochen rationalen Funktion F(z)

$$F(z) = \frac{a_m z^m + a_{m-1} + \cdots + a_1 z + a_0}{b_n z^n + b_{n-1} z^{n-1} + \cdots b_1 z + b_0}$$

stets eine Differenzengleichung zuordnen:

$$\sum_{k=0}^{n} b_k \, a[(n-k)T] = \sum_{k=0}^{m} a_k \, e[(n-k)T].$$

Letztere ist rechentechnisch auf rekursivem Weg lösbar und führt auf eine "offene" Lösung, d.h., auf eine Wertefolge anstelle einer geschlossenen Reihensumme. Als Hilfsmittel dient bei diesem Verfahren die Rekursionsformel, so daß die Differenzengleichungs-Methode auf die oben besprochene Methode zurückgeführt werden kann. Weitere Einzelheiten findet man im Kap.5.2.

Abschließend ist festzustellen:

In der Rechenpraxis haben sich zur Ermittlung

geschlossener Lösungen (als rationale Funktion dargestellt) die Rücktransformation mittels *Partialbruchzerlegung* und Korrespondenztafel bewährt, während

für *offene* Lösungen (als diskrete Wertefolge dargestellt), insbesondere bei Rechnereinsatz, die *allgemeine Rekursionsformel* vorteilhaft ist .

3 Systeme und Systemreaktionen

Dieses Kapitel behandelt Anwendungen der Z-Transformation, insbesondere die Berechnung von Systemreaktionen. Sowohl diskrete als auch kontinuierliche Systemtypen werden untersucht.

Dabei zeigt sich, daß bei Anwendung der Z-Transformation auf *kontinuierliche* Systeme oder auf *Mischformen,* die beide Systemtypen enthalten, einige Besonderheiten auftreten.

Nachdem charakteristische Unterschiede bei der z-Behandlung kontinuierlicher und diskreter Systeme herausgearbeitet worden sind, geht das Kapitel auf spezielle *Signaltypen* ein. Einerseits sind aperiodische von periodischen Eingangssignalen zu unterscheiden, andererseits bildet die Signaldauer, bezogen auf die Tastperiodendauer, ein geeignetes Differenzierungsmerkmal.

Zum Schluß beschreibt eine spezielle Form - die *erweiterte Z-Transformation* - Möglichkeiten, bei *kontinuierlichen* Systemen zusätzlich zu den Standardwerten a(nT) beliebige Zwischenwerte a[(n +ε)T] (mit |ε| <1) zu bestimmen und so die Aussagefähigkeit der Lösungsfolge zu erhöhen.

3.1 Diskrete Systeme

Im Gegensatz zu kontinuierlichen Systemen, die Eingangs*funktionen* e(t) zu Ausgangs*funktionen* a(t) verarbeiten, transformieren diskrete Systeme Eingangs*folgen* e(nT) in diskrete Ausgangs*folgen* a(nT), d.h., sowohl das Eingangs- als auch das Ausgangssignal sind nur zu diskreten Zeitpunkten t = nT verfügbar.

3.1.1 Kennfunktionen im z-Bereich
Einheitsimpuls, Gewichtsfolge

Während kontinuierliche Systeme mit Hilfe ihrer kontinuierlichen Gewichts*funktion* g(t) gekennzeichnet werden, besitzen diskrete Systeme eine diskrete Gewichts*folge* g(nT). Sie stellt die Reaktion des Systems auf den Einheitsimpuls Δ(nT), auch Kronecker-Delta genannt, dar (Bild 3.1).

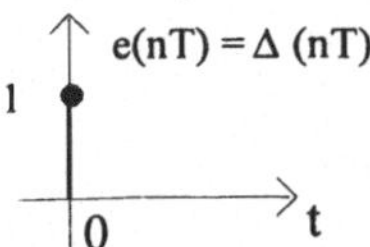

Bild 3.1 Der Einheitsimpuls Δ(nT) tritt bei diskreten Systemen an die Stelle des Dirac-Stoßes δ(t) bei kontinuierlichen Systemen

Die Einheits-Impulsfunktion Δ(nT) kann nach obigem Bild wie folgt beschrieben werden:

$$\Delta(nT) = \begin{cases} 1 & \text{für } n = 0 \\ 0 & \text{sonst} \end{cases}$$

Einheitsimpuls (Kronecker-Delta).

Dieses Elementarsignal $\Delta(nT)$ spielt bei diskreten Systemen eine ähnlich grundlegende Rolle wie die Dirac-Funktion $\delta(t)$ bei kontinuierlichen Systemen.

Die Z-Transformierte von $\Delta(nT)$ ist mit Hilfe der Z-Definitionsgleichung

$$Z\{\Delta(nT)\} = \sum_{n=0}^{\infty} \Delta(nT) \cdot z^{-n} = 1 \cdot z^{0} = 1;$$

leicht zu finden; sie entspricht zahlenmäßig der Laplace-Transformierten der Dirac-Funktion $L\{\delta(t)\} = 1$.

Ein um k Tastperioden verschobener Einheitsimpuls mit der Amplitude A wird

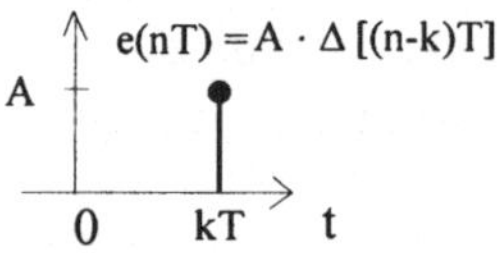

Bild 3.2 Einheitsimpuls mit der Amplitude A an der Stelle $t = k \cdot T$.

dann wie in Bild 3.2 dargestellt und ist wie folgt beschreibbar:

$$A \cdot \Delta[(n-k)T] = \begin{cases} A & \text{für } n - k = 0 \\ 0 & \text{sonst} \end{cases}$$

verschobener Einheitsimpuls der Amplitude A

Seine Z-Transformierte ergibt sich bei Anwendung des Verschiebungssatzes - rechts zu:

$$Z\{A \cdot \Delta[(n-k)T]\} = A \cdot z^{-k}.$$

Aus amplitudenbewerteten zeitverschobenen Einheitsimpulsen können durch Aneinanderreihen der Elemente beliebige diskrete Signale f(nT) aufgebaut werden:

$$f(nT) = \sum_{i=0}^{k} A_i \cdot \Delta[(n-i)T]$$

diskrete Funktion aus k+1 Elementen.

Das nachstehende Bild zeigt die zeitdiskrete Gewichtsfolge g(nT) als Systemausgangssignal bei dessen Erregung durch einen Einheitsimpuls $\Delta(nT)$.

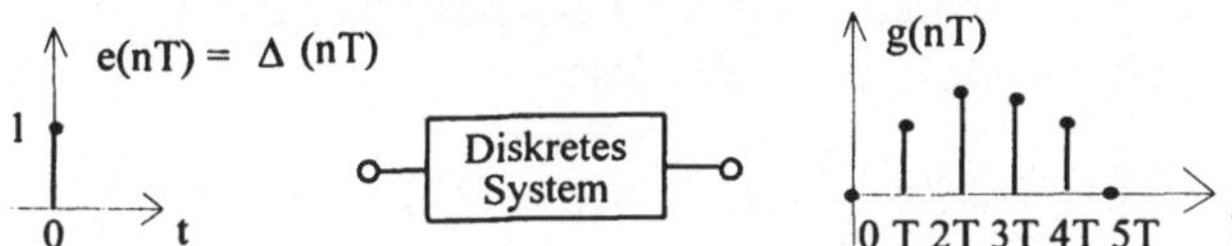

Bild 3.3 Diskrete Antwort g(nT) des diskreten Systems auf den Einheitsimpuls Δ(nT)

Besteht ein Signal aus zahlreichen Einheitsimpulsen $A\cdot\Delta[(n-k)T]$, so wird die diskrete Schreibweise zwangsläufig umständlich, so daß eine zusammenfassende Beschreibung der Einzelwerte f(nT) mittels einer kontinuierlichen Funktion f(t) günstiger erscheint (vergl. den nachfolgenden Abschnitt).

Übertragungsfunktion

Die z-Übertragungsfunktion G(z) diskreter Systeme findet man aus deren Gewichtsfolge g(nT) mit Hilfe der Definitionsgleichung:

$$\boxed{G(z) = Z\{g(nT)\} = \sum_{n=0}^{\infty} g(nT)\cdot z^{-n}}\ . \qquad \text{z-Übertragungsfunktion} \qquad (3.1)$$

Die System-Kennfunktion g(nT) im Zeitbereich setzt sich aus einer kausalen Folge diskreter Werte zusammen und ist grundsätzlich ohne Schwierigkeiten z-transformierbar .

Beispiel

Gegeben: Einheitsimpuls Δ(nT) als Systemeingangssignal und das zugehörige Ausgangssignal g(nT) (Bild 3.4)

Gesucht: Übertragungsfunktion G(z)
        a) in diskreter Darstellung als Reihe
        b) in geschlossener Form als gebrochen rationale Funktion
        c) Vergleiche die Ergebnisse !

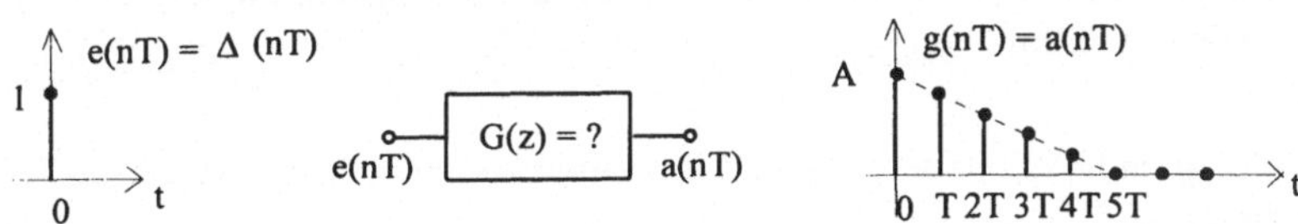

Bild 3.4 Eingangs- und Ausgangssignal eines diskreten Systems, dessen Übertragungsfunktion G(z) zu bestimmen ist.

Lösung:
Zu a) Stellt man g(nT) mit Hilfe amplitudenbewerteter Einheitsimpulse

$A_i \, \Delta[(n-i)T]$ dar, wählt also die diskrete Schreibweise der Ausgangsfolge, so ist aus obigem Bild durch Summierung aller Komponenten abzulesen:

$$g(nT) = \frac{A}{5}\left[5 \cdot \Delta(nT) + 4 \cdot \Delta((n-1)T) + 3 \cdot \Delta((n-2)T) + 2 \cdot \Delta((n-3)T) + \Delta((n-4)T)\right]_.$$

$$(3.2)$$

Aus Gl(3.2) folgt durch gliedweise Transformation die Funktion G(z):

$$G(z) = \sum_{n=0}^{\infty} g(nT) \cdot z^{-n} = \frac{A}{5}\left[5 + 4 \cdot z^{-1} + 3 \cdot z^{-2} + 2 \cdot z^{-3} + 1 \cdot z^{-4}\right]. \qquad (3.3)$$

Das ist die Übertragungsfunktion G(z) in Form einer Laurent-Reihe, deren Elemente nach fallenden Potenzen von z geordnet sind.

Zu b) Verwendet man dagegen eine kontinuierliche Darstellung der Ausgangsfunktion nach Bild 3.4 rechts (gestrichelte Hüllkurve):

$$g(t) = A\left[1(t) - \frac{1}{5T} \cdot t \cdot 1(t) + \frac{1}{5T} \cdot (t-5T) \cdot 1(t-5T)\right], \qquad (3.4)$$

die g(t) in 3 kontinuierliche Elementarfunktionen zerlegt, so entsteht für t = nT der zugehörige diskrete Ausdruck

$$g(nT) = \frac{A}{5}\left[5 \cdot 1(nT) - \frac{1}{T} \cdot (nT) \cdot 1(nT) + \frac{1}{T} \cdot ((n-5)T) \cdot 1((n-5)T)\right]. \qquad (3.5)$$

Die Gln (3.4) bzw. (3.5) führen mit Hilfe der Korrespondenztafel Kap. 9.2.1 auf den Term

$$G(z) = \frac{A}{5}\left\{\frac{5z}{z-1} - \frac{z}{5(z-1)^2} + \frac{z}{5z^5(z-1)^2}\right\}, \qquad (3.6)$$

der sich noch umschreiben läßt in

$$G(z) = \frac{A}{5}\left\{\frac{5z^7 - 6z^6 + z}{z^5(z-1)^2}\right\}. \qquad (3.7)$$

Das ist die geschlossene Darstellung der Übertragungsfunktion G(z) in Form einer gebrochen rationalen Funktion.

Zu c) Vergleich:
Beide Ergebnisse a) und b) sind identisch und ineinander umrechenbar. So geht Gl(3.7) durch Ausdividieren in

$$\frac{A}{5}\left\{\frac{5z^6 - 6z^5 + 1}{z^4(z-1)^2}\right\} = \frac{A}{5}\left\{5 + 4z^{-1} + 3z^{-2} + 2z^{-3} + 1z^{-4}\right\},$$

also in Gl(3.3) über.

Zusammengefaßt:

Der vorangegangene Abschnitt verdeutlicht, daß die *diskrete* Notierung zeitdiskreter Folgen sowohl bei der Gewichtsfolge g(nT) als auch bei der zugehörigen Übertragungsfunktion G(z) [Gln(3.2, 3.3)] wenig übersichtlich ausfällt. Günstiger erscheint die *geschlossene* Schreibweise [Gln(3.6, 3.7)] als rationale Funktion. So verwundert es nicht, wenn für rechnerische Untersuchungen an diskreten Systemen zumeist stillschweigend g(t) anstelle von g(nT) benutzt wird. Auch die Korrespondenztafeln im Kap.9 basieren auf dieser kompakteren Darstellungsweise.

Dabei darf aber keinesfalls vergessen werden, daß in diesem Falle eine Zeit*funktion* f(t) stellvertretend für die zugehörige zeitliche *Wertefolge* f(nT) = f(t)$|_{t=nT}$ steht !

Auf mögliche Komplikationen, die bei allzu sorglosem Umgang mit der kontinuierlichen Form bei *negativen Sprüngen* auftreten können, wurde bereits im Kap.1.4.1 hingewiesen.

3.2 Kontinuierliche Systeme

Obwohl ursprünglich zur Bearbeitung diskreter Folgen gedacht, hat sich die Z-Transformation auch bei der rechnerischen Untersuchung kontinuierlicher Systeme bewährt. Drei Gründe dafür sollen hier genannt werden:

1. Beim Rechnereinsatz werden ohnehin nur diskrete Probenwerte f(nT) anstelle kontinuierlicher Funktionen f(t) verarbeitet. Der gelegentlich störende Nachteil, nur Ergebniswerte im Abstand der Tastperiodendauer T zu erhalten, wird dabei durch passende Wahl von T berücksichtigt..

2. Periodische nichtharmonische Eingangssignale führen normalerweise auf Systemantworten in Form einer Summe aus *unendlich* vielen Gliedern. Mit Hilfe der Z-Transformation gelingt "nebenbei" die Bildung der Reihensumme; das Ergebnis erscheint dann in geschlossener Form und ist deshalb wesentlich übersichtlicher.

3. Die aufwendige Ermittlung der Nennernullstellen zur Rücktransformation gebrochen rationaler Funktionen kann bei rekursiver Lösung entfallen. Das erspart Rechenzeit.

Allerdings erfordert die Anwendung der Z-Transformation auf *kontinuierliche Systeme* erhöhte Aufmerksamkeit, damit Irrtümer und falsche Schlüsse sicher vermieden werden. Im folgenden ist zu zeigen, wie die Z-Transformation bei dieser Systemart dennoch vorteilhaft anwendbar ist.

Der Grundgedanke dabei lautet: dem kontinuierlichen System ist ein diskretes Modell zuzuordnen, das dann mit Methoden der Z-Transformation untersucht werden kann. Das Ergebnis wird abschließend auf das kontinuierliche System übertragen.

3.2.1 Kennfunktionen im z-Bereich

Zunächst sei an einige aus der Laplace-Transformation bekannte Definitionen erinnert. An zentraler Stelle der Systembeschreibung im L-Bildbereich steht die Übertragungsfunktion G(p), die als Quotient der L-Transformierten der *Wirkung* zur Laplace-Transformierten der *Ursache* bei *verschwindender Anfangsenergie* definiert wird.

$$G(p) = \frac{L\{Wirkung\}}{L\{Ursache\}}\bigg|_{Anfangsenergie=0} .$$

Eine charakteristische System-Kennfunktion im Zeitbereich bildet die Gewichtsfunktion g(t); sie ist mit der Bildfunktion G(p) über die L-Rücktransformation verknüpft :

$$g(t) = L^{-1}\{G(p)\}.$$

Diese grundlegenden Zusammenhänge sind auf diskrete Funktionen übertragbar, wenn man lediglich deren Probenwerte g(nT) im Abstand T betrachtet:

$$\boxed{g(nT) = g(t)\big|_{t=nT}} \qquad (3.8)$$

So resultiert als Übertragungsfunktion G(z) im z-Bildbereich:

$$G(z) = \frac{Z\{Wirkung\}}{Z\{Ursache\}}\bigg|_{Anfangsenergie=0} , \qquad (3.9)$$

während deren Rücktransformation

$$\boxed{Z^{-1}\{G(z)\} = g(t)} \qquad (3.10)$$

ergibt (wobei wiederum unter g(t) stillschweigend $g(t)\big|_{t=nT}$ zu verstehen ist).

Schließlich folgt aus Gl(3.9) noch die Aussage, daß zur Beschreibung der System-Übertragungseigenschaften die Kenntnis von Ausgangs- und Eingangssignal A(z) und E(z) ausreicht.

Mit anderen Worten:

Systeme können bezüglich ihres Eingangs-Ausgangsverhaltens im z-Bereich mit Hilfe eines Eingangs-Ausgangs-*Signalpaares* vollständig beschrieben werden:

$$G(z) = \frac{A(z)}{E(z)} = Z\{g(t)\}$$

(3.11)

Man kann zusammenfassen:

> Elementare Rechenregeln aus dem Laplace-Bereich sind in den z-Bereich übertragbar. So erscheint es einleuchtend, daß bei Beachtung spezifischer Besonderheiten die Z-Transformation auch auf kontinuierliche Signale und Systeme anwendbar ist.

Vorsicht ist jedoch bei Schlußfolgerungen geboten, die typische Eigenarten diskreter Funktionen wie z.B. die Periodizität ihrer Amplituden- und Phasencharakteristik betreffen. Solche Eigenschaften sind aus physikalischen Gründen *nicht* auf kontinuierliche Systeme übertragbar (vergl. Kap. 4.2).

3.2.2 Getastete Systeme ohne Halteglied: Pulssysteme

Technische Anwendungen der Z-Transformation auf *kontinuierliche* Systeme findet man unter anderem bei *getasteten* Schaltungen. Das sind Systeme, bei denen das Eingangssignal nicht kontinuierlich, sondern nur zeitweise am Eingang anliegt. Zwei Formen sind zu unterscheiden: die Puls- und die Abtastsysteme.

Von Pulssystemen spricht man, wenn kontinuierliche Eingangssignale e(t) von einem Schalter mit der Schaltfrequenz 1/T periodisch unterbrochen und nur "kurzzeitig" während der Schließzeit $\Delta T \ll T$ des Schalters auf den Systemeingang gegeben werden (Bild 3.5).

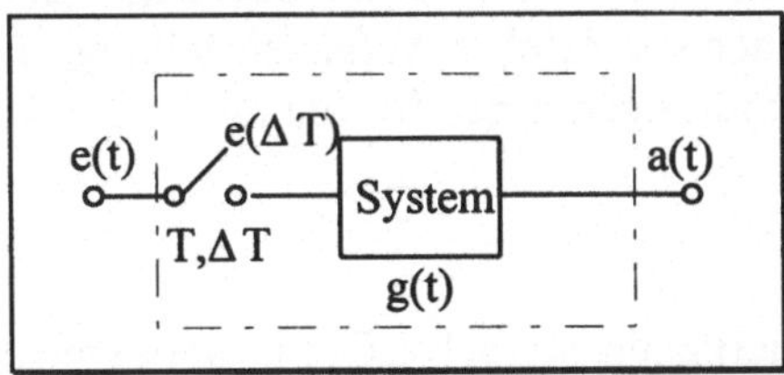

Bild 3.5 *Pulssystem*: einem kontinuierlichen Eingangssignal e(t) werden Probenwerte der Dauer $\Delta T \ll T$ entnommen und dem kontinuierlichen System mit der Gewichtsfunktion g(t) zugeführt. Das Ausgangssignal a(t) ist ebenfalls kontinuierlich.

Die Verarbeitung des getasteten Eingangssignals erfolgt *innerhalb* des Systems *kontinuierlich*; auch am Systemausgang steht eine physikalisch *kontinuierliche* Antwort a(t) bereit.

Ein solcher Vorgang - eine amplitudenmodulierte Impulskette als Eingangssignal eines kontinuierlichen Systems erzeugt ein kontinuierliches Ausgangssignal - wurde an einem Verzögerungsglied 1.Ordnung mit der Zeitkonstanten $\tau = 0.2$ sec untersucht. Das Eingangssignal stellt einen Ausschnitt der Funktion e(t)=0.5+sin(3t) dar; die Tastperiodendauer ist T = 0.1 sec, die Schließdauer des Schalters beträgt ΔT = 0.02 sec. Die Ergebnisse sind im Bild 3.6 veranschaulicht.

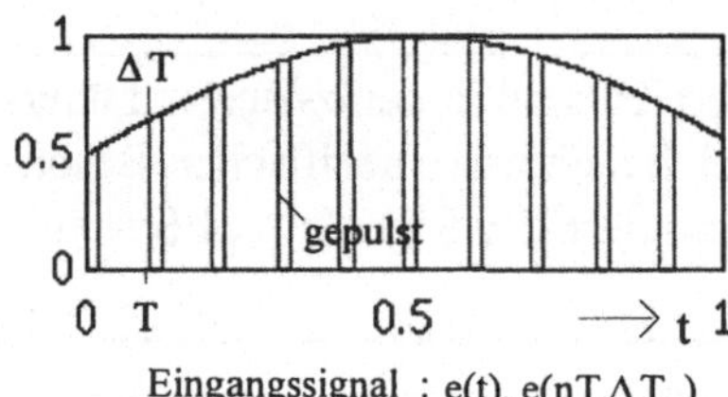

Eingangssignal : e(t), e(nT,ΔT)

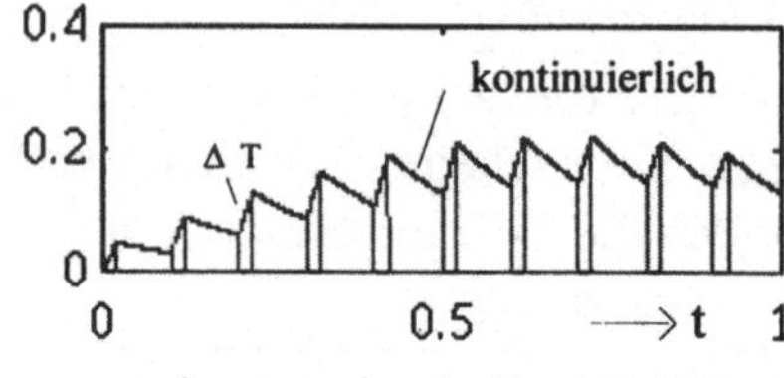

Ausgangssignal: a(t), a(nT,ΔT)

Bild 3.6 Verlauf des Eingangs- und des Ausgangssignals der Schaltung von Bild 3.5 .

Links ist das *pulsförmige* Eingangssignal mit der kontinuierlichen Hüllkurve; rechts die sägezahnförmige *kontinuierliche* Wirkung am Ausgang des Verzögerungsgliedes abgebildet.

Da die Schließzeit ΔT des Schalters die Breite der Tiefpaß- Eingangsimpulse bestimmt, hängen Amplitude und Verlauf von a(t) wesentlich vom Verhältnis Schließzeit zur Tastperiodendauer, also vom Quotienten ΔT /T ab.

In diesem Zusammenhang entsteht die Frage, ob und auf welche Weise man die Z-Transformation zur Berechnung von a(nT) heranziehen kann.

3.2.3 Übertragungsmodell von Pulssystemen

Nachdem die grundsätzliche Aufgabenstellung bei getasteten kontinuierlichen Systemen kurz umrissen wurde, sollen nun Zusammenhänge mit der Z-Transformation herausgearbeitet werden. Zu diesem Zweck wird ein Übertragungsmodell gesucht, welches die Relationen zwischen technischer Aufgabenstellung, mathematischem Ansatz im z-Bildbereich und zugehöriger Rechnung im Zeitbereich verdeutlicht.

Tastelement und Dirac-Funktion

Bild 3.7 zeigt einen getasteten kontinuierlichen Tiefpaß 1.O. mit Sprungerregung, deren Wirkung a(nT) bestimmt werden soll. Der Schalter mit der Tastperiodendauer T bewirkt die Probenwertentnahme aus dem kontinuierlichen Eingangssignal.

Um Erkenntnisse über die Anwendbarkeit der Z-Transformation auf Pulssysteme zu gewinnen, werden die z-Rechenregeln versuchsweise auf diese Anordnung angewendet, obwohl der Schalter anstelle der Wertefolge e(nT) eine Impulsfolge endlicher Breite ΔT erzeugt und deshalb grundsätzlich Unsicherheit bezüglich der Zulässigkeit der z-Regeln besteht.

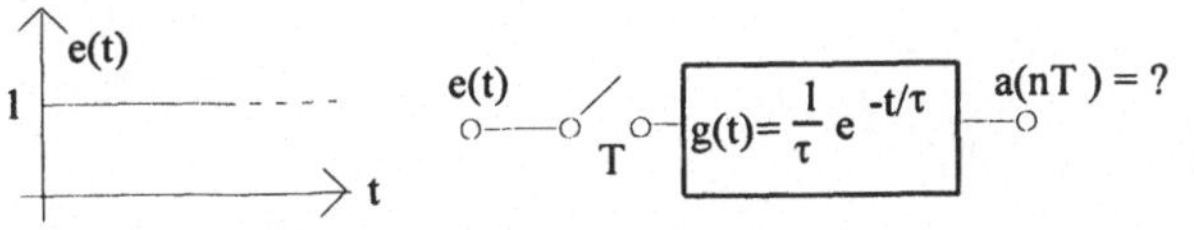

Bild 3.7 Erregung eines kontinuierlichen TP 1.O. durch eine getastete Sprungfunktion. Zu bestimmen ist a(nT) mit Hilfe der Z-Transformation.

Zuerst schreibe man die Bildfunktionen des Eingangssignals $E(z) = Z\{e(t)\}$ und der Gewichtsfunktion $G(z) = Z\{g(t)\}$ auf. Aus $e(t) = 1(t)$ folgt

$$E(z) = \frac{z}{z-1}\,,$$

während sich aus der Gewichtsfunktion $g(t)$ die Bildfunktion $G(z)$

$$G(z) = Z\left\{\frac{1}{\tau}e^{-t/\tau}\right\} = \frac{1}{\tau}\frac{z}{z - e^{-T/\tau}}$$

ergibt.

Somit entsteht als Ausgangssignal im Bildbereich das Produkt

$$A(z) = E(z)\cdot G(z) = \frac{1}{\tau}\cdot\frac{z^2}{(z-1)(z-e^{-T/\tau})}\,,$$

zu dem die Korrespondenztafel Tab. 9.2.1 die gesuchte Zeitfunktion

$$a(nT) = \frac{1}{\tau(1-e^{-T/\tau})}\left[1 - e^{-\frac{T}{\tau}}\cdot e^{-\frac{nT}{\tau}}\right] = \frac{1}{\tau(1-e^{-T/\tau})}\left[1 - e^{-\frac{(n+1)T}{\tau}}\right] \tag{3.12}$$

bereitstellt.

Danach ergibt sich als Ausgangssignal a(nT) eine Wertefolge, die für $n = 0$ mit dem Wert $1/\tau$ beginnt und mit wachsendem n asymptotisch dem Grenzwert

$$a(\infty) = \frac{1}{\tau(1-e^{-T/\tau})}$$

zustrebt.

Die Frage ist nun: in welcher Beziehung steht obige formale Rechnung zur technischen Realität ?

Zur Beantwortung soll zunächst eine weitere Aufgabe gelöst werden, die scheinbar gar nicht mit dem oben formulierten Problem zusammenhängt.

Problem:

Man bestimme die Reaktion a(t) des kontinuierlichen Tiefpaß auf eine Folge von Dirac-Funktionen im zeitlichen Abstand T, wie in Bild 3.8 skizziert.

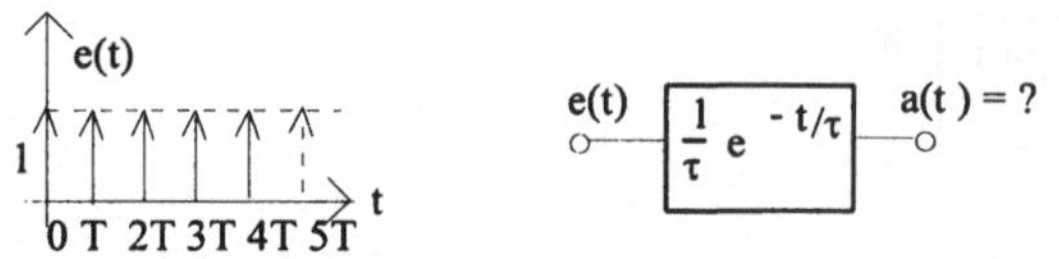

Bild 3.8 Erregung eines TP 1.O. mit der Gewichtsfunktion g(t)=1/$\tau\cdot$ e$^{-t/\tau}$ durch eine Folge von Dirac-Stößen der Fläche 1 im Abstand T

Zur Lösung eignet sich die Laplace-Transformation. Das Eingangssignal e(t)

$$e(t) = \sum_{k=0}^{\infty} \delta(t - kT)$$

besitzt die L-Transformierte E(p)

$$E(p) = \sum_{k=0}^{\infty} e^{-pkT} \,,$$

während das Ausgangssignal im Laplaceschen Bildbereich die Form

$$A(p) = E(p) \cdot G(p) = \frac{1}{\tau} \cdot \frac{1}{p + \frac{1}{\tau}} \cdot \sum_{k=0}^{\infty} e^{-pkT}$$

annimmt.

Eine Rücktransformation mit Hilfe der Korrespondenztabelle Kap. 9.2.4 liefert die zugehörige Zeitfunktion a(t) = L^{-1}{A(p)}

$$a(t) = \frac{1}{\tau} \sum_{k=0}^{\infty} e^{-\frac{(t-kT)}{\tau}} \cdot 1(t - kT)\,.$$

Das ist die *kontinuierliche* Lösung im Zeitbereich, die allerdings nicht als geschlossener Ausdruck, sondern in Form einer unendlichen Summe vorliegt.

Die zugehörigen *diskreten* Lösungswerte für t = nT lauten:

$$a(nT) = \frac{1}{\tau} \sum_{k=0}^{\infty} e^{-\frac{(n-k)T}{\tau}} \cdot 1((n-k)T) = \frac{1}{\tau} \sum_{k=0}^{n} e^{-\frac{(n-k)T}{\tau}} \cdot 1((n-k)T)\,, \tag{3.13}$$

worin sich die Beschränkung der oberen Summationgrenze auf n anstelle ∞ aus der Eigenschaft der Sprungfunktion

$$1[(n-k)T] = 0 \quad \text{für } k > n$$

erklärt.

Zum Vergleich beider Aufgabenstellungen von Bild 3.7 und Bild 3.8 werden deren Lösungen zunächst umgeformt und dann gegenübergestellt !

Schreibt man die ersten Elemente der unendlichen Summe von Gl(3.13) ausführlich hin, so entsteht:

$$n = 0 \quad a(0T) = \tfrac{1}{\tau}(1)$$
$$n = 1 \quad a(1T) = \tfrac{1}{\tau}(1 + e^{-T/\tau})$$
$$n = 2 \quad a(2T) = \tfrac{1}{\tau}(1 + e^{-T/\tau} + e^{-2T/\tau})$$
$$n = 3 \quad a(3T) = \tfrac{1}{\tau}(1 + e^{-T/\tau} + e^{-2T/\tau} + e^{-3T/\tau})$$

Insbesondere lautet dann das nte Glied:

$$a(nT) = \frac{1}{\tau}(1 + e^{-T/\tau} + e^{-2T/\tau} + \cdots + e^{-nT/\tau}).$$

Dieses Ergebnis ist bemerkenswert! Vergleicht man nämlich das obige Resultat mit der Lösung der vorigen Aufgabe [Gl(3.12)], nachdem dort der geschlossene Ausdruck für a(nT) ausdividiert wurde:

$$a(nT) = \frac{1}{\tau}(1 - e^{-(n+1)T/\tau}) / (1 - e^{-T/\tau}) = \frac{1}{\tau}(1 + e^{-T/\tau} + e^{-2T/\tau} + \cdots + e^{nT/\tau}),$$

so wird die *Übereinstimmung* beider Terme in den Gl(3.12) und Gl(3.13) offensichtlich.

Man erkennt:
- Die z-Rechnung für die Anordnung in Bild 3.7 mit einem
  Eingangssignal = getastete Sprungfunktion ,
  sowie die Laplace-Lösung für die Schaltung von Bild 3.8, mit dem
  Eingangssignal = Diracstoßfolge
  liefern an den diskreten Stellen t = nT übereinstimmende Resultate!

Das Ergebnis läßt sich verallgemeinern:

Die formale Berechnung der Reaktion eines getasteten *kontinuierlichen* System mit Hilfe des Ansatzes a(t) = $Z^{-1}\{E(z) \cdot G(z)\}$
liefert an den Stellen t = nT dasselbe Ergebnis, wie die Reaktion des Systems auf eine Folge von mit e(nT) bewerteten Dirac-Stößen.

Bild 3.9 faßt die bisherigen Ergebnisse zusammen und stellt die schaltungstechnische Anordnung (links), den analytischen Ansatz im z-Bildbereich (Mitte) und dessen rechnerische Gleichwertigkeit mit der Schaltung (rechts) gegenüber.

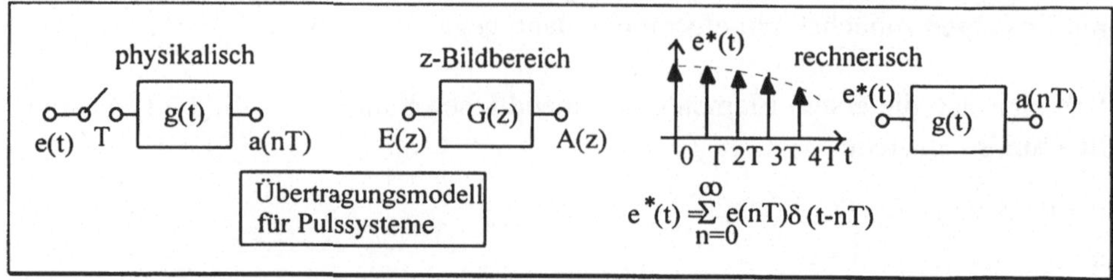

Bild 3.9 Übertragungsmodell eines gepulsten Systems
Links: Schaltung im Zeitbereich.
Mitte: Berechnung der diskreten Werte a(nT) mit Hilfe der Z-Transformation.
Rechts: Rechnerisch stimmt die Reaktion a(nT) mit der Systemantwort auf eine Folge
          von gewichteten Dirac-Impulsen im Abstand T überein.

Die praktische Bedeutung des z-Übertragungsmodells für getastete kontinuierliche Systeme ohne Halteglied liegt in der Möglichkeit, die Systemreaktion auf impulsförmige Signale mit Hilfe der Z-Transformation in *geschlossener* Form zu bestimmen. (Eine Laplace-Lösung würde die Form einer *unendlichen Summe* annehmen, wäre deshalb schlecht handhabbar und z.B. zur Bestimmung des Endwertes a(∞) ungeeignet).

Schlußfolgerung:

> Das z-Übertragungsmodell für getastete Systeme ohne Halteglied kann benutzt werden, um die Systemreaktion a(nT) auf pulsförmige Eingangssignale in geschlossener Form zu berechnen.

Hinweis:
Im Ergebnis GL(3.14) fehlt der Einfluß des Tastverhältnisses $\Delta T/T$, das, wie eingangs erwähnt, keinesfalls vernachlässigt werden kann. Aussagen darüber kann die folgende Betrachtung im Frequenzbereich liefern.

Spektrale Betrachtung
Zum besseren Verständnis der Zusammenhänge von Bild 3.9 und der Möglichkeit, die Antwort *kontinuierlicher Systeme* bei Erregung durch *kurze Impulse* mit Hilfe des *Pulsübertragungsmodells* zu berechnen, ist eine Betrachtung im Frequenzbereich hilfreich, wie die folgende Überlegung zeigen wird. Außerdem ist zu klären, wie lang die Impulse beim jeweiligen System höchstens sein dürfen, um brauchbare Ergebnisse zu garantieren !

Problem:

Unter welcher Voraussetzung rufen

     a) ein gewichteter Dirac-Stoß $A_0 \cdot \Delta T \cdot \delta(t)$ und

     b) ein Rechteckimpuls mit der Länge ΔT und einer Amplitude A_0

vergleichbare Systemreaktionen am Ausgang des TP 1.O. hervor (Bild 3.10) ?

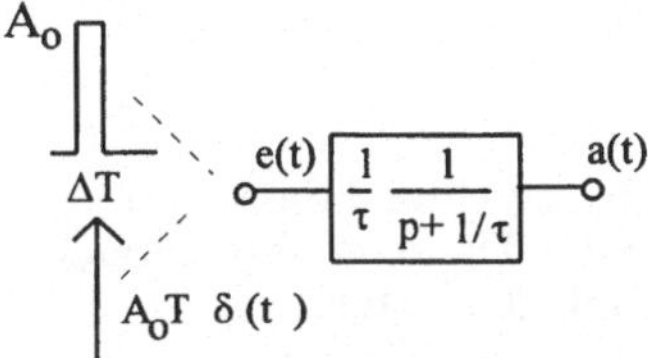

Bild 3.10 Zum Übertragungsmodell eines getasteten Systems. Unterschiedliche Eingangssignale (mit gleicher Fläche, also gleicher Signalenergie) sollen vergleichbare Systemreaktionen bewirken. Welche Voraussetzungen sind zu erfüllen?

Lösung: Betrachtet man die spektralen Amplitudendichten der beiden Eingangssignale, nämlich des Rechtecks mit der Amplitude A_0 und der Länge ΔT

$$X(j\omega)_{\text{Rechteck}} = A_0 \cdot \Delta T \cdot si(\frac{\omega \cdot \Delta T}{2}) \qquad (3.14)$$

sowie des Dirac-Stoßes mit der Impulsfläche $A_0 \cdot \Delta T$

$$X(j\omega)_{\text{Dirac}} = A_0 \cdot \Delta T, \qquad (3.15)$$

so wird in Bild 3.11 die spektrale Übereinstimmung beider Signale in der Nähe der Ordinatenachse, also für $\omega \approx 0$ deutlich.

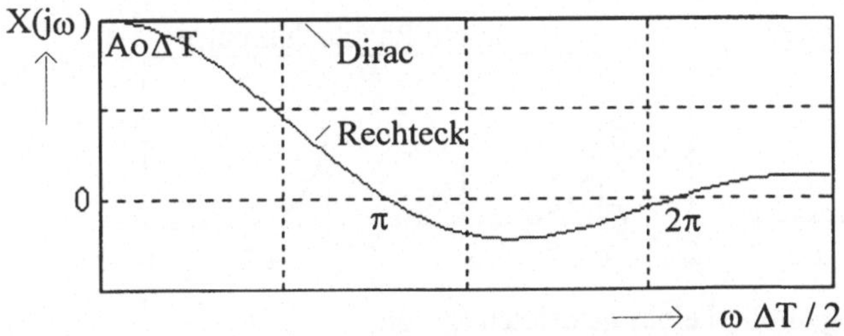

Bild 3.11 Spektrale Amplitudendichten des Dirac-Stoßes und des Rechteckimpulses der Amplitude A_0 und der Dauer ΔT über der normierten Frequenz $\omega \Delta T/2$ aufgetragen

Für kleine Werte $\omega \ll 2\pi/\Delta T$ (d.h. weit links vom 1. Nulldurchgang der Spaltfunktion) sind beide Amplitudendichten etwa gleich groß. Es gilt:

$$X(j\omega)_{\text{Rechteck}} \approx A_0 \cdot \Delta T = \text{const.}$$

Das folgende Bild zeigt eine "Großaufnahme" der spektralen Amplitudendichten beider Signale in der Umgebung der Ordinatenachse; zusätzlich ist der Amplitudengang des Modell-Tiefpaß eingezeichnet.

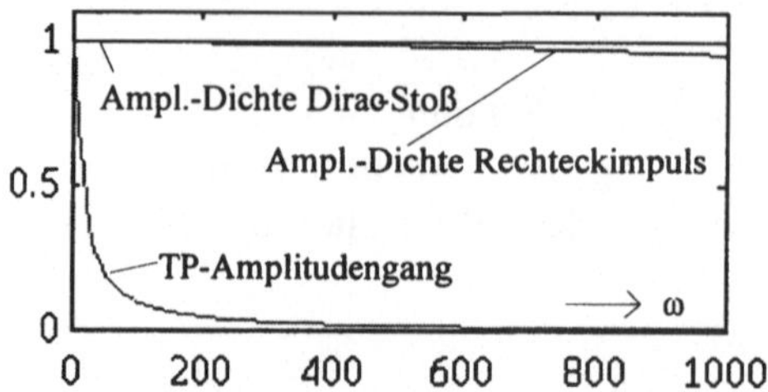

Bild 3.12 Zeigt die Spektralfunktionen von Rechteckimpuls und Dirac-Funktion sowie den Amplitudengang des Tiefpaß 1.O.. Im Durchlaßbereich des TP ($\omega < 700$) besitzen Rechteck und Dirac-Stoß annähernd gleiche spektrale Amplitudendichten.

Aus den obigen Kurvenverläufen wird erkennbar:

erstreckt sich der Durchlaßbereich des TP-Amplitudenganges nur über ein hinreichend schmales ω–Intervall, so "merkt" das Tiefpaßsystem keinen Unterschied zwischen den Eingangssignalspektren und liefert trotz unterschiedlicher Eingangssignalformen annähernd gleiche Reaktionen.

Zahlenwerte:

Läßt man ein Absinken der Spaltfunktionswerte innerhalb des Beobachtungsintervalls auf 0.99 ihres Maximalwertes zu, so bleibt gemäß si(0.245) = 0.99 im Bereich 0 < $\omega\Delta T/2 < 0.245$ die Abweichung zwischen den Amplitudendichten der Dirac-Funktion und des Rechteckimpulses kleiner als 1%; folglich sind "ähnliche" Signalreaktionen zu erwarten.

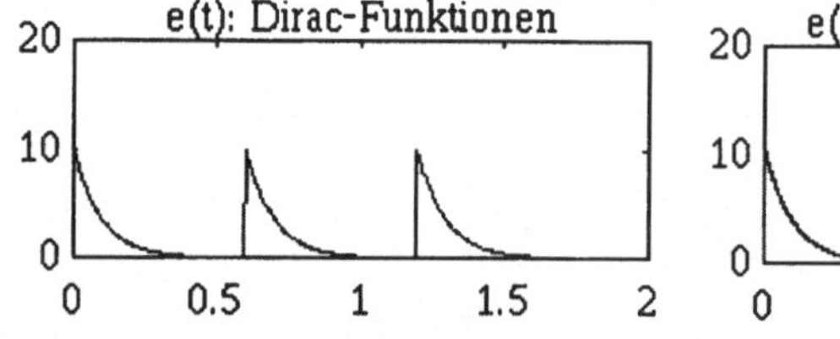

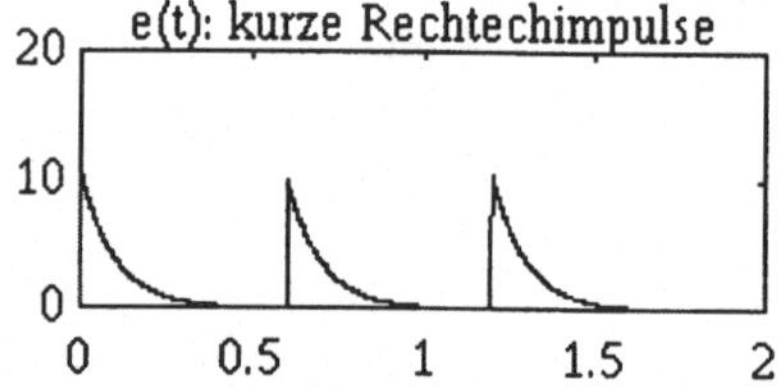

Bild 3.13 Zum Übertragungsmodell eines getasteten Systems.
Zeitkonstante: $\tau = 0.1$; Eingangssignalparameter: $\Delta T = 0.001$, $A_O = 1000$.
Links: Reaktion des Systems auf eine Folge von Dirac-Stößen
Rechts: Reaktion auf eine Folge von Rechteckimpulsen der Dauer $\Delta T = 0.001$ mit der
            Amplitude $A_O = 1000$, d.h., mit der Fläche 1

Bild 3.13 zeigt das Ergebnis einer rechnerischen Analyse. Zum Vergleich sind die Tiefpaßreaktionen für beide Eingangssignale dargestellt.

Ergebnis:
visuell sind keine merklichen Abweichungen zwischen beiden Antworten feststellbar !

Zusammenfassung:

> Die Anwendbarkeit der Übertragungsmodells für Pulssysteme nach Bild 3.9 ist auf Schmalbandsysteme und kurze Eingangsimpulse beschränkt, wobei die Ungleichung
>
> $f_{gr} \ll 1/\Delta T$
>
> zwischen Pulsdauer ΔT des Signals und oberer Grenzfrequenz f_{gr} des Systems erfüllt sein muß.

Der Rechengang kann nach Prüfung der oben formulierten Voraussetzung wie folgt verlaufen:

- Die "Hüllkurve" der Eingangsimpulskette wird in den z-Bereich transformiert und liefert E(z). Achtung: als Vorfaktor ist die *Fläche* eines Impulses einzusetzen !
- Das System wird mittels seiner z-Übertragungsfunktion G(z) beschrieben. Aus dem Produkt A(z) = E(z)·G(z) entsteht durch Rücktransformation näherungsweise die gesuchte Ausgangswertefolge.

Beispiel

Gegeben: Tiefpaß 1.O.; Zeitkonstante $\tau = 1$ (Bild 3.14).
Eingangs-Impulsfolge mit der Amplitude $A_0 = 1000$,
Tastperiodendauer $T = 0.1$, Impulsdauer $\Delta T = 0.001 \cdot T$
Gesucht: angenäherte Systemantwort a(nT)

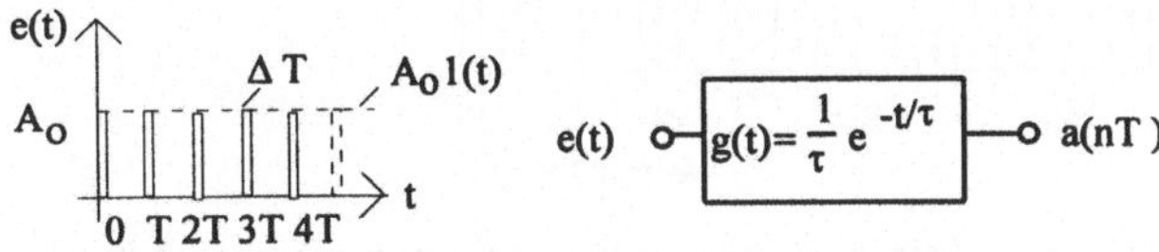

Bild 3.14 Erregung eines TP 1.O. mit einer Impulsfolge

Lösung:

1. Schritt: Zuerst ist zu prüfen, ob die eine Näherungsrechnung zulassende Voraussetzung $\omega_{gr} \ll 2\pi/\Delta T$ erfüllt ist.
Für die Grenzfrequenz eines TP1.O. gilt: $\omega_{gr} = 1/\tau$. Wegen $\tau = 1$ wird $\omega_{gr} = 1$.
Folglich ist in diesem Beispiel wegen $1 \ll 2\pi / 0,0001$ die obige Voraussetzung sicher erfüllt.

2. Schritt: Hüllkurve des Eingangssignals ist e(t) = $A_0 \cdot$ 1(t). In der Rechnung ist als Vorfaktor die Impuls*fläche* $A_0 \cdot \Delta T$ einzusetzen !

Die zugehörige Bildfunktion lautet dann:

$$E(z) = A_0 \cdot \Delta T \cdot \frac{z}{z-1} \, .$$

3. Schritt: Die Übertragungsfunktion wird

$$G(z) = \frac{1}{\tau} \cdot \frac{z}{z - e^{-T/\tau}} \, .$$

Das Ausgangssignal ergibt sich im Bildbereich aus dem Produkt

$$A(z) = \frac{A_0 \cdot \Delta T}{\tau} \cdot \frac{z^2}{(z - e^{-T/\tau})(z-1)} \, ,$$

während die Rücktransformation in den Zeitbereich

$$a(nT) = \frac{A_0 \cdot \Delta T}{\tau(1 - e^{-T/\tau})} \cdot \left[1 - e^{-\frac{(n+1)T}{\tau}} \right] . \tag{3.16}$$

liefert.

Dieses Resultat (Bild 3.15) ist eine Näherungslösung, deren Fehler um so kleiner ausfällt, je besser die Ungleichung $f_{gr} \ll 1/\Delta T$ erfüllt ist. Ihr Vorteil liegt in der übersichtlichen geschlossenen Form der Ergebnisdarstellung Gl(3.16)

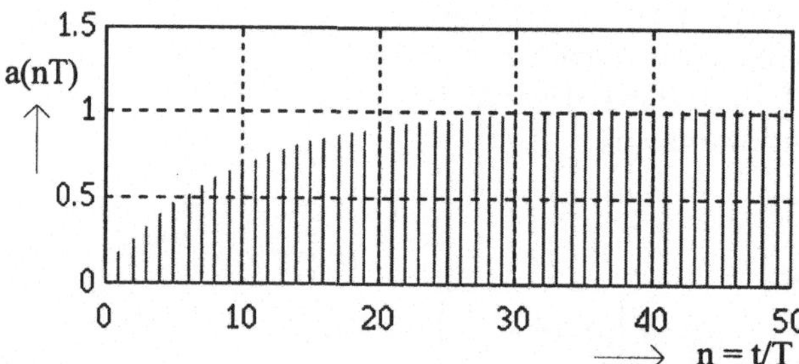

Bild 3.15 Wertefolge der obigen Aufgabe mit den Parametern $\tau = 1$, $T = 0.1$, $\Delta T = 10^{-4}$, $A_0 = 1000$ über der normierten Zeit $n = t/T$ für $0 \leq n \leq 50$ aufgetragen

Wie das obige Bild zeigt, ergibt sich für das Ausgangssignal $a(nT)$ eine Wertefolge, die für $n = 0$ mit dem Wert $A_0 \cdot \Delta T/\tau$ beginnt und mit wachsendem n asymptotisch der

Grenze $a(\infty) = \dfrac{1}{\tau(1 - e^{-T/\tau})}$ zustrebt.

Hinweis: Physikalisch richtig wäre der Anfangswert $a(0) = 0$, da das System nicht sprungfähig ist. Diese Abweichung ist systematisch; sie entsteht, weil die Systemantwort der Reaktion auf Dirac-Impulse entspricht (vergl. Bild 3.8)

3.2.4 Getastete Systeme mit Halteglied: Abtastsysteme

Enthalten gepulste kontinuierliche Systeme zusätzlich ein Halteglied (H.G.), so spricht man von Abtastsystemen.

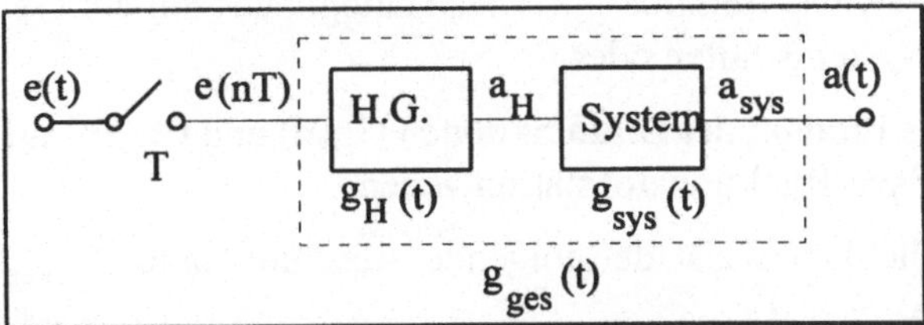

Bild 3.16 *Abtastsystem*: Serienschaltung eines Haltegliedes $g_H(t)$ mit einem kontinuierlichen System $g_{sys}(t)$ und der resultierenden Gewichtsfunktion $g_{ges}(t)$

Das Halteglied "hält" die diskreten Werte e(nT) des Eingangssignals während einer Tastperiodendauer $nT \leq t \leq (n+1)T$ auf konstantem Pegel und erzeugt so aus einer Wertefolge ein treppenförmiges Eingangssignal, das systemintern wiederum kontinuierlich verarbeitet wird.

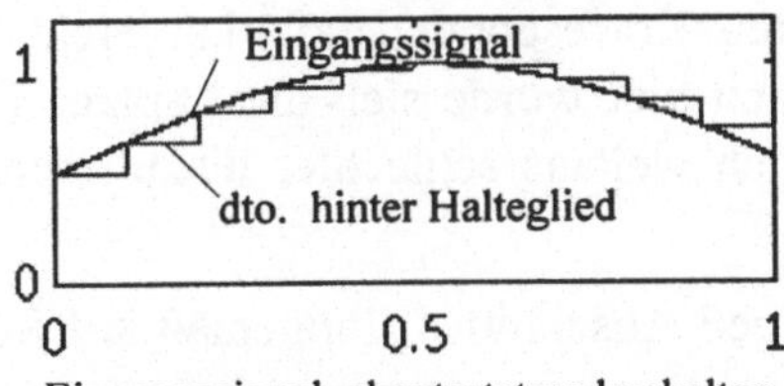

Bild 3.17 Verlauf des Eingangssignals vor und hinter dem Halteglied.

Das obige Bild verdeutlicht die Stufenbildung beim Signalverlauf hinter dem Halteglied. Ein kontinuierliches Eingangssignal wird von der Kombination Tastelement + Halteglied (in der Technik durch ein Abtast-Halteglied realisiert) in eine Treppenfunktion umgewandelt.

Betrachtet man Halteglied + System als Einheit mit der resultierenden Gesamtübertragungsfunktion $G_{ges}(z)$, so ist letztere mit systemtheoretischen Methoden bestimmbar.

Nach dem Faltungssatz für kontinuierliche Funktionen, angewendet auf die (umrahmte) Kettenschaltung in Bild 3.7, gilt die Beziehung:

$$\boxed{g_{ges}(t) = g_H(t) * g_{sys}(t) = L^{-1}\{G_H(p)G_{sys}(p)\}} \; ; \qquad (3.17)$$

außerdem wird

$$G_{ges}(z) = Z\{g_{ges}(t)\}. \qquad (3.18)$$

Aus Gl(3.17) sind demnach 2 Lösungsmöglichkeiten abzulesen:
man kann zur Bestimmung der Gesamtübertragungsfunktion $G_{ges}(z)$ der Kettenschaltung von Halteglied + (kontinuierlichem) System entweder

- im Zeitbereich die Gewichtsfunktion $g_H(t)$ des Haltegliedes mit der Gewichtsfunktion $g_{sys}(t)$ des Systems falten oder

- den Umweg über das Produkt der Bildfunktionen $G_H(p)$ und $G_{sys}(p)$ mit anschließender Laplace-Rücktransformation gehen

(auf eine weitere Möglichkeit weist der folgende Abschnitt unter "$G_{ges}(z)$ aus Übergangsfunktion" hin).

3.2.5 Übertragungsmodell von Abtastsystemen

Auch für Abtastsysteme kann die Berechnung der Systemreaktion im z-Bildbereich rechnerische Vorzüge gegenüber der gleichfalls möglichen Laplace-Lösung aufweisen. Der Vorteil liegt wiederum in der geschlossenen Form von A(z), das als rationale Funktion erscheint und mittels Korrespondenztafel i.a. leicht in eine Zeitfunktion rücktransformierbar ist. Auch hier würde sich die Laplace-Lösung als unendliche Summe darstellen, die sich weitaus schlechter diskutieren ließe, als eine geschlossene Funktion.

Wendet man die Überlegungen des vorigen Abschnittes sinngemäß auf Systeme mit vorgeschaltetem Halteglied 0. Ordnung an, so entstehen die im folgenden Bild skizzierten Ergebnisse.
Das Übertragungsmodell (Mitte) repräsentiert sowohl die Schaltung (links) als auch die Rechenvorschrift (rechts). Das Ausgangssignal $Z^{-1}\{A(z)\}$ des Abtastsystems ist an den Stellen t = nT gleich dem Ausgangssignal des mit der Treppenfunktion $e^*(t)$ angesteuerten kontinuierlichen Systems.

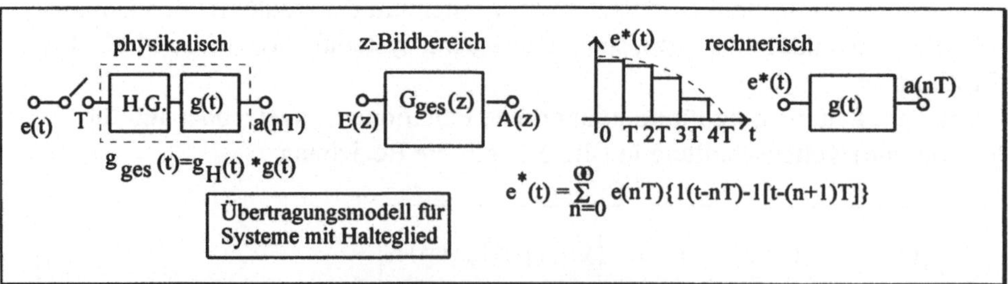

Bild 3.18 Übertragungsmodell eines getasteten System mit Halteglied.
Links: Die Serienschaltung von System u. Halteglied ist durch $g_{ges}(t)$ gekennzeichnet
Mitte: Die Berechnung der a(nT) erfolgt im z-Bereich mittels $G_{ges}(z)$
Rechts: Rechnerisch entsteht a(nT) als Reaktion des Systems auf die Treppenkurve $e^*(t)$

Schlußfolgerung:

> Das z-Übertragungsmodell für getastete Systeme mit Halteglied kann benutzt werden, um die Systemreaktion a(nT) auf treppenförmige Eingangssignale zu berechnen.

Der Rechengang zur Ausgangssignalbestimmung verläuft wie folgt:

- Die Einhüllende der Eingangs-Treppenfunktion wird z-transformiert und ergibt das zu verwendende E(z).
- Ein vorgeschaltetes Halteglied 0.Ordnung ergänzt das System; anschließend ist die Gesamt-Übertragungsfunktion $G_{ges}(z)$ zu bilden.
- Der Ansatz $A(z) = E(z) \cdot G_{ges}(z)$ liefert dann die gesuchte Treppenreaktion.

Beispiel

Gegeben: Verzögerungsglied 1.Ordnung und treppenförmiges Eingangssignal e*(t)
Gesucht: TP-Reaktion a(nT) auf treppenförmiges Eingangssignal e*(t).

$$e*(t) = \sum_{n=0}^{\infty} e(nT) \cdot \left\{ 1(t - nT) - 1[t - (n+1)T] \right\}$$

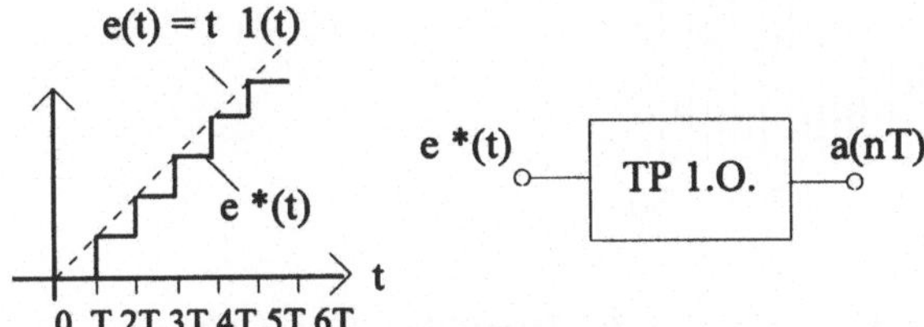

Bild 3.19 Die Treppenfunktion e*(t) bildet das Eingangssignal des kontinuierlichen TP

Lösung: Mit Hilfe des Übertragungsmodells für Tastsysteme ist obige Aufgabenstellung auf die Anordnung von Bild 3.20 reduzierbar.

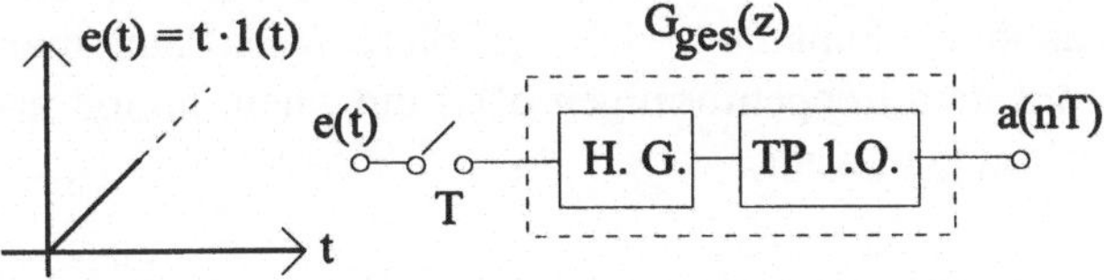

Bild 3.20 In den z-Bereich "übersetzte" Aufgabenstellung von Bild 3.19

Die Funktionen für das Eingangssignal E(z) und die Gesamtübertragungsfunktion $G_{ges}(z)$ lauten:

$$E(z) = \frac{T \cdot z}{(z-1)^2} \qquad G^{ges}(z) = \frac{1 - e^{-T/\tau}}{z - e^{-T/\tau}} = 1 - \frac{z-1}{z - e^{-T/\tau}}$$

Ihr Produkt bestimmt die Lösung im z-Bildbereich zu:

$$A(z) = E(z) \cdot G_{ges}(z) = \frac{T \cdot z}{(z-1)^2} - \frac{T \cdot z}{(z - e^{-T/\tau})(z-1)} .$$

Eine Rücktransformation nach Tabelle 9.2.2 in den Zeitbereich liefert zunächst:

$$a(t) = t - T \frac{1 - (e^{-T/\tau})^{t/T}}{1 - e^{-T/\tau}} ,$$

woraus beim Übergang $t = nT$ der Ausdruck

$$a(nT) = n \cdot T - T \cdot \frac{1 - e^{-n \cdot T/\tau}}{1 - e^{-T/\tau}}$$

entsteht.

Bild 3.21 veranschaulicht das Ergebnis. Für den Parametersatz $T = 0.1$; $\tau = 1$ sind dort die ersten 50 Lösungswerte aufgetragen.

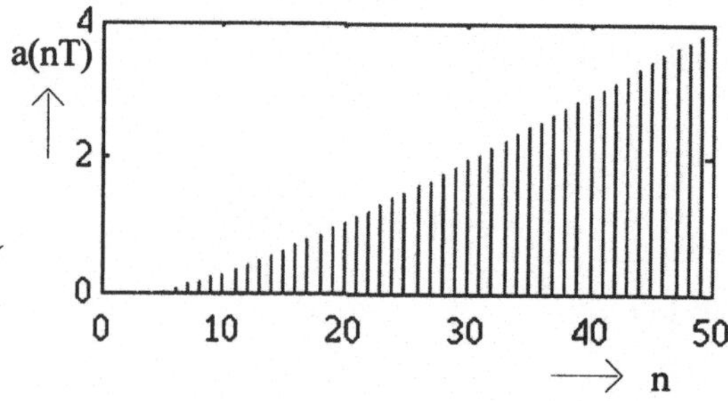

Bild 3.21 Graphische Darstellung der Lösungsfunktion a(nT) von Bild 3.19 und 3.20

Bei Anwendung des obigen Übertragungsmodells wird die Treppenkurve e*(t), die z.B. als unendliche Summe von Sprungfunktionen darstellbar ist, durch ihre "Hüllkurve", die Rampe e(t) = t·1(t) ersetzt. Mit Letzterer erfolgt auch die Berechnung des Ausgangssignals in den Punkten t = nT. Auf diese Weise kann man das umständliche Rechnen mit dem treppenförmigen e*(t) umgehen, nimmt allerdings eine diskrete Lösung a(nT) in Kauf.

Zusammenfassung

Die Berechnung der Reaktion eines getasteten kontinuierlichen Systems mit Halteglied nach dem Ansatz a(t) = Z⁻¹{E(z)· G_{ges}(z)}liefert an den Stellen t = nT dasselbe Ergebnis, wie die Reaktion des Systems auf die e(t) zugeordnete Treppenkurve

Ergänzung: $G_{ges}(z)$ aus Übergangsfunktion

In vielen Fällen ist die Übergangsfunktion $ü(t) = L^{-1}\{G(p)/p\}$ des kontinuierlichen Systems bekannt oder sie kann aus der Übertragungsfunktion $G(p)$ berechnet werden. Bei der Zusammenschaltung des Systems mit Tastelement und Halteglied entsteht die Frage, wie man bei bekanntem $ü(t)$ mit geringem Aufwand die gesuchte Gesamtübertagungsfunktion $G_{ges}(z)$ der Kettenschaltung finden kann.

Vorgegeben wird die Übergangsfunktion $ü(t)$ des kontinuierlichen Systems; die z-Transformierte der Kombination Taster + Halteglied 0.Ordnung + System werde gesucht.

Von der Stoßantwort $g_H(t)$ des Halteglieds als Differenz zweier Sprungfunktionen ausgehend (vergl. Kap 1.1.1) :

$$g_H(t) = 1(t) - 1(t - T)$$

folgt bei vorausgesetzter Linearität und Zeitinvarianz für die Gewichtsfunktion $g_{ges}(t)$ der Kettenschaltung von System und Halteglied

$$g_{ges}(t) = ü(t) - ü(t - T).$$

Eine Z-Transformation des obigen Ausdrucks liefert zunächst

$$Z\{g_{ges}(t)\} = Z\{ü(t)\} - Z\{ü(t - T)\}$$

oder mit Hilfe des Verschiebungssatzes-rechts

$$G_{ges}(z) = Z\{ü(t)\} - z^{-1} \cdot Z\{ü(t)\},$$

worin $ü(t)$ die Übergangsfunktion (Sprungreaktion) des Systems bedeutet

$$ü(t) = L^{-1}\left\{\frac{G(p)}{p}\right\}.$$

Also wird

$$\boxed{G_{ges}(z) = \left[1 - \frac{1}{z}\right] \cdot Z\{ü(t)\}}$$

$ü(t)$ - Übergangsfunktion des Systems   (3.19)

$G_{ges}(z)$ - Gesamtübertragungsfunktion des getasteten Systems mit Halteglied

In Worten:

> Die z-Transformierte der Kombination
>
> *Tastelement + Halteglied 0.Ordnung + System*
>
> kann aus der z-Transformierten $Z\{ü(t)\}$ der System-Übergangsfunktion, die zusätzlich mit dem Faktor $(1-1/z)$ multipliziert wird, bestimmt werden.

Dieser Weg ist rechentechnisch oft günstiger, als die bereits früher benutzte Faltung der System-Gewichtsfunktion mit der Halteglied-Gewichtsfunktion bzw. der Umweg über die Laplace-Transformation (vergl. Bild 3.18), setzt allerdings die Kenntnis der Übergangsfunktion ü(t) voraus.

Das folgende Bild beschreibt beide Wege und zeigt, wie in den genannten Fällen vorzugehen ist.

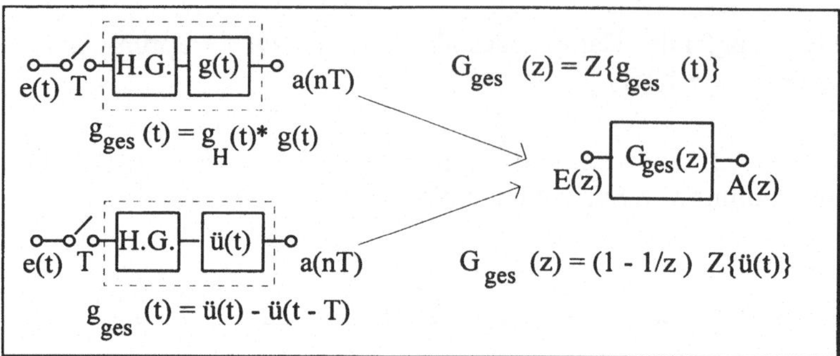

Bild 3.22 Zwei Wege zur z-Übertragungsfunktion getasteter Systeme mit Halteglied. Oben: $g_{ges}(t)$ aus Faltungsprodukt der Gewichtsfunktionen von Halteglied und System; unten: $g_{ges}(t)$ aus der mit (1-1/z) multiplizierten z-Transformierten der Übergangsfunktion ü(t) (Sprungreaktion)

Die in obiger Skizze verwendete Beziehung

$$G_{ges}(z) = \frac{z}{z-1} \cdot Z\{(ü(t)\}$$

liegt auch der Korrespondenztafel über "Vergleichende Korrespondenzen im Z-, L- und Zeitbereich" vom Kap. 9.2.3 zugrunde.

Kontrollfrage 3.2.3

Warum kann die Gesamtübertragungsfunktion $G_{ges}(z)$ einer Kettenschaltung von Halteglied und System **nicht** nach dem Faltungssatz im z-Bereich $G_H(z) \cdot G_{sys}(z)$ gebildet werden? (vergl. Bild 3.18)

3.3 Systemreaktion auf ausgewählte Signale

Dieser Abschnitt stellt einige typische Signalformen vor, die in technischen Anwendungen häufig auftreten und geht auf Besonderheiten ein, die bei periodischen Eingangssignalen und amplitudenmodulierten Impulsfolgen im Zusammenhang mit *kontinuierlichen* Systemen zu beachten sind.

Als weiteres Unterscheidungsmerkmal zur Auswahl eines geeigneten Rechenansatzes erweist sich die Relation Signaldauer zur Tastperiodendauer (T_{signal} / T).

Der Abschnitt zeigt, daß sich der Z-Transformation auch bei kontinuierlichen Systemen zahlreiche Anwendungsmöglichkeiten eröffnen. Insbesondere bei periodischen pulsförmigen Signalen bieten sich vorteilhafte Rechenvorschriften an, deren wesentlicher Vorzug in einer geschlossenen Ergebnisdarstellung liegt

3.3.1 Aperiodische Eingangssignale (T_{signal} > T)

Üblicherweise ist die Dauer der Eingangssignals größer als die Tastperiodendauer, da sonst keine Probenwertentnahme im Abstand T möglich wäre. Ist diese Voraussetzung erfüllt, so greift man bei aperiodischen Eingangssignalen auf den klassischen Lösungsansatz

$$\boxed{A(z) = E(z) \cdot G(z)} \qquad \text{Ausgangssignal im z-Bildbereich} \qquad (3.20)$$

im z-Bildbereich zurück und kann bei Bedarf A(z) in korrespondenzfähige Elementarfunktionen zerlegen, wie bereits im Kap.1.4 erläutert wurde.

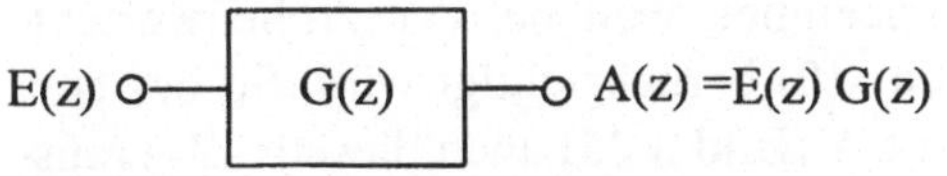

$$E(z) \circ\!\!-\!\!\boxed{\ \ G(z)\ \ }\!\!-\!\!\circ A(z) = E(z)\,G(z)$$

Bild 3.23 Bestimmung der Systemreaktion A(z) im z-Bildbereich aus der Übertragungsfunktion G(z) und dem Eingangssignal E(z)

Abschließend erfolgt dann die Rücktransformation in den Zeitbereich, womit die Standardaufgabe gelöst ist. Nach Gl(3.20) kann aus 2 gegebenen Funktionen durch Umstellen stets die gesuchte 3. Funktion ermittelt werden.

Beispiel
Gegeben: Eingangs- und Ausgangsfolge eines diskreten Systems.

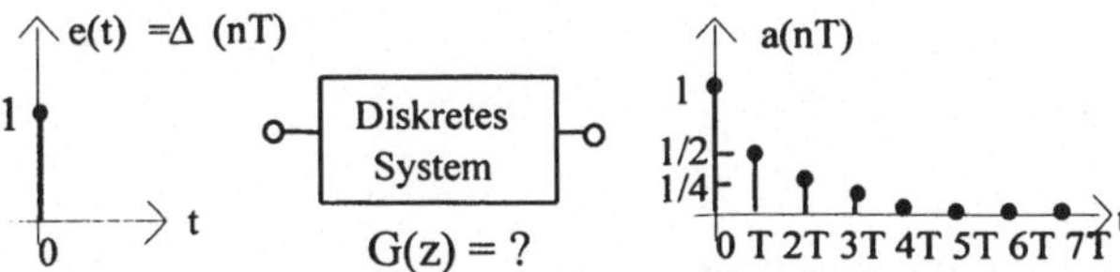

Bild 3.24 Systemantwort a(nT) auf einen Einheitsimpuls Δ(nT)

Die nachfolgende Tabelle enthält die Ausgangswertefolge a(nT):

n =	0	1	2	3	4	$\cdots$
a(nT) =	1	1/2	1/4	1/8	1/16	$\cdots$

Ges.: a) Gewichtsfolge g(nT)

   b) Übertragungsfunktion G(z) in geschlossener Form

Lösung:

Zu a) Aus den Tabellenwerten erkennt man in diesem einfachen Falle leicht das Bildungsgesetz für das Ausgangssignal:

$$a(nT) = (1/2)^n \,.$$

Da a(nT) lt. Skizze von einem Einheitsimpuls Δ(nT) erzeugt wird, gilt gleichzeitig

$$g(nT) = a(nT) = (1/2)^n.$$

Zu b) Zur Zeitfunktion $g(nT) = (1/2)^n$ bzw. $g(t) = (1/2)^{t/T}$ gehört laut Korrespondenztabelle Kap. 9.2.2 die Z-Transformierte G(z):

$$G(z) = \frac{z}{z - 1/2} \,.$$

Damit ist die Übertragungsfunktion des Systems in geschlossener Form gefunden.

Kurze Rechteckimpulse ($T_{signal} < T$)

Kurze Signale x(t) mit einer Dauer T_{signal} kleiner als die Tastperiodendauer T sind zur Z-Transformation prinzipiell ungeeignet, weil bei der Probenwertentname nur ein einziger Signalwert, nämlich x(0) berücksichtigt wird. So besitzen alle "Kurzsignale" mit demselben Startwert A (Bild 3.25) auch dieselbe Z-Transformierte

$$Z\{x(t)\} = \sum_{n=0}^{\infty} x(nT) \cdot z^{-n} = x(0) \cdot z^{-0} = A$$

und sind im z-Bildbereich nicht unterscheidbar.

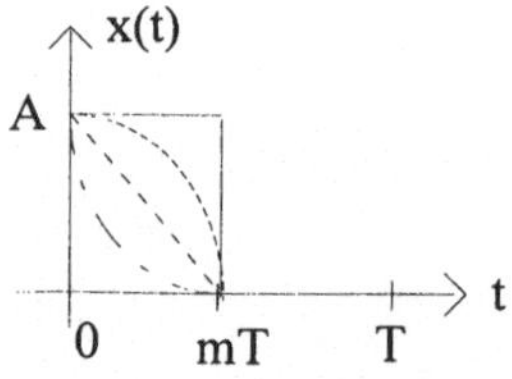

Bild 3.25 Verschiedene Kurzsignale x(t) (gestrichelt, punktiert, durchgezogen) mit der Dauer mT < T , die alle derselbe Z-Transformierte Z{x(t)} = A besitzen

In solchen Fällen kann die übliche Beziehung A(z) = E(z)·G(z) zur Berechnung der Systemreaktion nicht angewendet werden.

Will man dennoch die Systemantwort z.B. auf periodische Folgen kurzer Impulse (T_{signal} < T) mit Hilfe der z-Methode berechnen, so ist ein anderer Weg zu wählen. Man kann beispielsweise die *kontinuierliche* Reaktion des Systems auf einen Einzelimpuls vorab bestimmen und erst dann in den z-Bereich überwechseln. Danach kann auf die Reaktion bei periodischen Impulsfolgen geschlossen werden.

Die grundsätzliche Aufgabenstellung für Rechteckimpulse der Dauer mT < T ist im folgenden Bild skizziert.

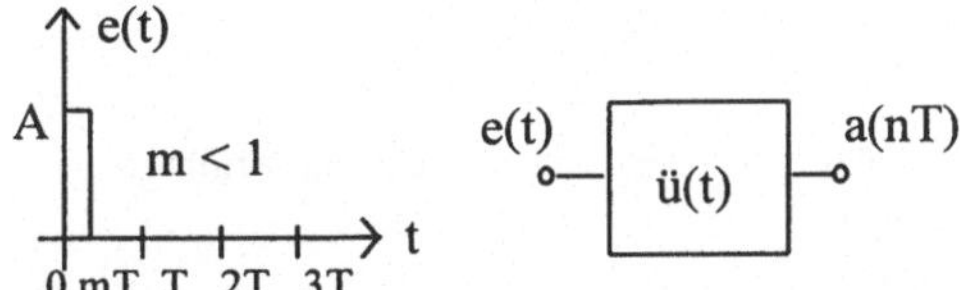

Bild 3.26 Ein System mit der Übergangsfunktion (Sprungreaktion) ü(t) wird von einem kurzen Impuls der Dauer mT angeregt.

Ein kontinuierliches System sei durch seine Übergangsfunktion ü(t) beschrieben. Gesucht werde die Z-Transformierte seiner Rechteckimpulsreaktion für den Fall T_{signal} = mT < T.

Zur Lösung: Schreibt man das Eingangssignal e(t) als Differenz zweier zeitverschobener *Sprung*funktionen :

e(t) = A·{1(t) - 1(t - mT)},

folgt aus der Definition der Übergangsfunktion als Reaktion auf eine *Sprung*erregung das Ausgangssignal:

$$a(t) = A\cdot\{ü(t)\cdot 1(t) - ü(t - mT)\cdot 1(t - mT)\}. \tag{3.21}$$

Obiger Ausdruck ist nicht mit den üblichen Korrespondenzen transformierbar, da eine Verschiebung um mT < T dort nicht vorgesehen ist. In diesem Falle hilft die Definitionsgleichung der Z-Transformation weiter. Auf Gl(3.21) angewendet, liefert sie in Summenschreibweise:

$$Z\{a(t)\} = \sum_{n=0}^{\infty} ü(nT)\cdot 1(nT)\cdot z^{-n} - \sum_{n=0}^{\infty} ü[(n-m)T]\cdot 1[(n-m)T]\cdot z^{-n}.$$

Der rechte Term existiert nur für n ≥ 1, da 1[(n-m)T] wegen 0 < m < 1 für n = 0 verschwindet. Darauf ist bei der Summierung zu achten. Es ergibt sich dann:

$$Z\{a(t)\} = \sum_{n=0}^{\infty} ü(nT)\cdot z^{-n} - \sum_{n=1}^{\infty} ü[(n-m)T]\cdot z^{-n}. \tag{3.22}$$

Um das "normale" Summationsintervall $0 \leq n \leq \infty$ zu erreichen, wird zur rechten Teilsumme in Gl(3.22) der Term $ü[(n-m)T]\cdot z^{-0}$ hinzugefügt und außerhalb des Summenzeichens wieder abgezogen. Dann gilt

$$A(z) = Z\{ü(t)\} - Z\{ü(t - mT)\} + ü(t - mT)\big|_{t=0}$$

Impulsantwort aus
Übergangsfunktion   (3.23)

Obiger Ausdruck ist mit den üblichen Korrespondenzen problemlos zu behandeln, weil eine Anwendung des Verschiebungssatzes vermieden wird ! Damit ist das Problem "kurzer Rechteckimpuls" im z-Bereich gelöst.

Beispiel

Gesucht werden die Z-Transformierte A(z) des Ausgangssignals und die zugehörige Ausgangsfolge a(nT) der skizzierten Anordnung !

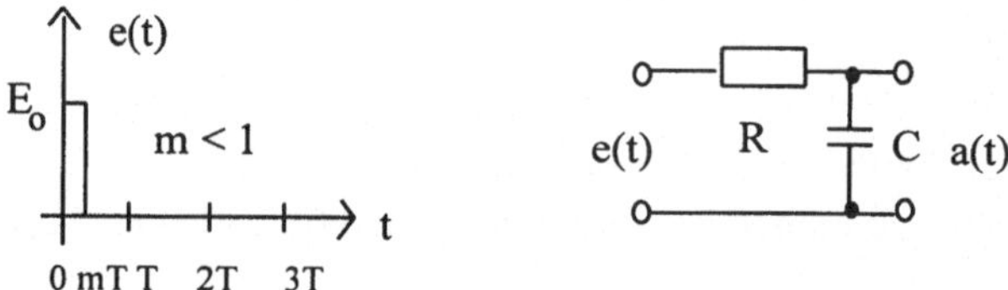

Bild 3.27 Ein Rechteckimpuls der Amplitude E_0 und der Dauer mT erregt einen kontinuierlichen Tiefpaß 1.O. mit der Übergangsfunktion $ü(t) = (1 - e^{-t/\tau})\cdot 1(t)$

Lösung:

Zunächst ergibt sich nach Gl(3.21) im Zeitbereich:

$$a(t) = E_o \cdot \left[(1 - e^{-t/\tau}) \cdot 1(t) - (1 - e^{-(t-mT)/\tau}) \cdot 1(t - mT)\right]$$

$$= E_o \cdot \left[ü(t) \cdot 1(t) - ü(t - mT) \cdot 1(t - mT)\right]$$

Mit Hilfe von Gl(3.23) wird bei eingesetztem Anfangswert der Übergangsfunktion

$$ü(t-mT)\big|_{t=0} = 1 - e^{mT/\tau}$$

$$A(z) = E_0 \left\{ \left(\frac{z}{z-1} - \frac{z}{z - e^{-T/\tau}}\right) - \left(\frac{z}{z-1} - e^{mT/\tau} \cdot \frac{z}{z - e^{-T/\tau}}\right) + (1 - e^{mT/\tau})\right\}.$$

Durch Zusammenfassung resultiert daraus:

$$A(z) = E_0 \left\{\left(\frac{-z + e^{mT/\tau} \cdot z}{z - e^{-T/\tau}}\right) + (1 - e^{mT/\tau})\right\} = E_0 \left\{(1 - e^{mT/\tau})\left(1 - \frac{z}{z - e^{-T/\tau}}\right)\right\} \quad (3.24)$$

als gesuchte Z-Transformierte der Systemreaktion auf den "kurzen" Rechteckimpuls e(t)

Die Rücktransformierte wird nach der Korrespondenztabelle Kap.9.2:

$$a(nT) = E_0 \cdot (1 - e^{mT/\tau}) \cdot \left[\Delta(nT) - e^{-nT/\tau} \right]$$

und ergibt z.B. mit den Parametern $E_0 = 1$; $m = 0.9$; $\tau = 1$; $T = 0.1$ folgendes Bild:

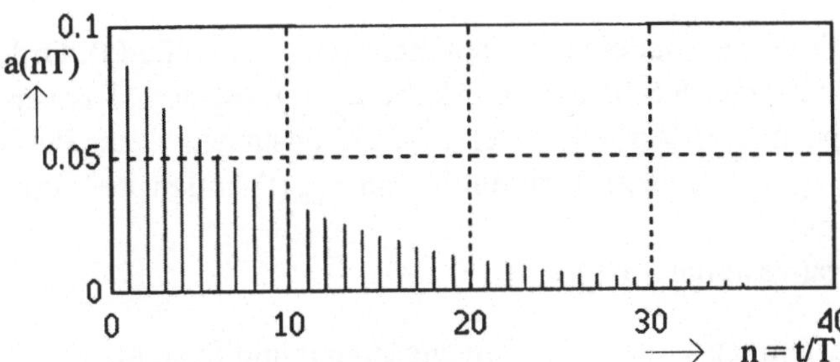

Bild 3.28 Probenwerte der Reaktion des TP 1.O. auf einen kurzen Impuls der Dauer mT = 0.9 T [Startwert ist a(0) = 0]

Zur Kontrolle: Die obige Folge ist an den Stellen t = nT identisch mit den Werten der kontinuierlichen Lösung, die man mit Hilfe der Laplace-Transformation finden kann:

$$a(t) = E_0 (1 - e^{-t/\tau}) \cdot 1(t) - (1 - e^{-(t-mT)/\tau}) \cdot 1(t - mT).$$

Das beschriebene Verfahren kann auf beliebige Signalformen erweitert werden. Es bildet eine Grundlage für die im Kap. 3.3.3 zu besprechende modifizierte Gewichtsfunktion bzw. das Formierglied.

Kontrollaufgabe 3.3.1
>   Man untersuche den Sonderfall m = 1 in Gl(3.24) und vergleiche das Ergebnis mit $G_{ges}(z)$ der Kettenschaltung von Halteglied 0.Ordnung und Tiefpaß 1.O.

3.3.2 Periodische nichtharmonische Eingangssignale ($T_{signal} > T$)

Die Z-Transformation ist eine lineare Transformation; deshalb gilt das Superpositionsgesetz. Folglich setzt sich die Reaktion auf mehrere zeitlich verschobene Teil-Eingangssignale aus der Überlagerung der zugehörigen Teil-Ausgangssignale zusammen. Diesen Zusammenhang kann man zur Berechnung der Reaktion auf periodische Signale ausnutzen, wenn die Reaktion auf das Einzelsignal bekannt ist.

Als Hilfsmittel dient der im Kap.1.4.2 erklärte Periodizitätsfaktor $[1 / (1-z^{-m})]$.

- Voraussetzung für die (fehlerfreie) Anwendbarkeit dieses Operators ist ganzzahliges m > 1, d.h., die Signaldauer T_{signal} muß ganzzahliges Vielfaches der Tastperiodendauer T sein !

Die Anwendung des Periodizitätsfaktors soll an Hand der Aufgabenstellung in Bild 3.29 erläutert werden.

Ein Tiefpaß 1.Ordnung mit vorgeschaltetem Tastelement und Halteglied 0. Ordnung wird von einer periodischen Rechteckimpulskette $e_{per}(t)$ mit dem Tastverhältnis $kT / T_0 = 0.5$ gespeist. Das Verhältnis der TP-Zeitkonstanten τ zur Pulsperiodendauer T_0 sei $\tau / T_0 = 1$. Jedem Teilimpuls von $e_{per}(t)$ sollen k+1 Probenwerte entnommen werden.

Zu berechnen ist das Ausgangssignal a(nT).

Bild 3.29 skizziert das Zusammenwirken von Eingangssignal und System.

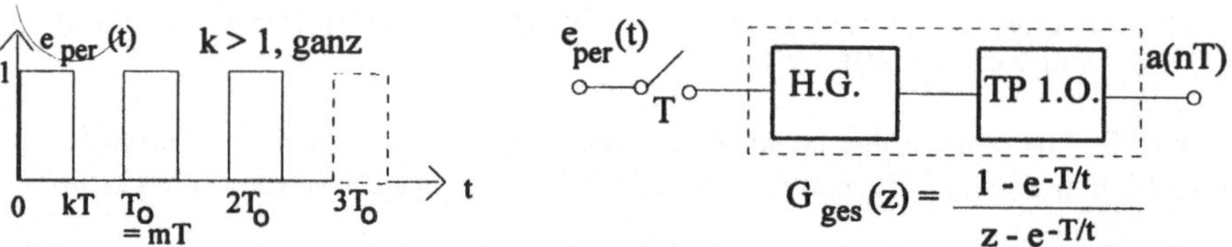

Bild **3.29** Ein Tiefpaß 1.O. mit vorgeschaltetem Halteglied 0.Ordnung wird von einem periodischen Eingangssignal $e_{per}(t)$ angeregt. Zu bestimmen ist das Ausgangssignal (nT) mit Hilfe des Periodizitätsfaktors $1/(1- z^{-m})$.

Die Lösung der Aufgabe zerfällt in 2 Schritte:

a. zuerst ist die Reaktion des Systems auf das *aperiodische* Einzelsignal
   (d.i. der 1. Teilimpuls) zu bestimmen,

b. anschließend kann das gefundene Teilergebnis mit Hilfe des Periodizitätsfaktors $1/(1- z^{-m})$ auf das *periodische* Eingangsignal übertragen werden.

Zu a) Für den 1. Impuls des mäanderförmigen Signals e(t) gilt bei *kontinuierlicher* Schreibweise : e(t) = 1(t) - 1(t-kT)

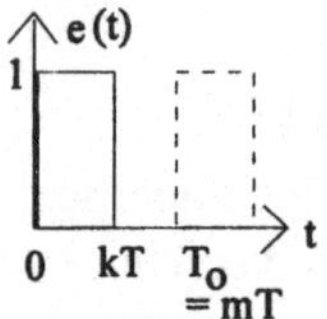

Bild **3.30** Aperiodisches Einzelsignal aus Bild 3.29. Voraussetzungen: k > 1, m > k, ganzzahlig

Bei obigem kontinuierlichen Ansatz {mit negativem Sprung -1[(t-kT)] } für e(t) bleibt nach den Ergebnissen von Kap.1,4.1 der letzte Probenwert in $e_{per}(nT)$

unberücksichtigt. Um diesen Fehler zu korrigieren, ist anstelle des Subtrahenten 1(t-kT) der Term 1[t-(k+1)T] zu schreiben !
Im folgenden wird deshalb das korrigierte Einzelsignal $e_k(t)$ verwendet:

$$e_k(t) = 1(t) - 1[t-(k+1)T].$$

Im Bildbereich folgt dann:

$$E(z) = \frac{z}{z-1} - \frac{1}{z^{k+1}} \cdot \frac{z}{z-1} . \qquad \text{Beachte: k+1 anstelle von k (!)}$$

Das ist die Z-Transformierte des 1. Rechteckimpulses, also des *aperiodischen* Einzelsignals.

Zu b) Die z-Transformierte des *periodischen* Eingangssignals ergibt sich durch Multiplikation von E(z) mit dem Periodizitätsfaktor $1/(1-z^{-m})$:

$$E_{per}(z) = E(z) \cdot \frac{1}{1-z^{-m}} \qquad (3.25)$$

Somit wird im vorliegenden Fall:

$$E_{per}(z) = \left\{ \frac{z}{z-1} - \frac{1}{z^{k+1}} \cdot \frac{z}{z-1} \right\} \frac{1}{1-z^{-m}} = \frac{1-z^{-(k+1)}}{1-^{-1}-z^{-m}+z^{-(m+1)}} .$$

Das ist die Darstellung des periodisch fortgesetzten Eingangssignals mit Hilfe des Periodizitätsfaktors. Eine Multiplikation mit $G_{ges}(z)$ liefert das periodische Ausgangssignal im z-Bereich :

$$A_{per}(z) = E_{per}(z) \cdot G_{ges}(z) = \frac{1-e^{-T/\tau}}{z-e^{-T/\tau}} \frac{1-z^{-(k+1)}}{1-z^{-1}-z^{-m}+z^{-(m+1)}} \qquad (3.26\ a)$$

Nach dem Ausmultiplizieren des Produkts folgt, wenn zur Abkürzung noch $e^{-T/\tau} = \lambda$ gesetzt wird:

$$A_{per}(z) = (1-\lambda) \cdot \frac{1-z^{-(k+1)}}{z-(1+\lambda)+\lambda z^{-1}-z^{-m+1}+(1+\lambda)z^{-m}-\lambda z^{-m-1}} ,$$

woraus sich die zur Rücktransformation mit Hilfe der Rekursionsformel (Kap.2) benötigte Normalform herleitet:

$$A_{per}(z) = (1-\lambda) \cdot \frac{z^{-1}-z^{-(k+2)}}{1-(1+\lambda)z^{-1}+\lambda z^{-2}-z^{-m}+(1+\lambda)z^{-m-1}-\lambda z^{-m-2}} \qquad (3.26\ b)$$

Zahlenwerte:

Wie im nachfolgenden Bild illustriert, beträgt die Abtastrate $T = T_0/14$, so daß je Periodendauer 14 Probenwerte entnommen werden.

Das Verhältnis Pulslänge / Periodenlänge sei 1/2; also gilt $k = 7$ sowie $m = 14$.

Mit diesen Zahlenwerten nimmt Gl(3.26 b) folgende Form an:

$$A_{per}(z) = 0.0689 \cdot \frac{z^{-1} - z^{-9}}{1 - 1.9311z^{-1} + 0.9311z^{-2} - z^{-14} + 1.9311z^{-15} - 0.9311z^{-16}}$$

Zur Rücktransformation von $A_{per}(z)$ ist Rechnerhilfe zu empfehlen (z.B.Kap.8.1, z_rueck). Eine Auswertung liefert das in Bild 3.31 rechts dargestellte Ergebnis.

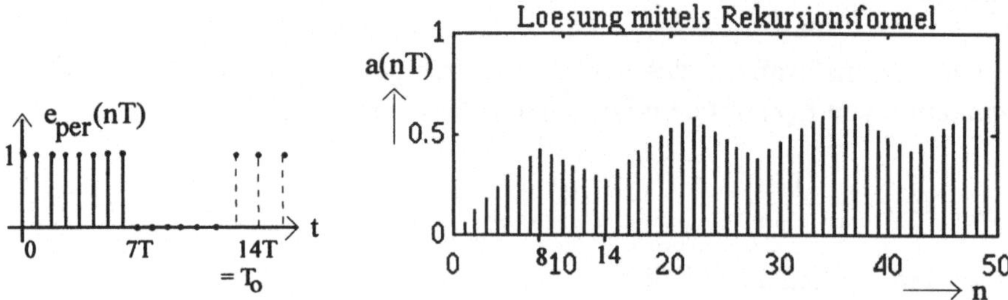

Bild 3.31 Links: das periodische diskrete Eingangssignal,
rechts: die ersten 50 Werte der zugehörigen Systemantwort a(nT)

Ein Vergleich der ersten Periode des Eingangssignals mit dem errechneten Ausgangssignal läßt erkennen:

Obwohl $e_{per}(t)|_{t=8T} = 0$ ist, steigt das Ausgangssignal bis $a(t)|_{t=8T}$ an. Hier wird die Wirkung des Haltegliedes deutlich , das die letzte (d.i. die 7.) Signalamplitude noch für die Dauer von 1 Takt (d.i. der 8.) aufrecht erhält.

Als technische Anwendungsbereiche periodischer Rechteckimpulsfolgen sind beispielsweise neben der Puls*dauer*modulation in der Meß- und Nachrichtentechnik auch die gepulste Ansteuerung von Motoren in der Energie- und Regelungstechnik zu nennen.

3.3.3   Modifizierte Gewichtsfunktion ($T_{signal} < T$)

Nach bereits besprochener Systemreaktion auf *aperiodische* Eingangssignale sowie auf *periodisch wiederholte* Eingangssignale bleibt als weitere technisch interessante Variante noch die Systemreaktion auf *amplitudenmodulierte periodische* Eingangssignale offen, die beispielsweise bei der Puls*amplituden*-Modulation auftritt (Bild 3.32, rechts).

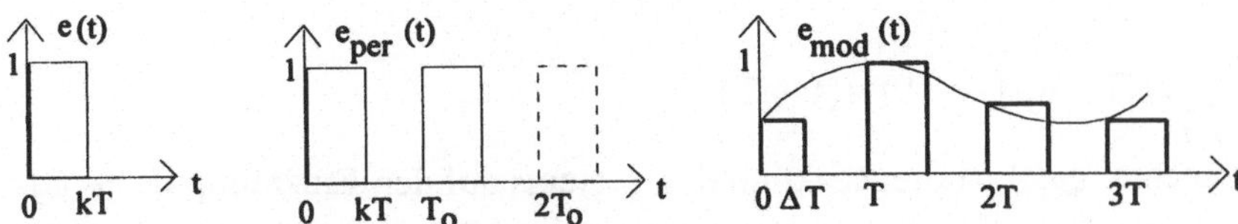

Bild 3.32 Vergleich der 3 Signaltypen
Links: 1) zeitbegrenztes aperiodisches Einzelsignal ($T_{signal} = kT > T$)
Mitte: 2) periodisch wiederholtes Signal mit konstanter Amplitude ($T_{signal} = kT > T$)
Rechts: 3) amplitudenmoduliertes periodisches Signal ($T_{signal} = \Delta T < T$)

Nach obiger Skizze besitzt eine amplitudenmodulierte Impulskette zwei wesentliche Charakteristika: die Impulsform und die Hüllkurve, die alle Einzelimpulse "tangiert".

Zur rechnerischen Untersuchung erweist sich die Einführung einer "modifizierten" Gewichtsfunktion $g_E(t)$ /z.B. Vich/ als hilfreich, unter der die Systemantwort auf ein beliebig vorgegebenes aperiodisches Signal der Dauer $\Delta T < T$ zu verstehen ist:

$$\boxed{g_E(t) = a(t)\big|_{e(t)=\text{vorgegebene Impulsform}}} \qquad \text{Modifizierte Gewichtsfunktion} \quad (3.27)$$

Die Definition von $g_E(t)$ setzt eine Einzelsignaldauer voraus, die kleiner ist als die Tastperiodendauer: $T_{signal} < T$. Sie übernimmt die Kennzeichnung der Impulsform, während der Hüllkurvenverlauf separat erfaßt wird.

Zum besseren Verständnis der "modifizierten Gewichtsfunktion" sollen einige Vorüberlegungen angestellt werden.
Es sei $g_E(t-iT)\cdot 1(t-iT)$ die Systemreaktion auf einen Einzelimpuls $e_E(t)$ beliebig vorgegebener Form, der zur Zeit $t = iT$ (mit $i > 1$, ganz) einsetzt (Bild 3.33):

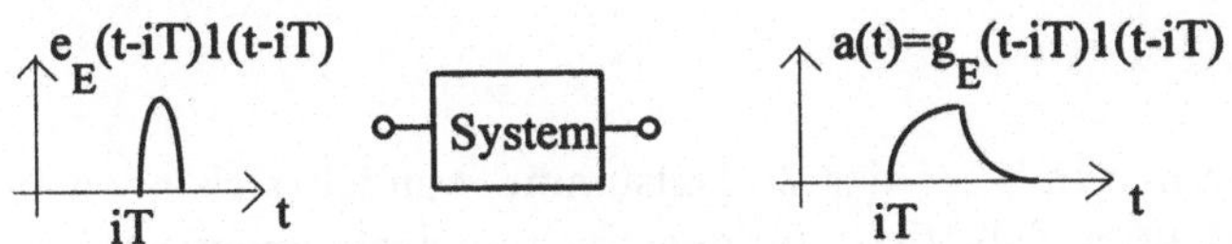

Bild 3.33 Ein beliebig geformter Einzelimpuls $e_E(t - iT)\cdot 1(t - iT)$ und seine zugehörige Systemreaktion $a(t)$

Dann ruft eine amplitudenmodulierte Pulsfolge $e_{per}(t)$ (Bild 3.34) mit der Hüllkurve $e(t)$

$$e_{per}(t) = \sum_{i=0}^{\infty} e(iT) \cdot e_E(t - iT) \cdot 1(t - iT)$$

nach dem Überlagerungssatz die Reaktion

$$a_{per}(t) = \sum_{i=0}^{\infty} e(iT) \cdot g_E(t - iT) \cdot 1(t - iT)$$

hervor. [Beachte: $g_E(t)$ ist die Reaktion des Systems auf den Einzelimpuls $e_E(t)$]

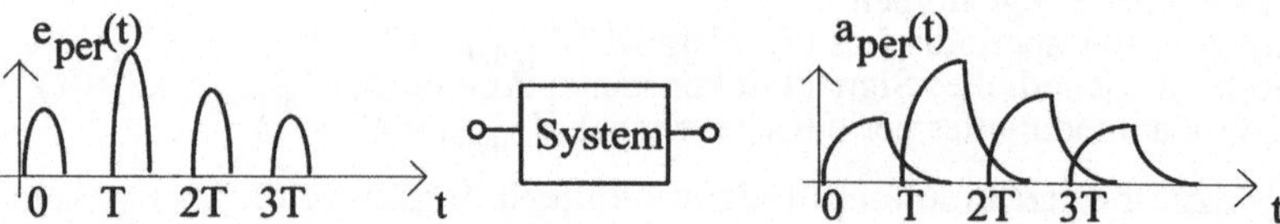

Bild 3.34 Amplitudenmodulierte Impulsfolge $e_{per}(t)$ als Eingangssignal des Systems und Systemantwort $a_{per}(t)$; aufgebaut durch Überlagerung der Teilantworten

Transformiert man $a_{per}(t)$ in den z-Bereich, so entsteht zunächst eine Doppelsumme für das periodische Ausgangssignal $A_{per}(z)$:

$$A_{per}(z) = Z\left\{ \sum_{i=0}^{\infty} e(iT) \cdot g_E(t - iT) \cdot 1(t - iT) \right\} = \sum_{n=0}^{\infty} \sum_{i=0}^{\infty} e(iT) \cdot g_E(t - iT) \cdot 1(t - iT) \cdot z^{-n},$$

die nach Summationsvariablen i und n sortiert

$$A_{per}(z) = \sum_{i=0}^{\infty} e(iT) \sum_{n=0}^{\infty} g_E[(n - i)T] \cdot 1[(n - i)T] \cdot z^{-n}$$

ergibt.

Mit der Substitution n - i = m ändert sich auch das Summationsintervall für m :

    wenn $0 < n < \infty$,

    dann $0-i < n-i < \infty-i$,

    also $-i < m < \infty$,

und der obige Ausdruck geht über in

$$A_{per}(z) = \sum_{i=0}^{\infty} e(iT) \sum_{m=-i}^{\infty} g_E(mT) \cdot 1(mT) \cdot z^{-(i+m)}$$

Die untere Summationsgrenze m = - i der 2. Teilsumme wandelt sich noch in m = 0, wenn man berücksichtigt, daß $1(mT)$ für negative m verschwindet:

$1(mT) = 0$ für $m < 0$.

Demnach gilt die Beziehung

$$A_{per}(z) = \sum_{i=0}^{\infty} e(iT) \sum_{m=0}^{\infty} g_E(mT) \cdot z^{-(i+m)} = \sum_{i=0}^{\infty} e(iT) \cdot z^{-i} \cdot \left(\sum_{m=0}^{\infty} g_E(mT) \cdot z^{-m} \right) \tag{3.28}$$

für das Ausgangssignal des periodischen Vorganges im Bildbereich.

Die Gl(3.28) führt zwangsläufig auf eine Erweiterung der klassischen Übertragungsfunktion, nämlich auf die *modifizierte* Übertragungsfunktion.

Modifizierte Übertragungsfunktion

Das rechte Summenprodukt in Gl(3.28) enthält die Z-Transformierten der Eingangssignal-Hüllkurve e(iT) und der Einzelimpulsantwort g_E(mT) als Faktoren, so daß letztlich folgt:

$$\boxed{A_{per}(z) = E(z) \cdot G_E(z)}$$
E(z) -   Einhüllende des Eingangssignals

G_E(z) - Modifizierte Übertragungsfunktion   (3.29)

Obige Darstellung ähnelt der bekannten Rechenregel zur Bestimmung des Ausgangssignals aus dem Produkt von Eingangssignal und Übertragungsfunktion, weist aber einen entscheidenden Unterschied auf: anstelle der Übertragungsfunktion G(z) = Z{g(t)}, die im kontinuierlichen Fall ursächlich mit dem Dirac-Stoß δ(t) [im zeitdiskreten Fall mit dem Einheits-Impuls Δ(nT)] verknüpft ist, tritt hier die spezielle Abart G_E(z) auf:

$$\boxed{G_E(z) = Z\{g_E(t)\}}$$
Modifizierte Übertragungsfunktion   (3.30)

Darin bedeutet G_E(z) = Z{g_E(t)} die Z-Transformierte der Systemantwort auf den *Einzelimpuls* e_E(t) beliebig vorgebbarer Form.

Man löst sich bei obiger Betrachtungsweise von der klassischen Gewichtsfunktion g(t) als der Reaktion auf den Dirac-Stoß zugunsten einer *modifizierten* Gewichtsfunktion g_E(t), die auf einem Eingangssignal e_E(t) *beliebiger* Form basiert. Somit verallgemeinert Gl(3.29) die "normale" Relation Gl(3.20), denn sie enthält die bisherigen Ergebnisse für Pulssysteme und Abtastsysteme als Sonderfälle.

Im Einzelnen gilt für

Pulssysteme

$$\boxed{A(z) = E(z) \cdot G(z),}$$

worin G(z) = Z{g(t)} ist und g(t) die Dirac-Stoßantwort bedeutet, bzw. für

Abtastsysteme

$$\boxed{A(z) = E(z) \cdot G_{ges}(z)}$$

worin entweder $\qquad G_{ges}(z) = Z\{g_H(t){}^*g_{ges}(t)\}$ $\qquad\qquad$ oder

$\qquad\qquad\qquad G_{ges}(z) = Z\{g_{Rechteck}(t)\}$

$\qquad\qquad\qquad$ mit $g_{Rechteck}$ als Rechteckimpuls-Reaktion des Systems .

verwendbar sind.

Formierglied

Das gleiche Ergebnis wie die modifizierte Gewichtsfunktion liefert die Einführung eines sogenannten Formiergliedes. In den Signalweg wird ein zusätzliches Glied (F.G.) eingefügt, das eine "Signal-Formierung" bewirkt.

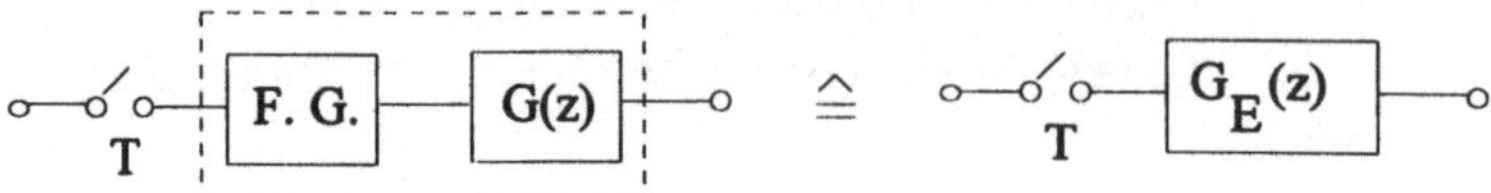

Bild 3.35 Schaltungstechnische und rechnerische Deutung der modifizierten Gewichtsfunktion

Seine Aufgabe besteht in der Umformung des Dirac-Stoßes $\delta(t)$ [bzw. des Einheitsimpulses $\Delta(nT)$] in die gewünschte Signalform [bzw. der Wertefolge].

Mit anderen Worten: anstatt die modifizierte Übertragungsfunktion zu verwenden, bleibt man bei der normalen Übertragungsfunktion; hat dann allerdings die Kettenschaltung von zusätzlichem Formierglied und System zu berücksichtigen. Die Ergebnisse sind in beiden Fällen gleich.

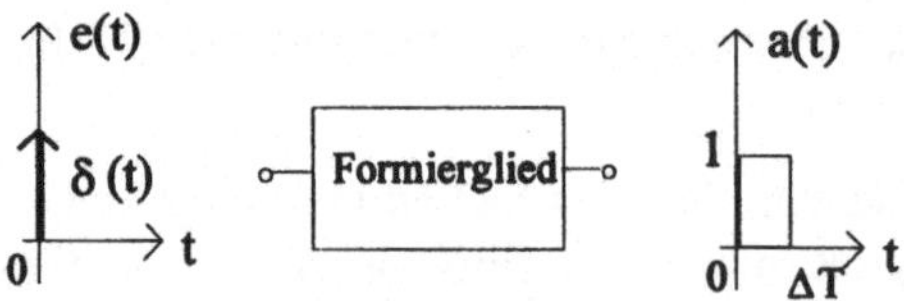

Bild 3.36 Zur Funktion eines Formiergliedes. Im skizzierten Fall wird die Rechteckimpulsreaktion nachgebildet.

Im obigen Bild ist die "Formierung" eines Dirac-Impulses zu einem Rechteckimpuls der Dauer ΔT (wo $\Delta T \leq T$) dargestellt. Für das Formierglied gilt in diesem speziellen Fall

$$a(t)\big|_{e(t)=\delta(t)} = g(t) = 1(t) - 1(t - \Delta T),$$

woraus im Laplace-Bereich

$$G(p)_{form} = \frac{1}{p}(1 - e^{-p\Delta T})$$

folgt.

Diese Übertragungsfunktion der Formiergliedes ist mit der System-Übertragungsfunktion zu einer resultierenden Übertragungsfunktion zusammenzufassen

$$G_E(p) = G_{form}(p) \cdot G(p),$$

woraus dann wiederum die modifizierte Übertragungsfunktion resultiert. So verdeutlicht sich die inhaltliche Gleichwertigkeit beider Betrachtungsweisen.

Aufgabe:

Ein Modellfall mit harmonischer Modulationsfunktion $e(t) = \sin(\omega_1 t)\cdot 1(t)$ soll zeigen, wie die modifizierte Gewichtsfunktion anzuwenden ist.

Nach Bild 3.37 erregt eine amplitudenmodulierte Rechteck-Impulskette mit dem Tastverhältnis $\Delta T/T$ (= Impulsdauer/Tastperiodendauer) einen RC-Tiefpaß mit der Zeitkonstanten $\tau = RC$. Der Tiefpaß soll die Rechteckimpulse des Eingangs-signals möglichst vollständig unterdrücken, dagegen die Hüllkurve $\sin(\omega_1 t)$ der Impulskette weitgehend ungehindert passieren lassen.

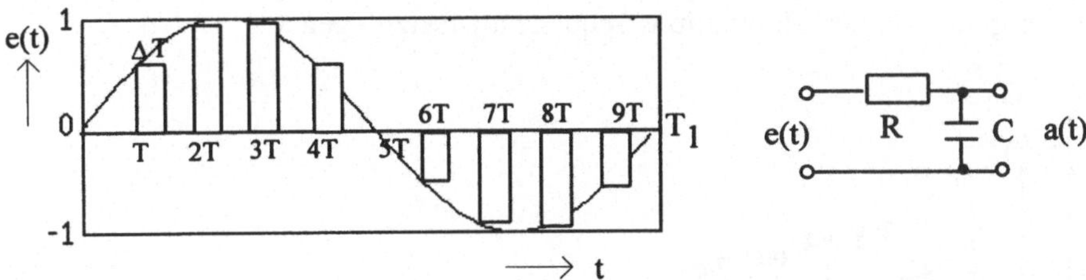

Bild 3.37 Eingangssignal eines RC-Tiefpaß 1.O. ist eine mit $\sin\omega_0 t$ "amplitudenmodu-lierte" Rechteck-Impulsfolge mit der Impulsperiodendauer T und der Impulsbreite ΔT sowie $T_1 = r \cdot T$

Gesucht wird $a(nT)$ als Funktion des Systemparameters τ und der Signalparame-ter Pulsperiodendauer T, Tastverhältnis $\Delta T/T$ sowie der Kreisfrequenz ω_1 der Hüllkurve. Zur Lösung soll eine passende modifizierte Gewichtsfunktion, in die-sem Falle die TP-Antwort auf einen Rechteckimpuls benutzt werden.

Die Systemantwort $g_{\text{Rechteck}}(t)$ auf einen Rechteckimpuls der Dauer ΔT mit der Amplitude 1 ist bereits bekannt (siehe Gl(3.24)):

$$G_{\text{Rechteck}}(z) = Z\left\{g_{\text{Rechteck}}(t)\right\} = \left(1 - e^{\Delta T/\tau}\right)\cdot\left(1 - \frac{z}{z - e^{-T/\tau}}\right),$$

und die Z-Transformierte der modulierenden Funktion $e(t) = \sin\omega_1\cdot 1(t)$ lautet nach der Tabelle in Kap. 9.2.2:

$$E(z) = \frac{z\cdot\sin\omega_1 T_0}{z^2 - 2z\cos\omega_1 T_0 + 1}.$$

Führt man noch die Abkürzung

$$\lambda = e^{-T/\tau}$$

ein, so folgt für das Ausgangssignal im z-Bereich :

$$A(z) = E(z) \cdot G_{\text{Rechteck}}(z) = (1 - e^{\Delta T/\tau}) \cdot \left(1 - \frac{z}{z - \lambda}\right) \cdot \frac{z \cdot \sin\omega_1 T}{(z^2 - 2z\cos\omega_1 T + 1)}.$$

Damit ist die Lösung im z-Bereich gefunden.

Zur Rücktransformation von A(z) in den Zeitbereich ist wieder ein numerisches Verfahren günstig. Zuvor aber sind im obigen Ausdruck die Schaltungs- und Signalparameter sinnvoll zu bemessen. So ist einerseits die Tastperiodendauer T geeignet zu wählen, damit die Demodulation der amplitudenmodulierten Impulsfolge erfolgreich verläuft und andererseits ist die Grenzfrequenz ω_{grTP} des TP in Abhängigkeit von der Modulationsfrequenz ω_1 festzulegen.

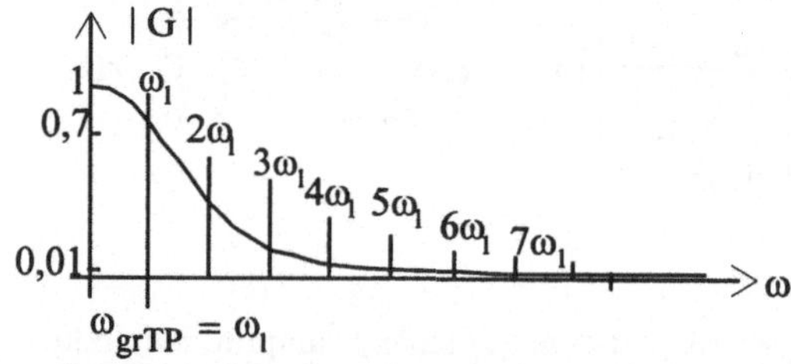

Bild 3.38 Relative Lage des Frequenzspektrums des Eingangssignals ($\omega_1 \ldots 7\omega_1$) zum Amplitudengang |G| des TP 1.Ordnung.

Wählt man als Kompromiß zwischen angestrebter großer Ausgangsamplitude und hinreichender Unterdrückung der Rechteckimpulse die modulierende Frequenz ω_1 und die Grenzfrequenz ω_{grTP} des TP gleich groß :

$$\omega_{\text{grTP}} = 1/\tau = \omega_1$$

und entscheidet sich für r = 10 Rechteckimpulse pro Periode T_1:

$$T_1/T = r = 10,$$

so ist ein technisch brauchbares Ergebnis zu erwarten. Der folgenden Rechnung wird deshalb der Parametersatz:

$$T=0.1; \qquad \tau = 1/2\pi; \omega_1 = 2\pi; \qquad T_1 = 1; \qquad m = 0.5; \qquad r = 10;$$

zugrundegelegt.

Zur Rücktransformation von A(z) eignet sich die allgemeine Rekursionsformel (Kap. 2.4). Um sie anzuwenden, ist A(z) in die verlangte Normalform zu bringen. Man findet den allgemeinen Ausdruck für das Ausgangssignal:

$$A(z) = \frac{\lambda \cdot (e^{\Delta T/\tau} - 1) \cdot \sin\omega_1 T \cdot z^{-2}}{1 - (\lambda + 2 \cdot \cos\omega_1 T)z^{-1} + (1 + 2\lambda\cos\omega_1 T)z^{-2} - \lambda z^{-3}},$$

und mit den obigen Parameterwerten ergibt sich schließlich als spezielle Lösung im Bildbereich:

$$A(z) = \frac{0.1157 \cdot z^{-2}}{1 - 2.1515 \cdot z^{-1} + 1.8632 \cdot z^{-2} - 0.5335 \cdot z^{-3}} \ .$$

Deren Rücktransformation liefert die im nachstehenden Bild aufgetragene Lösungsfunktion a(nT):

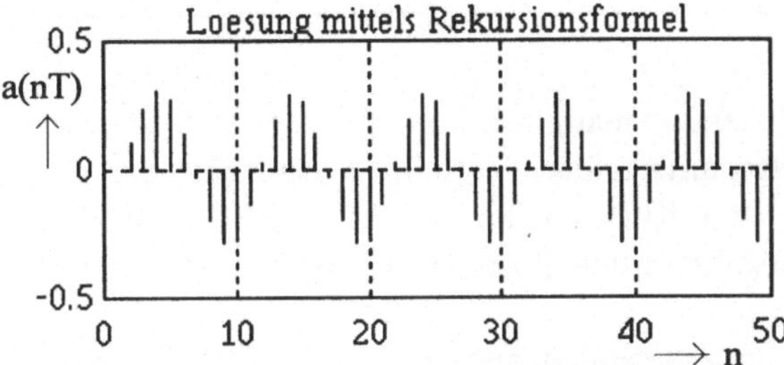

Bild 3.39 Ausgangs-Wertefolge des einfachen Demodulations-Tiefpaß 1.Ordnung. Der Abstand der Probenwerte ist gleich dem Abstand T der Rechteckimpulse in Bild 3.37.

Wie die Graphik zeigt, erfüllt der verwendete RC-Tiefpaß 1.Ordnung trotz seiner geringen Filterwirkung die Demodulations-Aufgabe hinreichend gut; denn die demodulierte Rechteck-Impulsfolge läßt die modulierende sin-Funktion deutlich erkennen.
Nachteilig ist die begrenzte zeitliche "Auflösung". Der Abstand der Lösungswerte a(nT) ist gleich dem Abstand T der Rechteckimpulse von Bild 3.37; alle Zwischenwerte der physikalisch kontinuierlichen Lösungsfunktion a(t) bleiben verborgen (Abhilfe: siehe Kap. 3.4).

Zusammenfassung:
Nach den Ergebnissen der Abschnitte 3.3.2 und 3.3.3 hat man bei der Berechnung der Systemantwort auf *periodische pulsförmige* Eingangssignale 2 Fälle zu unterscheiden, die vom Verhältnis Einzel-Impulsdauer / Tastperiodendauer bestimmt werden:

a) Sind die Einzelimpulse *kürzer* als die Tastperiodendauer

$T_{signal} < T,$

so empfiehlt sich der Einsatz der modifizierten Übertragungsfunktion bzw. eines Formiergliedes. Zusätzliche Zwischenwerte können mit Hilfe der erweiterten Z-Transformation (Kap. 3.4) bestimmt werden.

> b) Ist die Länge der Einzelimpulse sehr viel *größer* als die Tastperiodendauer
>
> $$T_{signal} \gg T,$$
>
> so ist der Periodizitätsfaktor $\dfrac{1}{1-z^{-m}}$ anwendbar.
>
> In diesem Falle kann der Probenwertabstand T entsprechend dem Abtasttheorem genügend klein gewählt werden, so daß bei Bedarf eine lineare Interpolation der Ausgangswertefolge erlaubt ist.

Abschließend ist festzustellen:

Die Z-Transformation ist im Zusammenhang mit kontinuierlichen Systemen u.a. auch auf Ketten kurzer Impulse anwendbar. Vorteilhaft erscheint der geringe rechentechnische Aufwand bei der Rücktransformation; nachteilig ist die notwendige Aufbereitung einer Lösung mittels Formierglied bzw. modifizierter Gewichtsfunktion.

Eine zusammenfassende Auflistung verschiedener Anwendungsfälle der Z-Transformation bei diskreten und kontinuierlichen Systemen enthält Kap.9.3.

3.4   Erweiterte Z-Transformation und kontinuierliche Systeme

Die Z-Transformation beschränkt sich grundsätzlich auf die Berechnung diskreter Werte a(nT). Diese charakteristische Eigenschaft, lediglich Lösungswerte im *Abstand der Tastperiodendauer* T zu liefern, ist bei *kontinuierlichen* Funktionen durch die Einführung einer neuen Variablen t*

$$\boxed{t^* = t + \varepsilon \cdot T \ \text{ mit } 0 < |\varepsilon| < 1} \qquad\qquad (3.31)$$

behebbar, wie z.B. von /Vich/ und /Schwartz/ gezeigt wurde. Man kann durch Variation des Parameters ε innerhalb des angegebenen Intervalls beliebig viele *Zwischenwerte* a[(n+ε)T] finden und so eine feinere Unterteilung der Zeitachse, also auch eine aussagefähigere Lösung erhalten.

Nutzung der Standard-Korrespondenzen

Um die bewährten Standard-Korrespondenztafeln (Kap. 9.2) auch für die erweiterte Z-Transformation anwenden zu können, ist zuvor die Auswirkung einer Funktionsverschiebung um $\pm |\varepsilon| \cdot T$ auf die Verschiebungs-Korrespondenzen zu ermitteln. Je nach dem Vorzeichen des Parameters ε in Gl(3.31) sind zwei Fälle zu unterscheiden: Links- oder Rechtsverschiebung .

Positives ε: *Linksverschiebung*

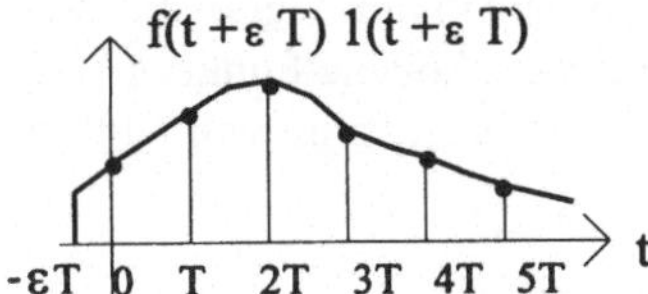

Bild 3.40 Einfluß einer Linksverschiebung der kausalen Funktion f(t) um ε ·T

Bei der einseitigen Z-Transformation führt positives ε im Intervall $0 < ε < 1$ zu einer Linksverschiebung der Funktion um ε·T; d.h., der Funktionswert auf der negativen Zeitachse entfällt. Es ergibt sich:

$$Z\{f(t+εT)\cdot 1(t+εT\} = \sum_{n=0}^{\infty} f\left[(n+ε)T\cdot z^{-n}\right] = Z\{f(t+εT\} \quad \text{Linksverschiebung}$$

$$(3.32)$$

Somit können für positive ε die üblichen z-Korrespondenztafeln verwendet werden, nachdem dort die Variable t gegen $t^* = t + εT$ ausgetauscht ist.

Negatives ε: *Rechtsverschiebung*

Auch negative ε -Werte im Bereich $-1 < ε < 0$ sind möglich und für numerische Anwendungen interessant. Bild 3.41 zeigt den Sachverhalt.

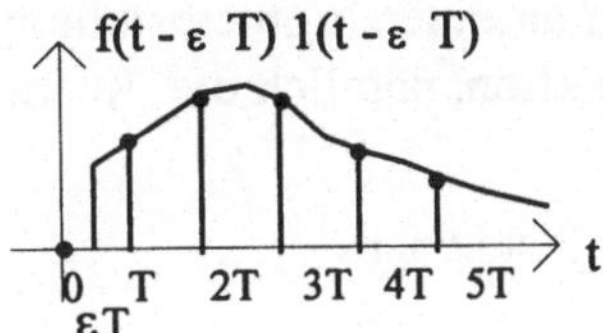

Bild 3.41 Einfluß einer Rechtsverschiebung der Funktion f(t) um ε ·T

Bei Rechtsverschiebung einer Schaltfunktion f(t) um εT entsteht im Ursprung des Koordinatensystems eine Lücke. Der Funktionswert bei $t = 0$ entfällt, so daß sich folgender Zusammenhang ergibt:

$$Z\{f(t-εT)\cdot 1(t-εT\} = \sum_{n=0}^{\infty} f[(n-ε)T]\cdot 1[(n-ε)T]\cdot z^{-n} = \sum_{n=1}^{\infty} f[(n-εT]\cdot z^{-n}$$

Der Übergang zum normalen Summationsintervall $0 < n < \infty$ gelingt, indem f[(n - ε)T] für $n = 0$ der Summe hinzugefügt und anschließend wieder subtrahiert wird. Dann entsteht :

$$Z\{f(t-εT)\cdot 1(t-εT\} = Z\{f[(t-εT]\} - f(-εT) \quad \text{Rechtsverschiebung} \quad (3.33)$$

mit f(-εT) als Anfangswert von f(t - εT)$|_{t=0}$. Somit erfordern negative ε-Werte einen nach Gl(3.33) abgeänderten Verschiebungssatz.

Beachte:

Bei (vorausgesetzten) Schaltfunktionen ist f(-εT) wegen des negativen Arguments stets Null. Im obigen Fall bezieht sich f(-εT) aber auf die bereits verschobene Funktion, entspricht somit dem f(0) der ursprünglichen Funktion und dieser Wert kann von Null verschieden sein !

Zusammengefaßt:

$$Z\{f(t+\varepsilon T)\cdot 1(t+\varepsilon T)\} = Z\{f(t+\varepsilon T\}$$

$$Z\{f(t-\varepsilon T)\cdot 1(t-\varepsilon T)\} = Z\{f[(t-\varepsilon T]\} - f(-\varepsilon T)$$

Erweiterte Z-Transformation mit normaler Korresp.-Tafel

(3.34)

Berücksichtigt man die Beziehungen Gl(3.34), so können die üblichen Korrespondenztafeln als Transformationshilfe genutzt werden (vergl. Tab. 9.2).

Berechnung von Zwischenwerten a[(n+ε)T]
Diese erweiterte Variante der Z-Transformation ist beispielsweise interessant bei Eingangssignalen in Form periodischer Impulsfolgen mit Impulspausen, die auf sägezahnartige Systemreaktionen führen und deren tatsächlicher Lösungsverlauf mit der normalen Z-Transformation nur unzureichend wiedergegeben wird.
Erläuterungen zur erweiterten Z-Transformation sollen an einer Problemstellung erfolgen, die gleichzeitig eine modifizierte Gewichtsfunktion, nämlich die Rechteckimpuls-Reaktion verwendet.

Gegeben: Schaltung und Eingangssignal wie in Bild 3.42 skizziert.
Gesucht: Zu berechnen sind
        a) a(nT),
        b) wie a), jedoch mit 6 Lösungswerten je Tastperiodendauer T

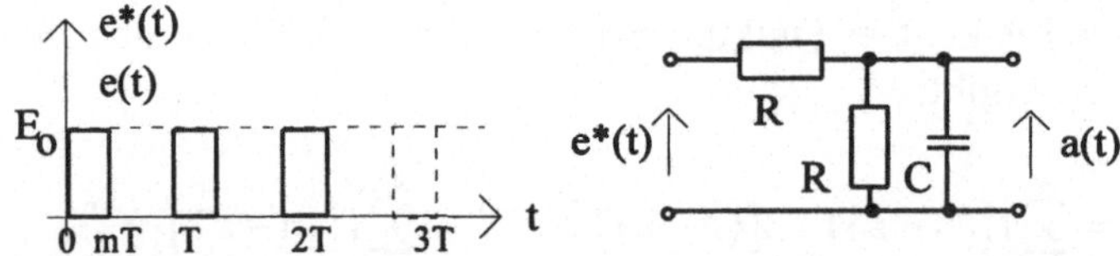

Bild 3.42 Eine periodische Folge von Rechteckimpulsen e*(t) mit dem Tastverhältnis m < 1 bildet das Eingangssignal eine Tiefpaß 1. Ordnung mit Proportionalanteil [Hüllkurve der Impulskette ist e(t) = E_0·1(t)].

Lösung:
Zu a) Um zunächst das "normale" Ausgangssignal a(nT) zu berechnen, kann auf die im vorigen Abschnitt behandelte modifizierte Gewichtsfunktion zurückgegriffen werden.

Die Tiefpaß-Schaltung liefert als Reaktion auf einen Rechteckimpuls der Amplitude E_0 mit einer Dauer mT (m<1) die modifizierte Gewichtsfunktion :

$$g_{Rechteck}(t) = \frac{E_o \cdot R_2}{R_1 + R_2} \cdot \left[\left(1 - e^{-t/\tau}\right) \cdot 1(t) - \left(1 - e^{-(t-mT)/\tau}\right) \cdot 1(t - mT)\right], \qquad (3.35)$$

worin der Parameter τ als Abkürzung für den Ausdruck

$$\tau = \frac{C_2 R_1 R_2}{R_1 + R_2}$$

steht.

Wird außerdem noch

$$c = E_o R_2/(R_1 + R_2)$$

eingeführt, so entsteht als Z-Transformierte der Rechteckimpuls-Reaktion

$$G_{Rechteck}(z) = c \cdot (1 - e^{mT/\tau}) \cdot \left(1 - \frac{z}{z - e^{-T/\tau}}\right).$$

Nach Kap. 3.3.3 ergibt sich als Ausgangssignal im z-Bereich das Produkt:

$$A(z) = E(z) \cdot G_{Rechteck}(z),$$

worin dem Term $E(z)$ die Hüllkurve 1(t) des Eingangssignals (Bild 3.42) zuzuordnen ist.

Dann folgt mit

$$E(z) = \frac{z}{z - 1}$$

für das Ausgangssignal $A(z)$ im Bildbereich der Term

$$A(z) = c \cdot (1 - e^{mT/\tau}) \cdot \left[\frac{z}{z - 1} - \frac{z^2}{(z-1)(z - e^{-T/\tau})}\right] \qquad (3.36)$$

und nach dessen Rücktransformation in den Zeitbereich

$$a(nT) = c \cdot (1 - e^{mT/\tau}) \cdot \left[1 - \frac{1 - e^{-(n+1)T/\tau}}{1 - e^{-T/\tau}}\right]. \qquad (3.37)$$

Das ist die Lösung , die sich aus der "normalen" Z-Transformation ergibt und lediglich Werte an den Stellen t = nT bereitstellt.

Zahlenbeispiel:
Wählt man in der Schaltung Bild 3.43 die Parameter m = 0,5; c = 0.5; τ = 1; T = 1.25 ,
so ergibt sich aus Gl(3.37) die folgende Lösung:

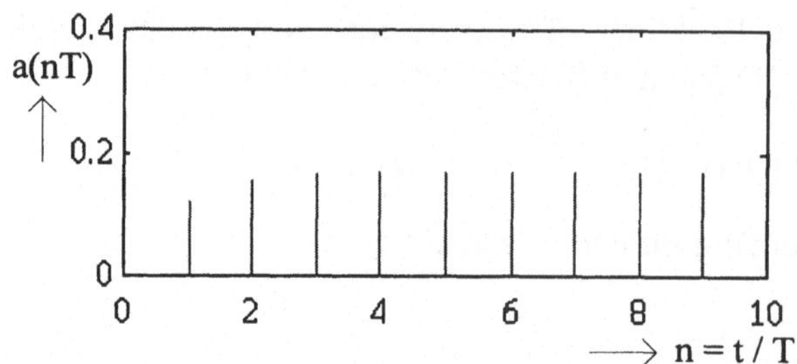

Bild 3.43 Ergebnis der "normalen" Z-Transformation: Ausgangssignal der Anordnung von Bild 3.42 an den Punkten t = nT.

Das Ergebnis ist insofern unbefriedigend, als die Maxima der Lösung, die nach der Aufgabenstellung von Bild 3.42 bei ganzzahligen Vielfachen von mT zu erwarten sind, in obigem Ergebnis für a(nT) *nicht* erscheinen.

Mit anderen Worten: Der tatsächliche Verlauf des kontinuierlichen a(t) kann mit der *normalen* Z-Transformation nicht hinreichend genau gefunden werden.

Zu b)

Aussagekräftige Ergebnisse gelingen mit der *erweiterten* Z-Transformation, die beliebig viele Zwischenwerte liefert und der folgender Rechengang zugrundeliegt:

---

1. Pulsreaktion des Systems ermitteln: $g_{Rechteck}(t + \varepsilon T)$

2. $Z\{g_{Rechteck}(t + \varepsilon T)\} = G_{Rechteck}(z,\varepsilon)$ für $\begin{cases} 0 < \varepsilon < m \\ m < \varepsilon < 1 \end{cases}$ bestimmen

3. Z-Transformierte der Hüllkurve des Eingangssignals bilden

4. Ausgangssignal im z-Bereich berechnen: $A(z,\varepsilon) = E(z) \cdot G(z,\varepsilon)$

5. Rücktransformation in den Zeitbereich: $a[(n + \varepsilon)T]$

Zu 1) Mit obigem Ergebnis für $g_{Rechteck}(t)$ [vergl. Gl(3.35)] läßt sich $g_{Rechteck}(t + \varepsilon T)$ sofort hinschreiben:

$$g_{Rechteck}(t) = c \cdot \left[\left(1 - e^{-(t+\varepsilon T)/\tau}\right) \cdot 1(t + \varepsilon T) - \left(1 - e^{-(t+(\varepsilon-m)T/\tau)}\right) \cdot 1(t + (\varepsilon - m)T) \right]$$

Zu 2) Bei der Transformation in den z-Bereich sind 2 Fälle zu unterschieden, da der Term $(\varepsilon\text{-}m)$ im 2. Summanden von $g_{Rechteck}$ sowohl positiv als auch negativ werden und damit entweder eine Linksverschiebung oder eine Rechtsverschiebung bewirken kann [vergl. Gln(3.32) und (3.33)].

1. Fall: $0 < \varepsilon < m$
Für diese e-Werte wird die Differenz $(\varepsilon\text{-}m)$ negativ. Wegen
$1[t+(\varepsilon\text{-}m)T] = 1$ für $\varepsilon < m$ wird nach Gl(3.33)

$$Z\{1[t+(\varepsilon-m)T]\} = \frac{z}{z-1} - 1 \qquad \{\text{Beachte: } (\varepsilon-m) \to \varepsilon \text{ in Gl(3.33)}\}$$

und weiter

$$G_{\text{Rechteck}}(z,\varepsilon) = c\left\{\frac{z}{z-1} - e^{-\varepsilon T/\tau}\frac{z}{z-e^{-T/\tau}} - \left[(\frac{z}{z-1}-1) - e^{-(\varepsilon-m)T/\tau}(\frac{z}{z-e^{-T/\tau}}-1)\right]\right\}.$$

2. Fall: $m < \varepsilon < 1$

In diesem Fall bleibt $(\varepsilon-m)$ stets positiv. Es resultiert nach Gl(3.32)

$$G_{\text{Rechteck}}(z,\varepsilon) = c\left\{\frac{z}{z-1} - e^{-\varepsilon T/\tau}\frac{z}{z-e^{-T/\tau}} - \left[\frac{z}{z-1} - e^{-(\varepsilon-m)T/\tau}\frac{z}{z-e^{-T/\tau}}\right]\right\}.$$

Zu 3) Hüllkurve des Eingangssignals (der Rechteckimpulse) ist die Sprungfunktion $e(t) = 1(t)$. Somit lautet das Eingangssignal im z-Bereich:

$$E(z) = \frac{z}{z-1}.$$

Zu 4) Die Berechnung des Ausgangssignals $A(z) = E(z) \cdot G_{\text{Rechteck}}(z,\varepsilon)$ erfolgt nun ebenfalls getrennt nach ε-Bereichen.

1. Bereich: $0 < \varepsilon < m$

$$A(z,\varepsilon) = c\left\{\frac{z}{z-1}\left(1-e^{-(\varepsilon-m)T/\tau}\right) + \left(-e^{-\varepsilon T/\tau}+e^{-(\varepsilon-m)T/\tau}\right)\frac{z^2}{(z-1)(z-e^{-T/\tau})}\right\}.$$

Dieser Teil des Ausgangssignals entsteht, solange der Eingangsimpuls auf das System einwirkt.

2. Bereich: $m < \varepsilon < 1$:

$$A(z,\varepsilon) = c\left\{\left(-e^{-\varepsilon T/\tau}+e^{-(\varepsilon-m)T/\tau}\right)\frac{z^2}{(z-1)(z-e^{-T/\tau})}\right\}.$$

Dieser Teil des Ausgangssignal ist den Impulspausen des Eingangssignals zuzuordnen.

Zu 5) Die Rücktransformation in den Zeitbereich ist mit Hilfe der Korrespondenztafel ohne Schwierigkeit durchführbar. Es resultiert:

$$a(nT)\Big|_{0<\varepsilon<m} = c\cdot\left[\left(1-e^{-(\varepsilon-m)T/\tau}\right) + e^{-\varepsilon T/\tau}\cdot\left(e^{mT/\tau}-1\right)\cdot\frac{1-e^{-(n+1)T/\tau}}{1-e^{-T/\tau}}\right] \qquad (3.38)$$

beziehungsweise

$$a(nT)\Big|_{m<\varepsilon<1}= c\cdot\left[e^{-\varepsilon T/\tau}\cdot\left(e^{mT/\tau}-1\right)\frac{1-e^{-(n+1)T/\tau}}{1-e^{-T/\tau}}\right] \tag{3.39}$$

mit den Abkürzungen:

$$c = \frac{U_oR_2}{R_1 + R_2}\,;\quad \tau = \frac{C_2R_1R_2}{R_1 + R_2}.$$

Obiges Ergebnis liefert je nach Wahl des ε innerhalb $0 < \varepsilon < 1$ eine beliebige Anzahl zusätzlicher Zwischenwerte der Lösung $a[(n+\varepsilon)T]$.

Zahlenbeispiel:
Wählt man 6 Werte je Tastperiodendauer T (vergl. Listing am Abschnittsende), so entsteht das im folgenden Bild gezeigte Ergebnis:

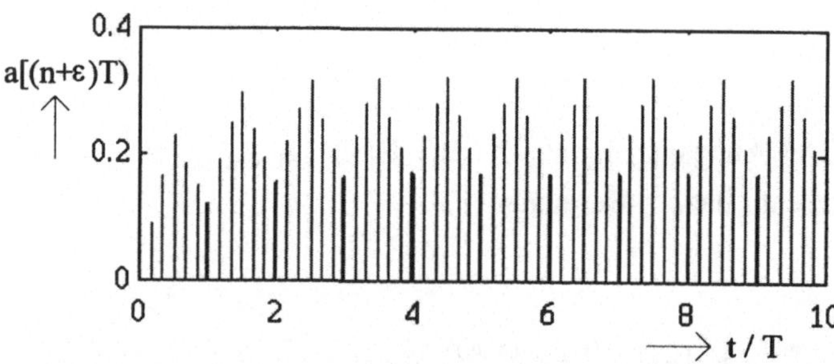

Bild 3.44 Ergebnis der erweiterten Z-Transformation:
Ausgangssignal der Schaltung von Bild 3.38 mit 6 Rechenwerten je Tastperiode T

Ein Vergleich der Bilder 3.43 und 3.44 läßt die "höhere Auflösung" im letztgenannten erkennen. Der sägezahnförmige Verlauf des Ausgangssignals bei abwechselnder Auf- und Entladung der Kapazität C_2 tritt deutlich hervor.

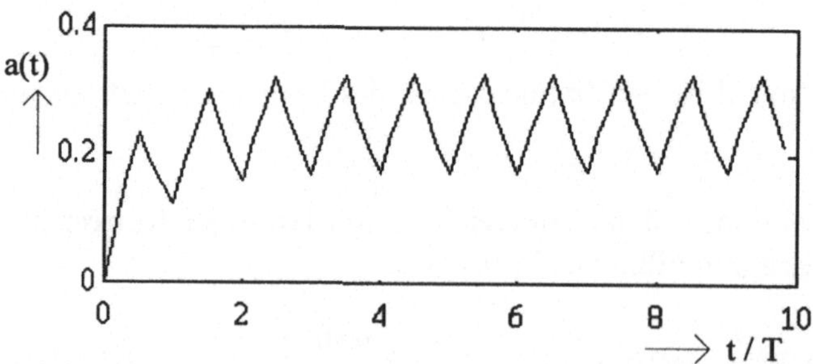

Bild 3.45 Erweiterte Z-Transformation. Gezeigt wird das interpolierte Ausgangssignal der Schaltung in Bild 3.42

Bei genügend feiner Unterteilung darf man die Endpunkte der Lösungswerte a(nT) verbinden - es darf interpoliert werden - um den Verlauf der physikalisch kontinuierlichen Lösung a(t) zu skizzieren.

Bild 3.45 zeigt die durch lineare Interpolation gefundene Lösungskurve. Eine Gegenüberstellung der Bilder 3.43 und 3.44 verdeutlicht, daß die normale Z-Transformation bei derartigen Aufgabenstellungen nur bescheidene Aussagekraft besitzt, während die erweiterte Z-Transformation sehr brauchbare Ergebnisse liefert.

Kontrollfrage 3.4

Warum wird im Beispiel Bild 3.42 anstelle der modifizierten Gewichtsfunktion $g_{Rechteck}$ nicht wie im Beispiel Bild 3.29 der Periodizitätsfaktor verwendet ?

Anmerkung:
Im Gegensatz zur etwas langwierigen Beschreibung des Rechenverfahrens bleibt der erforderliche Programmieraufwand für die modifizierte Z-Transformation erfreulich gering. Das folgende kurze Listing reicht für die Berechnung und graphische Darstellung der in den Bildern 3.44 und 3.45 gezeigten Kurvenverläufe.

Listing: Zwischenwertberechnung

```
%=================================================
% mod_z3;  Erweiterte Z-Transformation
% Reaktion eines Tiefpaß mit Proportionalanteil, mit kurzen Rechteckimpulsen als
% Eingangssignal
% zu Kap.3.4;  modifizierte Z-Transformation
%=================================================
% Gegeben: TP-Schaltung mit Proportionalanteil und Rechteckimpulskette als e(t)
% Gesucht.:  a(nT) mit Zwischenwerten

m=0.5;                          % gewähltes Tastverhaeltnis
c=0.5;                          % c=Uo*R2/(R1+R2)
tau=1;                          % tau=C2*R1*R2/(R1+R2)
T=1.25;                         % Periodendauer des Rechtecksignals

T1=tau*T;                       % Hilfsvariable
Zahl=10;                        % Zahl der auszuwertenden Perioden
Werte=6;                        % Funktionswerte je Periode
j=0;                            % Schleife für Periodenzahl
   for e=0:(Werte-1);           % Abstand der Proben
```

```
    j=j+1;
      if eh<m                            % siehe Gl(3.32)
      a(j)=c*(1-exp(-(eh-m)*T1)+exp(-eh*T1)*(exp(m*T1)-1)*(1-exp(-...
          T1*(i+1)))/(1-exp(-T1)));      % nach Gl(3.38)
      else                               % siehe Gl(3.33)
      a(j)=c*exp(-eh*T1)*(exp(m*T1)-1)*(1-exp(-T1*(i+1)))/(1-exp(-T1));
      end                                % nach Gl(3.39)
    end
end
axis([0 10 0 0.4]);                      % Koordinatensystem definieren
t=0:length(a)-1;                         % Abszissenachse definieren
probe(t/Werte,a)                         % diskrete Probenwerte zeichnen
pause

plot(t/Werte,a)                          % kontinuierliche Kurve zeichnen
%-------------------------------------------------------------------------
```

4 Pol-Nullstellen-Geometrie im z-Bereich

Sowohl bei Systemen als auch bei Signalen hat sich die Pol-Nullstellen-Geometrie zur anschaulichen Beschreibung dynamischer Eigenschaften bewährt. Das folgende Kapitel zeigt, wie die für kontinuierliche Systeme in der Laplace-Ebene übliche P-N-Darstellung in die z-Ebene übertragen werden kann.

Als charakteristischer Unterschied tritt dabei hervor: amplituden- und phasengangsbestimmende Vektoren beziehen sich im z-Bildbereich auf den *Einheitskreis* und nicht, wie im Laplace-Bildbereich, auf die *imaginäre* jω-Achse.

4.1 P-N-Pläne im z-Bereich
4.1.1 Pollage und Stabilität

Im Laplacebereich bildet die linke p-Halbebene den geometrischen Ort für alle Pole einer stabilen F(p)-Funktion. Diese "anschauliche" Stabilitätsbedingung soll nun für F(z)-Funktionen in den z-Bereich übertragen werden.

Die Relation $z = e^{pT}$ vermittelt, wie bereits in Kap.1 gezeigt, den Übergang von der Laplace- zur Z-Transformation, und sie ermöglicht weitergehende Schlußfolgerungen. Beispielsweise folgt mit $p = \sigma + j\omega$

$$z = e^{(\sigma + j\omega)T} = e^{\sigma T} \cdot e^{j\omega T}.$$

Bildet man noch den Betrag der komplexen Größe z, so resultiert:

$$|z| = e^{\sigma T}, \tag{4.1}$$

und die im Laplace-Bereich gültige Stabilitätsbedingung: $\sigma < 0$ für den Realteil aller Pole, liefert als entsprechende Stabilitätsforderung für den z-Bildbereich:

$$\boxed{|z| < 1} \qquad \text{Stabilitätsbedingung für Polkoordinaten im z-Bereich} \tag{4.2}$$

Obige Ungleichung kennzeichnet geometrisch das Innere des Einheitskreises; in Bild 4.1 ist dieses Gebiet der komplexen Zahlenebene schraffiert dargestellt.

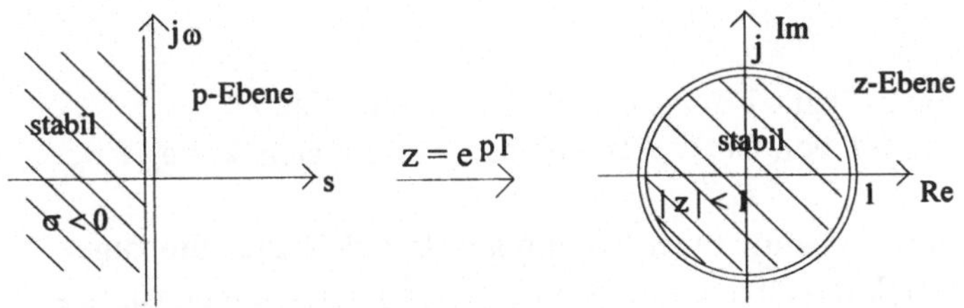

Bild 4.1 Vergleich der geometrischen Orte für Pole stabiler Funktionen (schraffiert). Im Laplaceschen p-Bereich: linke Halbebene $\sigma < 0$ (mit Ausnahme der jω-Achse), im z-Bildbereich: Inneres des Einheitskreises $|z| < 1$ (mit Ausnahme des Kreises selbst)

Der P-N-Plan informiert demnach auch im z-Bereich schon "beim Anschauen" über das Stabilitätsverhalten der zugehörigen Funktion.

In Worten:

> Liegen in der z-Ebene sämtliche Pole einer Bildfunktion $F(z)$ *innerhalb* des Einheitskreises, so ist die zugehörige Originalfunktion $Z^{-1}\{F(z)\} = f(nT)$ dynamisch stabil.

4.1.2 P-N-Geometrie von Systemen

Die graphische Darstellung der Pole (Symbol: x) und Nullstellen (Symbol: o) einer Funktion in der komplexen Zahlenebene bezeichnet man als P-N-Plan.
Pole und Nullstellen bestimmen nach der Funktionentheorie die zugehörige Übertragungsfunktion $G(z)$ bis auf einen konstanten Faktor k vollständig.
Nach dem Bildungsgesetz für Übertragungsfunktionen von Systemen mit konzentrierten Elementen ist $G(z)$ stets als (gebrochen) rationale Funktion darstellbar. Kennzeichnet m die Ordnung des Zählerpolynoms und n die des Nennerpolynoms, so kann man schreiben:

$$G(z) = \frac{A(z)}{E(z)} = \frac{a_m z^m + a_{m-1} z^{m-1} + \cdots + a_1 z + a_0}{b_n z^n + b_{n-1} z^{n-1} + \cdots + b_1 z + b_0} = \frac{\sum\limits_{k=0}^{m} a_k z^k}{\sum\limits_{k=0}^{n} b_k z^k} , \qquad (4.3)$$

bzw. in der Produktdarstellung

$$G(z) = k \cdot \frac{(z - z_1{}^*)(z - z_2{}^*) \cdots (z - z_m{}^*)}{(z - z_1)(z - z_2) \cdots (z - z_n)} \qquad \text{Strukturregel für} \atop \text{Übertragungsfunktionen} \qquad (4.4)$$

In Gl(4.4) bezeichnen die $z_v{}^*$ (mit $1 \leq v \leq m$) Nullstellen und die z_μ (mit $1 \leq \mu \leq n$) die Polstellen von $G(z)$. Als Konstante ergibt sich $k = a_m / b_n$.

• Die Strukturregel kann benutzt werden, um aus dem P-N-Plan die zugehörige $G(z)$-Bildfunktion abzulesen. Dazu sind lediglich die Konstante k, die Nullstellen $z_v{}^*$ und die Polstellen z_μ nach der Produktform Gl(4.4) geordnet, hinzuschreiben.

Beispiel
Das folgende Bild zeigt den P-N-Plan einer Übertragungsfunktion 2.Ordnung. Der
P-N-Geometrie entnimmt man folgende Daten:
Konstante k = 2;   Nullstelle $z_1{}^* = 0$; Polstellen $z_1 = 0.5$, $z_2 = 0.9$.

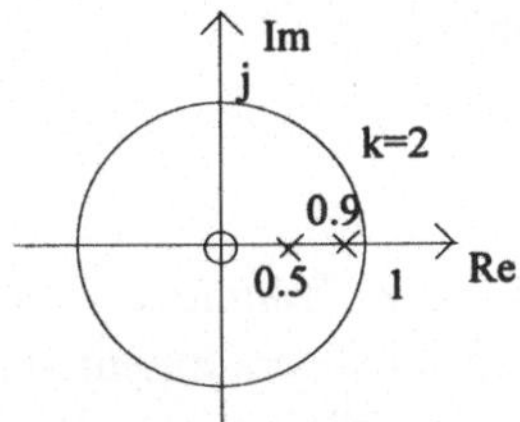

Bild 4.2 Z-P-N-Plan mit einer Nullstelle im Ursprung, 2 reellen Polen und der
Konstanten k

Gesucht: a) Übertragungsfunktion G(z)
            b) Gewichtsfunktion $g(nT) = Z^{-1}\{G(z)\}$
            c) Skizze von g(nT)

Lösung:
Zu a)   Durch Einsetzen in die Produktdarstellung Gl(4.4) ergibt sich der Ausdruck:

$$G(z) = k \cdot \frac{(z - z_1{}^*)(z - z_2{}^*)\cdots(z - z_m{}^*)}{(z - z_1)(z - z_2)\cdots(z - z_n)} = 2 \cdot \frac{z-0}{(z-0.5)(z-0.9)} = 2 \cdot \frac{z}{z^2 - 1.4z + 0.45}$$

Damit ist die zum P-N-Plan gehörige Übertragungsfunktion gefunden.

Zu b), c) Eine Rücktransformation von G(z) mittels Korrespondenztafel liefert die Gewichtsfunktion g(nT):

$$g(nT) = 2\frac{(1/2)^n - (0.9)^n}{0.5 - 0.9} = 5 \cdot \left[(0.9)^n - (1/2)^n\right],$$

deren 41 erste Werte das folgende Bild wiedergibt.

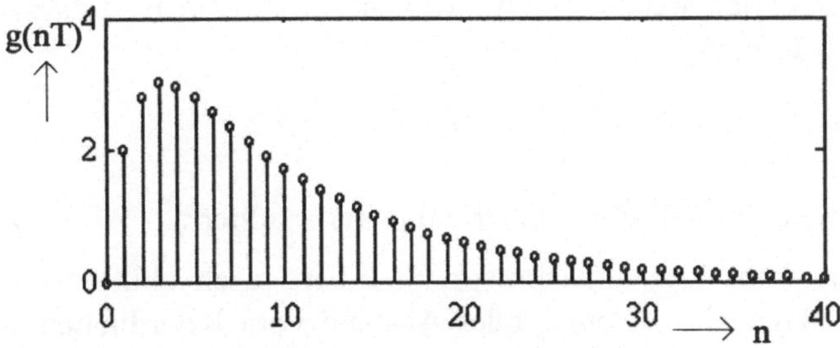

Bild 4.3 g(nT) als Rücktransformierte von G(z).
Man beachte: Polstellenüberschuß (Zählergrad m = 1, Nennergrad n = 2) um 1 bewirkt,
daß der 1. Funktionswert g(0) Null wird.

Bild 4.3 läßt zusätzlich die Auswirkung von Polstellenüberschuß n > m erkennen. Der Polstellenüberschuß um 1, d.h., die Differenz der Ordnungen von Zähler- und Nennerpolynom in G(z) wird 1:

n - m = 2 - 1 = 1

bewirkt , daß der 1. Funktionswert g(0) verschwindet (vergl. Kap. 2.2.1).

Polkoordinaten und Systemeinschwingvorgang
Die beiden Standardfälle: einfache *reelle Pole* sowie *konjugiert komplexe Pole* lassen Verkopplungen zwischen Z-P-N-Plan und Zeitbereich leicht erkennen; sie ermöglichen qualitative Aussagen über die dem P-N-Plan zugeordnete Zeitfunktion. Leider geht wegen des exponentiellen Zusammenhangs zwischen p- und z-Bereich (Gl.4.1) die im Laplace-Bereich gegebene einfache Interpretierbarkeit an Hand kartesischer Koordinaten verloren. Günstiger erscheint im z-Bereich eine Polarkoordinatendarstellung, aus der sich folgende Zusammenhänge ergeben:

a) einfache reelle Pole
Aus der Laplace-Bildfunktion eines Systems

$$F(p) = \frac{1}{p - a}$$

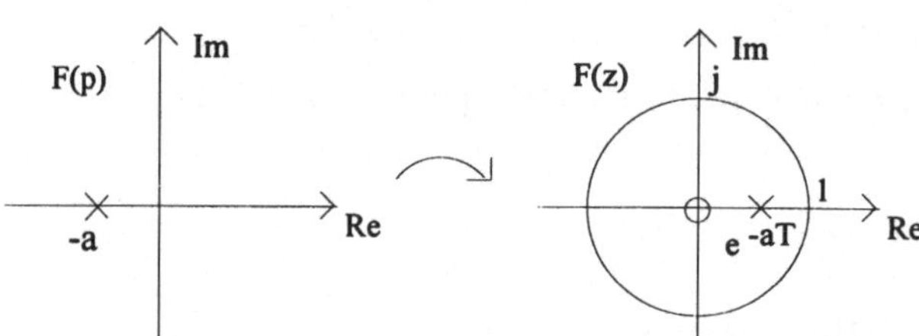

Bild 4.4 Abbildung eines einfachen reellen Poles von der p-Ebene in die z-Ebene

mit der zugehörigen Zeitfunktion f(t) = e^{-at} ·1(t) wird die im obigen Bild dargestellte F(z)-Funktion im z-Bereich:

$$F(z) = \frac{z}{z - e^{-aT}} \cdot$$

Aus dem Vergleich zwischen der Z-P-N-Geometrie mit f(t) resultiert:

- ein kleiner Polabstand vom Koordinatenursprung liefert rasch abklingende Einschwingvorgänge; dagegen ruft ein großer Abstand vom Koordinatenursprung (mit e^{-aT} < 1) langsam abklingende Einschwingvorgänge hervor.

Dabei drängt sich der Polabstand e^{-aT} für den gesamten Wertebereich 0 < a < ∞ nichtlinear auf den Radius des Einheitskreises zusammen.

b) konjugiert komplexe Pole
Ein komplexes Polpaar mit der p-Bildfunktion

$$F(p) = \frac{\omega_o}{(p+a)^2 + \omega_o^2}$$

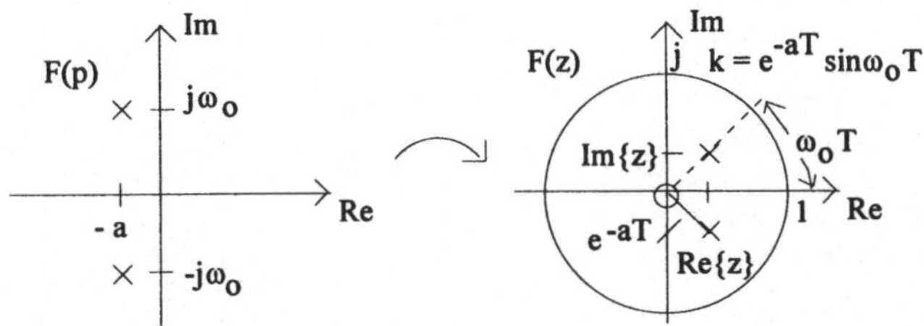

Bild 4.5 Abbildung eines komplexen Polpaares aus der p- in die z-Ebene

sowie der zugehörigen Zeitfunktion

$$f(t) = e^{-at} \cdot \sin(\omega_o t) \cdot 1(t)$$

geht im z-Bereich in den Ausdruck

$$F(z) = \frac{e^{-aT} \cdot \sin(\omega_o T) \cdot z}{z^2 - 2 \cdot z \cdot e^{-aT} \cdot \cos(\omega_o T) + e^{-2aT}}$$

über.

Unverändert bleibt der Zusammenhang zwischen Ursprungsabstand e^{-aT} und der Dauer des Einschwingvorganges, wie er bereits unter a) formuliert wurde.

Zusätzliche Informationen liefert der Bogen $\omega_o T$ des Polwinkels. Schreibt man das Produkt $\omega_o T$ etwas um:

$$\omega_o T = \frac{\omega}{1/T} = \frac{\omega}{f_T} \, ,$$

so wird deutlich, daß der Term $\omega_o T$ eine auf die Abtastfrequenz $f_T = 1/T$ normierte Kreisfrequenz repräsentiert. Man findet die gleichwertige Darstellung

$$\boxed{\omega_o T = 2\pi \cdot \frac{\omega_o}{\omega_T}} \qquad \omega_T \text{ - Abtastkreisfrequenz.}$$

In Worten:

- Der Polwinkel $\omega_o T$ stellt das mit 2π multiplizierte Verhältnis Signalfrequenz /Abtastfrequenz dar.

Wird das Abtasttheorem eingehalten, wozu die Forderung $\omega_T > 2\omega_o$ zu erfüllen ist, so beschränkt sich der Wertevorrat von $\omega_o T$ für technisch interessante Fälle auf das Intervall $0 < \omega_o T < \pi$ (siehe auch Kap.9. Tab.9.5).

4.1.3 P-N-Geometrie von Signalen

Analoge Überlegungen gelten für Signale f(t), falls diese sich aus Elementarfunktionen mit gebrochen rationalem F(z) superponieren lassen. Für einfache Signalformen folgen dazu einige Beispiele.

Rampenfunktion: $f(t) = t \cdot 1(t)$

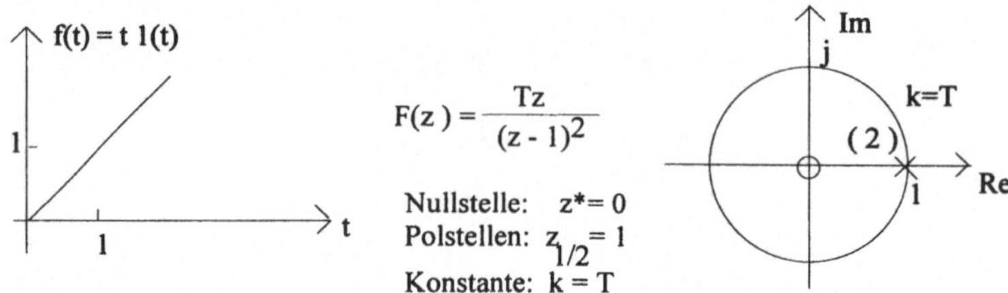

Bild 4.6 Die zur Rampenfunktion $f(t) = t \cdot 1(t)$ gehörige Bildfunktion F(z) besitzt einen Doppelpol *auf* dem Einheitskreis; sie verletzt somit die Stabilitätsbedingung $|z| < 1$ und ist deshalb instabil.

Die geometrische Darstellung des F(z) ist durch eine Nullstelle z* = 0 im Ursprung und einen doppelten Pol $z_{1/2} = 1$ auf der positiv reellen Achse gekennzeichnet. Die Konstante k = T wird von der Tastperiodendauer bestimmt. Wie im vorherigen Abschnitt gezeigt, verursacht der Pol *auf* dem Einheitskreis das unbegrenzte Anwachsen der Zeitfunktion f(t) .

Gedämpfte Exponentialfunktion: $f(t) = e^{-at} \cdot 1(t)$
Die z-Transformierte des Signals weist folgende Charakteristika auf:
Nullstelle   z* = 0 ;   Polstelle $z_1 = e^{-aT}$, a > 0;   Konstante k = 1.

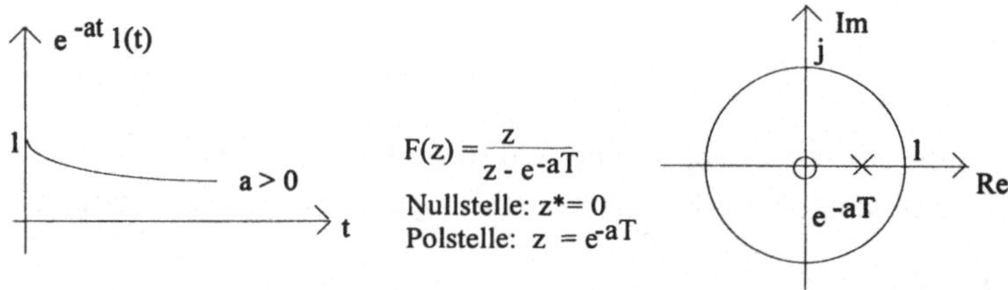

Bild 4.7 Die zeitlich abklingende (stabile) Zeitfunktion $f(t) = e^{-at} 1(t)$ besitzt einen Pol innerhalb des Einheitskreises und erfüllt die Stabilitätsbedingung $|z| < 1$.

Die Lage des Pols *innerhalb* des Einheitskreises sorgt für zeitliches Abklingen der Funktion f(t) auf den Wert Null.

Potenzfunktion: $f(t) = a^{t/T} \cdot 1(t)$
Eine Erweiterung der obigen Aufgabenstellung auf 3 charakteristische Fälle mit a > 1, a = 1 und a < 1 in der Potenzfunktion $a^{t/T}$ faßt bisherige Ergebnisse zusammen.

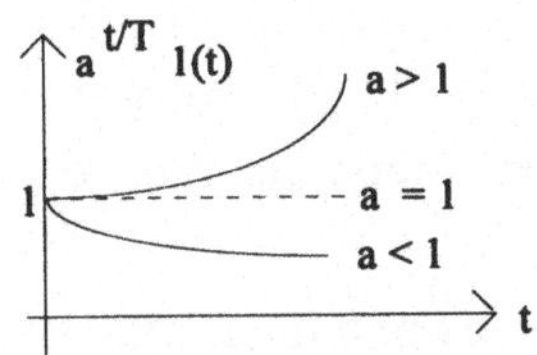
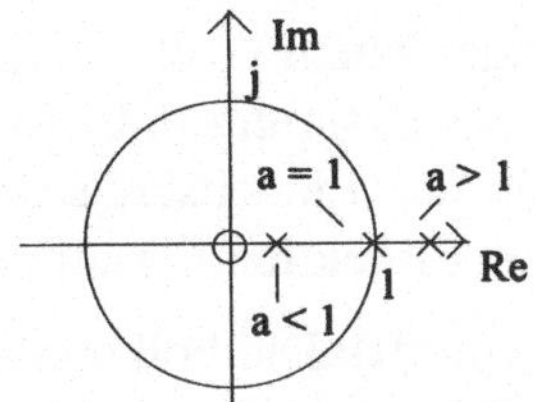

Bild 4.8 Vergleich bisheriger Ergebnisse an Hand der Potenzfunktion $f(t) = a^{t/T}\,1(t)$:
für $a > 1$ strebt f(t) gegen ∞; der Pol von F(z) liegt außerhalb des Einheitskreises;
für $a = 1$ bleibt f(t) konstant, d.h., f(t) klingt zeitlich nicht ab. Der Pol von F(z) liegt auf
    dem Einheitskreis und verletzt die Stabilitätsbedingung;
für $a < 1$ klingt f(t) zeitlich ab; der Pol von F(z) liegt innerhalb des Einheitskreises.

Ein Variante mit einem komplexen Polpaar soll den kurzen Ausflug in die
P-N-Geometrie abschließen. Gegeben sei die

Gedämpfte harmonische Schwingung: $f(t) = e^{-at} \cdot \sin(\omega_0 t) \cdot 1(t)$.
Der P-N-Plan von F(z) sowie qualitative Aussagen über das Zeitverhalten obiger
Funktion werden an Hand ihrer P-N-Geometrie gesucht.

Aus der Korrespondenztafel im Kap. 9.2.2 liest man die zu f(t) gehörige Bildfunktion ab:

$$F(z) = \frac{e^{-aT}\sin(\omega_0 T) \cdot z}{z^2 - 2e^{-aT}\cos(\omega_0 T)\cdot z + e^{-2aT}} \,, \qquad (4.5)$$

deren charakteristische Elemente den P-N-Plan der gedämpften harmonischen
Funktion kennzeichnen :

Konstante: $k = e^{-aT}\sin(\omega_0 T)$;   Nullstelle : $z^* = 0$

Polstellen: $z_{1,2} = e^{-aT} \cdot e^{\pm j\omega_0 T} = |z_{1,2}| \cdot e^{j\varphi_{1,2}}$.

Mit diesen Kenngrößen kann der P-N-Plan gezeichnet und der Parametereinfluß
diskutiert werden.

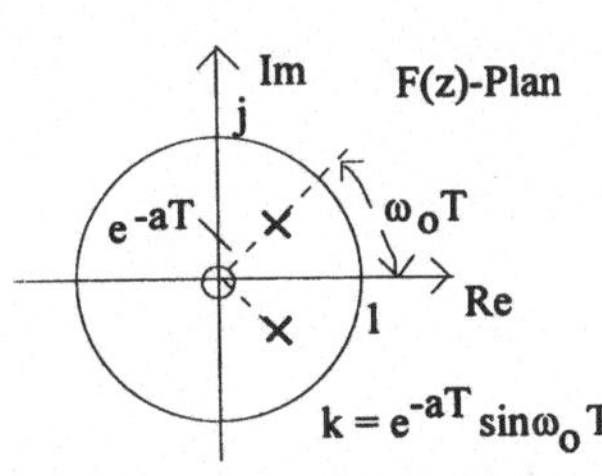
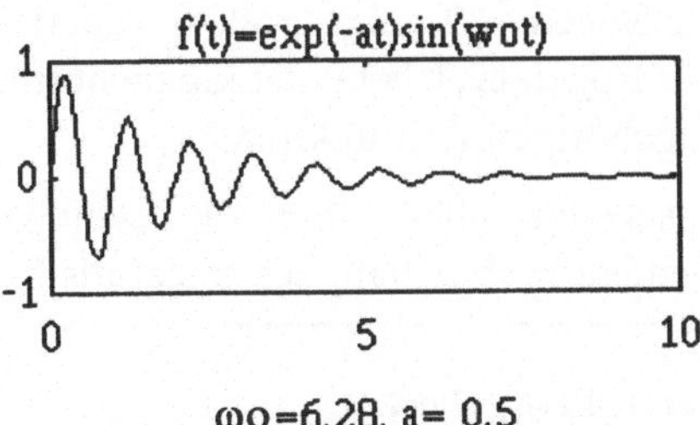

Bild 4.9 Zeigt den P-N-Plan mit einer Nullstelle und 2 konjugiert komplexen Polen innerhalb des Einheitskreises (links) und die zugehörige zeitlich abklingende Funktion
$f(t) = e^{-at}\sin \omega_0 t$ (rechts)

Stabilität: Bei vorausgesetztem positiven a > 0 wird $| z_{1,2} | = e^{-aT} < 1$; der Abstand der Pole $z_{1,2}$ vom Ursprung $(0,0)$ ist folglich kleiner als 1. Die Polstellen liegen dann innerhalb des Einheitskreises und signalisieren Stabilität, d.h., ein zeitliches Abklingen der Funktion f(t) auf den Wert Null.

Qualitativer Verlauf von f(t): Die Polkoordinaten sind komplex und ihr Betrag ist kleiner als 1; folglich besitzt die zugehörige Funktion f(t) einen abklingenden harmonischen Verlauf.

Mit wachsendem $\omega_0 T$ wandern die Pole auf einem Kreis mit dem Radius $e^{-aT} < 1$. Der Phasenwinkel $\omega_0 T$ kann sich in Abhängigkeit von der Tastperiodendauer T im Intervall $0 < \omega_0 T < 2\pi$ bewegen. Für $\omega_0 T$-Werte $\geq 2\pi$ wiederholen sich die φ-Werte periodisch.

Die umgekehrte Aufgabenstellung: P-N-Plan ist gegeben, F(z) wird gesucht, liefert nach Gl(4.4) den Ansatz:

$$F(z) = e^{-aT} \cdot \sin\omega_0 T \cdot \frac{z}{(z - e^{-aT} \cdot e^{-j\omega_0 T})(z - e^{-aT} \cdot e^{j\omega_0 T})} \, ,$$

der nach Ausmultiplizieren des Nenners wieder in die Gl(4.5) übergeht.

Zusammenfassung (vergl. Kap.9, Tab.9.4):

Reellen Polen sind *exponentiell abklingende* Zeitfunktionen zugeordnet. Ihr Abstand e^{-aT} vom Koordinatenursprung ist ein Maß für die Schnelligkeit des Abklingens.
- großer Ursprungsabstand bewirkt langsames Abklingen des Zeitvorganges
- kleiner Ursprungsabstand ruft rasches Abklingen des Zeitvorganges hervor.

Komplexen Polen sind *harmonisch abklingende* Zeitfunktionen zugeordnet. Der zwischen positiv reeller Achse und Verbindungslinie vom Ursprung zum Pol eingeschlossene Winkel bestimmt das Produkt von Kreisfrequenz und Tastperiodendauer
- großer Bogen $\omega_0 T$ zeigt große normierte Frequenz ω_0/ω_T an
- kleiner Bogen $\omega_0 T$ bedeutet kleine normierte Frequenz ω_0/ω_T
  der zugehörigen Zeitfunktion.

In technisch sinnvollen Fällen gilt bei eingehaltenem Abtasttheorem:
der Bogen bleibt innerhalb des Intervalls $0 < \omega_0 T < \pi$

Kontrollaufgabe 4.1.1
Man untersuche die Änderung der Bildfunktion F(z) und der Zeitfunktion f(t), wenn in Bild. 4.9 der Pol-Phasenwinkel um $\pi/2$ bei sonst unveränderten Parametern wächst !

4.2   Z-Übertragungsfunktion und Komplexer Frequenzgang
4.2.1   Ortskurve, Amplituden- und Phasengang

Die bereits mehrfach verwendete Zuordnung $z = e^{pT}$ mit $p = \sigma + j\omega$ ermöglicht es, den von kontinuierlichen Systemen her bekannten Begriff des komplexen Frequenzganges $G(j\omega)$

$$G(j\omega) = |G(j\omega)|\ e^{j\varphi(\omega)} \tag{4.6}$$

in die diskrete Betrachtungsweise der Z-Transformation zu übernehmen.

Im Laplace-Bereich gelangt man von der Übertragungsfunktion $G(p)$ über die konforme Abbildung der $j\omega$-Achse zum komplexen Frequenzgang $G(j\omega)$. Die abzubildende Gerade $p = j\omega$ - sie stellt physikalisch die Frequenzachse dar - wird mit Hilfe der abbildenden Funktion $G(p)$ in den komplexen Frequenzgang $G(j\omega)$ überführt:

$$G(p)|_{p=j\omega} \rightarrow G(j\omega)\,, \tag{4.7}$$

dessen geometrische Darstellung unter der Bezeichnung Ortskurve bekannt ist.

Hinweis: Der formale Übergang vom p-Bereich in den $j\omega$-Bereich ist bei stabilen Systemen gestattet, da die zu $G(p)$ gehörige Gewichtsfunktion $g(t)$ gegen Null konvergiert und die Existenzbedingung der Fourier-Transformation

$$\int\limits_{-\infty}^{+\infty} |g(t)|\,dt < \infty$$

erfüllt wird.

Entsprechend ist im z-Bereich zu verfahren. Benutzt man die Substitution $z = e^{pT}$ für den Fall $\sigma = 0$, so erhält man aus der Übertragungsfunktion $G(z)$ den komplexen Frequenzgang $G(z)|_{\sigma=0} = G(z)\,|_{z=e^{j\omega T}}$

$$\boxed{G(e^{j\omega T}) = \left|G(e^{j\omega T})\right|\cdot e^{j\varphi}}\,, \qquad \text{Komplexer Frequenzgang im z-Bereich} \tag{4.8}$$

der als Ortskurve eines diskreten Systems in der Gauß'schen Zahlenebene graphisch dargestellt werden kann.

Der zugrundeliegende Ansatz $z = e^{j\omega T}$ bedeutet geometrisch wegen $|z| = 1$ und $\varphi = \omega T$ die Abbildung aller Punkte des Einheitskreises durch die Übertragungsfunktion $G(z)$ in die Gauß'sche Zahlenebene.

Beide Komponenten der Ortskurve, der Amplituden-Frequenzgang $|G(e^{j\omega T})|$ (kurz: Amplitudengang) und der Phasen-Frequenzgang $\varphi(e^{j\omega T})$ (kurz: Phasengang) stellen technisch signifikante System-Kennfunktionen im Bildbereich dar und sind wegen $e^{jx} = e^{j(x\,\pm 2\pi n)}$ periodisch.

Die *Periodizität* von Amplituden- und Phasengang tritt physikalisch nur bei *diskreten* Systemen auf; bei kontinuierlichen Systemen ist diese Eigenschaft unbekannt. Letzteres gilt auch für getastete kontinuierliche Systeme. Denn nach Kap.3.2.3 wirkt ein Abtastsystem wie ein kontinuierliches System mit treppenförmigem Eingangssignal. Keinesfalls wird die *physikalische Wirkungsweise* des kontinuierlichen Gliedes beeinflußt !

Aufgabe:

Gegeben: *Diskretes* System mit dem P-N-Plan von Bild 4.10

Gesucht: a) Übertragungsfunktion G(z)

b) Komplexer Frequenzgang $G(e^{j\omega T})$ und Ortskurve

c) Amplitudengang $|G(e^{j\omega T})|$ und Skizze

d) Phasengang φ und Skizze

Die Diagramme der Unterpunkte b) .. d) sind für verschiedene Polkoordinaten, nämlich bei

$\sigma_p = 0.5$ und $\omega_p = 0.4;\ 0.75;\ 0.8$ zu ermitteln!

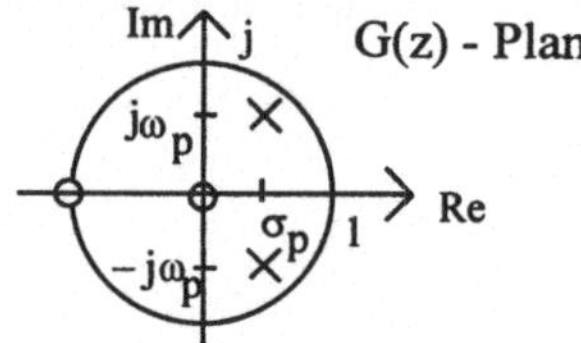

Bild 4.10 P-N-Plan des gegebenen diskreten Systems

Lösung:

Zu a) Nach der Strukturregel [Gl(4.4)] ergibt sich aus dem P-N-Plan folgende Übertragungsfunktion:

$$G(z) = \frac{z \cdot (z+1)}{\left[z - (\sigma_p + j\omega_p)\right] \cdot \left[z - (\sigma_p - j\omega_p)\right]} = \frac{z \cdot (z+1)}{z^2 - 2\sigma_p \cdot z + (\sigma_p^2 + \omega_p^2)}$$

Zu b) $\sigma = 0 \rightarrow z = e^{j\omega T}$. Die Abbildung des Einheitskreises mit Hilfe der Funktion G(z) ergibt den komplexen Frequenzgang:

$$G(e^{j\omega T}) = \frac{e^{j2\omega T} + e^{j\omega T}}{e^{j2\omega T} - 2\sigma_p \cdot e^{j\omega T} + (\sigma_p^2 + \omega_p^2)}$$

Dessen graphische Darstellung zeigt für die oben genannten Parameter den im folgenden Bild dargestellten Verlauf:

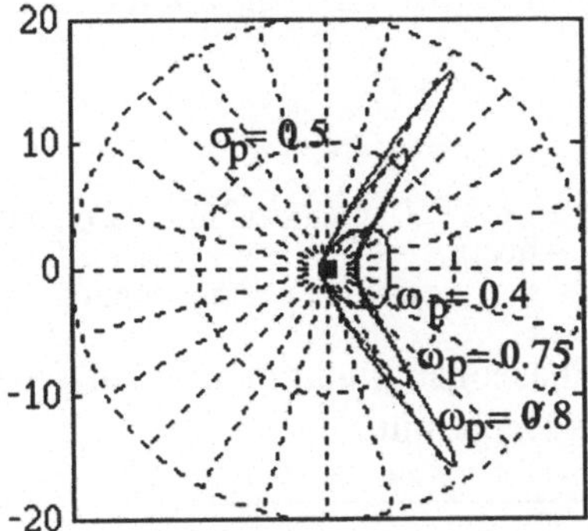

Bild 4.11 Ortskurven des diskreten TP 2. Ordnung für Pole mit unterschiedlichen Imaginärteilen ω_p

Die Ortskurve $G(e^{j\omega T})$ wird für $0 \le \omega T \le 2\pi$ einmal vollständig durchlaufen; bei weiter wachsendem ωT wiederholen sich die Funktionswerte mit der Periode 2π.

Zu c) Der Betrag des komplexen Frequenzganges bildet den Amplitudengang :

$$\left| G(e^{j\omega T}) \right| = \left| \frac{(\cos 2\omega T + \cos \omega T) + j(\sin 2\omega T + \sin \omega T)}{(\cos 2\omega T - 2\sigma_p \cos \omega T + (\sigma_p^{\,2} + \omega_p^{\,2})) + j(\sin 2\omega T - 2\sigma_p \sin \omega T)} \right| .$$

Sein Frequenzverhalten wird entscheidend von der $\cos(\omega T)$-Funktion im Nenner des obigen Ausdrucks beeinflußt, die dessen Periodizität als Funktion des Produkts ωT bestimmt.

Eine graphische Auswertung ergibt die folgende Kurvenschar:

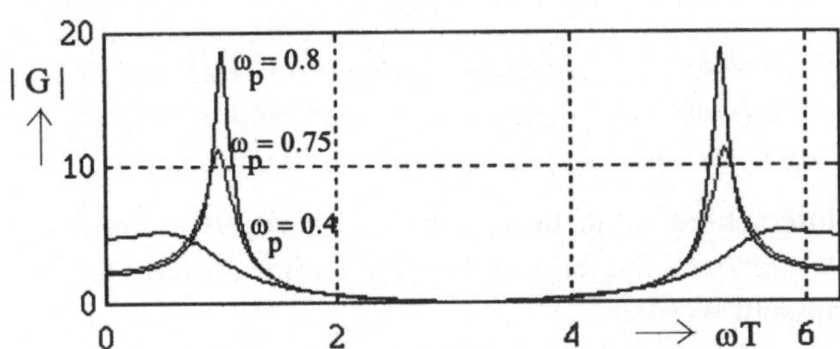

Bild 4.12   Amplitudengang des TP 2. Ordnung für unterschiedliche Pollagen

Die Frequenzselektion des Systems mit ihrer Abhängigkeit vom Imaginärteil ω_p des komplexen Polpaares (bei konstant gehaltenem Realteil $\sigma_p = 0.5$) tritt deutlich hervor, wobei die Resonanzüberhöhung mit wachsendem Imaginärteil des Polpaares zunimmt.

Zu d) Der Phasengang kann aus der Differenz von Zähler- und Nennerwinkel gebildet werden:

$$\varphi(e^{j\omega T}) = \varphi_{\text{Zähler}} - \varphi_{\text{Nenner}}$$

$$= \text{arctg}\,\frac{\sin 2\omega T + \sin\omega T}{\cos 2\omega T + \cos\omega T} - \text{arctg}\,\frac{\sin 2\omega T - 2\sigma_p \sin\omega T}{\cos 2\omega T - 2\sigma_p \cos\omega T + (\sigma_p^{\,2} + \omega_p^{\,2})}$$

Eine graphische Darstellung der Phasengangfunktion mit den gegebenen Parametern σ_p und ω_p zeigt das folgende Diagramm:

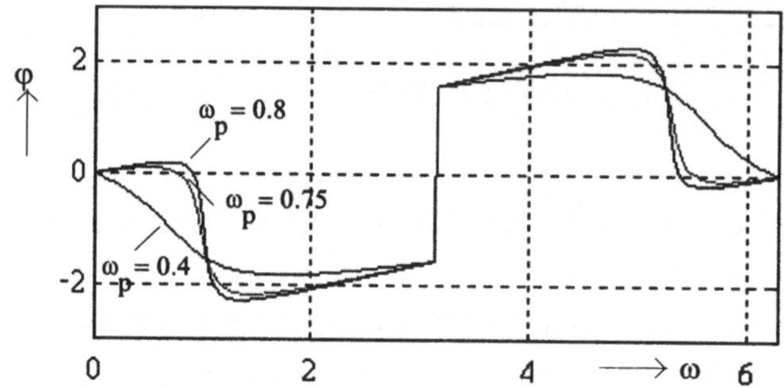

Bild 4.13: Phasengangsverlauf für unterschiedliche Polkoordinaten (der Phasensprung bei $\omega=\pi$ entsteht aus der Mehrdeutigkeit der arctg-Funktion; technisch tritt er nicht auf).

Wie aus den Bildern 4.12 und 4.13 ersichtlich, sind sowohl Amplituden- als auch Phasengang *diskreter* Systeme *periodisch*

Demgegenüber kann man ein *kontinuierliches* System mit gleicher Gewichtsfunktion keinesfalls dadurch mit einem periodischen Amplitudengang ausstatten, daß man $g(t)|_{t=nT}$ einer z-Transformation unterzieht.

Zwar entsteht in diesem Falle dieselbe Übertragungsfunktion G(z) wie bei dem entsprechenden diskreten System, aber die Zuordnung eines periodischen Amplituden- oder Phasenganges ist aus physikalischen Gründen unzulässig !

Dieser charakteristische Unterschied ist insbesondere bei der Anwendung der z-Transformation auf *kontinuierliche* Systeme zu beachten. Hier dürfen Physik und Mathematik nicht vermischt werden.

Anmerkung:
Im obigen Beispiel werden Parallelen zur Fouriertransformation periodischer kontinuierlicher Funktionen und diskreter Funktionen deutlich. Dort gilt:

Diskrete Originalfunktionen besitzen *periodische* Bildfunktionen, während *periodische* Originalfunktionen durch *diskrete* Bildfunktionen gekennzeichnet sind.

Da die z-Transformation nach Kap.1.1.1 als analytische Fortsetzung der diskreten Fouriertransformation aufgefaßt werden kann, ist die Periodizität der Bildfunktion [$G(e^{j\omega T})$] folgerichtig auf diskrete Originalfunktionen [$g(nT)$] beschränkt.

Kontrollfrage 4.2.1
Welcher physikalische Unterschied besteht zwischen einem diskreten und einem kontinuierlichen System mit derselben Übertragungsfunktion $G(z)$ bezüglich der Signalverarbeitung?

4.2.2 Graphische Konstruktion von |G| und φ aus Z-P-N-Plan
Die Aussagefähigkeit des P-N-Planes beschränkt sich keinesfalls auf die Wiedergabe der Übertragungsfunktion. Auch die technisch wichtigen Komponenten des komplexen Frequenzganges, wie Betrag und Phasenwinkel [siehe Gl(4.8)] können mit seiner Hilfe gefunden werden.

Zuerst ist zu zeigen, wie sich die Produktdarstellung der Übertragungsfunktion

$$G(z) = k \cdot \frac{(z - z_1{}^*)(z - z_2{}^*).....(z - z_m{}^*)}{(z - z_1)(z - z_2).........(z - z_n)}$$

zur punktweisen graphischen Konstruktion von Amplituden- und Phasengang aus dem P-N-Plan nutzen läßt.

Betrachtet man den Einheitskreis in der z-Ebene, setzt also $z = e^{j\omega T}$, so geht obige Darstellung über in

$$G(e^{j\omega T}) = k \cdot \frac{(e^{j\omega T} - z_1{}^*)(e^{j\omega T} - z_2{}^*).....(e^{j\omega T} - z_m{}^*)}{(e^{j\omega T} - z_1)(e^{j\omega T} - z_2).........(e^{j\omega T} - z_n)} \qquad (4.10)$$

Das ist der komplexe Frequenzgang im z-Bereich, der geometrisch die Abbildung des Einheitskreises durch die Funktion $G(z)$ widerspiegelt.
Jeder der Linearterme in Gl(4.10) kann in Betrag und Phase zerlegt werden:

$$G(e^{j\omega T}) = k \cdot \frac{\left|(e^{j\omega T} - z_1{}^*)\right| e^{j\varphi_1{}^*} \cdot \left|(e^{j\omega T} - z_2{}^*)\right| e^{j\varphi_2{}^*} ... \left|(e^{j\omega T} - z_m{}^*)\right| e^{j\varphi_m{}^*}}{\left|(e^{j\omega T} - z_1)\right| e^{j\varphi_1} \cdot \left|(e^{j\omega T} - z_2)\right| e^{j\varphi_2} ... \left|(e^{j\omega T} - z_n)\right| e^{j\varphi_n}}$$

$$(4.11)$$

Die obige Darstellungsform zweifach verwendbar, nämlich sowohl zur graphischen Konstruktion des Amplituden- als auch des Phasenganges aus dem Z-P-N-Plan.

Amplitudengang, graphisch

Betrachtet man in Gl(4.11) einen festen Wert der Variablen $\omega = \omega_0$ und bildet den Betrag des Gesamtausdrucks, so entsteht 1 Wert $|\,G(e^{j\omega_0 T})\,|$ der Amplitudengangsfunktion:

$$\left|G(e^{j\omega_0 T})\right| = k \cdot \frac{\left|(e^{j\omega T} - z_1{}^*)\right| \cdot \left|(e^{j\omega T} - z_2{}^*)\right| \cdots \cdots \left|(e^{j\omega T} - z_m{}^*)\right|}{\left|(e^{j\omega T} - z_1)\right| \cdot \left|(e^{j\omega T} - z_2)\right| \cdots \cdots \cdots \left|(e^{j\omega T} - z_n)\right|} . \qquad (4.12)$$

Der 1. Zählerterm stellt den Betrag der Differenz der komplexen Größen $e^{j\omega_0 T}$ und $z_1{}^*$ dar. Geometrisch bedeutet er den Abstand der *Null*stelle $z_1{}^*$ vom Punkt $e^{j\omega_0 T}$ auf dem Einheitskreis.
Entsprechendes gilt für die übrigen Zählerterme.

Der 1. Nennerterm bildet den Betrag der Differenz der komplexen Größen $e^{j\omega_0 T}$ und z_1. Geometrisch bedeutet dies den Abstand der *Pol*stelle z_1 vom Punkt $e^{j\omega_0 T}$ auf dem Einheitskreis.
Entsprechendes gilt für die übrigen Nennerterme.

Der obige Ausdruck [Gl(4.12)] beschreibt demzufolge eine Möglichkeit zur punktweisen Konstruktion des Amplitudenganges aus dem Z-P-N-Plan, die folgendermaßen formuliert werden kann :

Punktweise Konstruktion des *Amplitudenganges*:

$$\left|G(e^{j\omega_0 T})\right| = k \cdot \frac{\text{Produkt aller Strecken von allen N zur laufenden Frequenz } \omega_0}{\text{Produkt aller Strecken von allen P zur laufenden Frequenz } \omega_0}$$

Veranschaulichung der Amplitudengangskonstruktion (für die Frequenz ω_0):

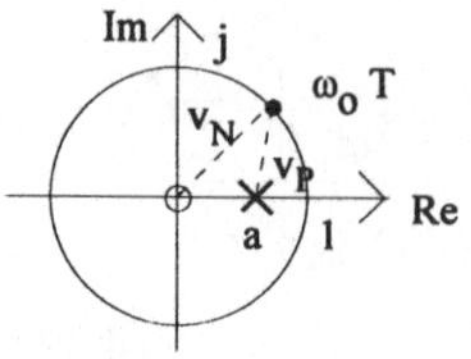

$$|G(e^{j\omega_0 T})| = v_N / v_P$$

Bild 4.14 Das Produkt $\omega_0 T$ fixiert einen Punkt auf dem Einheitskreis. Der Abstand der Nullstelle zur laufenden Frequenz ω_0 ist v_N, der entsprechende Abstand des Pols ist v_P. Die Konstante k ist 1. Nach Gl(4.12) wird der Amplitudengang an der Stelle $\omega = \omega_0$:
$|G(e^{j\omega_0 T})| = v_N / v_P$

Phasengang, graphisch

Auch der Phasengang kann punktweise aus dem P-N-Plan konstruiert werden.
Wendet man die Beziehung

$$G(e^{j\omega T}) = \left| G(e^{j\omega T}) \right| \cdot e^{j\varphi}$$

auf Gl(4.11) an, so entsteht durch Zusammenfassung aller Phasenanteile des Zählers:

$$\varphi_{Z\ddot{a}hler} = \varphi_1{}^* + \varphi_2{}^* + \ldots + \varphi m^*$$

bzw. durch Aufsummieren im Nenner:

$$\varphi_{Nenner} = \varphi_1 + \varphi_2 + \ldots + \varphi_n \, ,$$

woraus bei vorzeichenrichtigem Zusammenfassen das Ergebnis

$$\boxed{\varphi_{ges} = \varphi_{Z\ddot{a}hler} - \varphi_{Nenner}} \qquad\qquad \text{Phasengang} \qquad\qquad (4.13)$$

resultiert. Beachtet man noch, daß die Zählerwinkel ausschließlich von den Nullstellen bestimmt werden, während die Nennerwinkel den Polstellen zuzuordnen sind, so entsteht folgender Satz:

Punktweise Konstruktion des *Phasenganges*:

> Man findet den zur Frequenz ω_0 gehörigen Phasenwinkel φ, wenn man von der Summe aller Nullstellenwinkel $\varphi_\nu{}^*$ die Summe aller Polwinkel φ_μ bei dieser Frequenz abzieht.

Beachte: Dabei ist der Winkel eines Pols (einer Nullstelle) zu messen zwischen einer Parallelen zur positiv reellen Achse und der Verbindungslinie vom Pol (von der Nullstelle) zum laufenden Frequenzpunkt ω_0

Veranschaulichung der Phasengangkonstruktion (für die Frequenz ω_0):

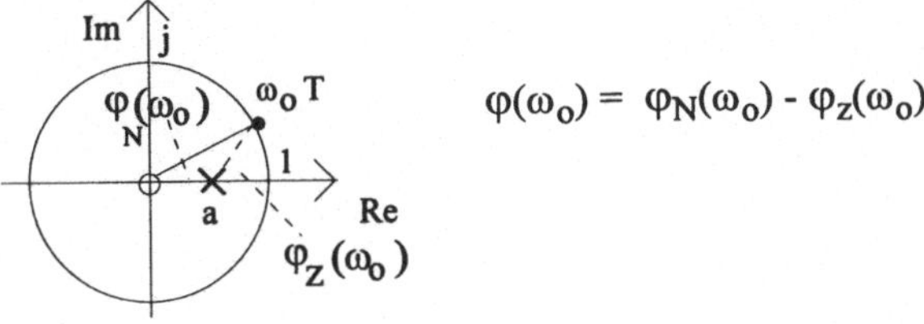

Bild 4.15 Der zur Frequenz ω_0 gehörige Phasenwinkel ergibt sich aus der Differenz von Zählerwinkel $[\varphi_Z(\omega_0)]$ und Nennerwinkel $[\varphi_N(\omega_0)]$

Beispiel zur graphischen |G|- und φ-Konstruktion:

Gegeben: $G(z) = \dfrac{z}{z-a}$ mit a = 1/2

Gesucht: a) Z-P-N-Plan

b) Amplitudengang $|\,G(e^{j\omega T})\,|$ punktweise aus P-N-Plan

c) Phasengang $\varphi(e^{j\omega T})$ punktweise aus P-N-Plan

Lösung:

Zu a)   Die gegebene Bildfunktion besitzt folgende Kenngrößen:

1 Nullstelle bei $z_1^{\,*} = 0$ im Ursprung,
1 reeller Pol bei $z_1 = a = 1/2$ auf der positiv reellen Achse,
   Konstante k = 1.

Überträgt man $z_1^{\,*}$, z_1 und k in die Gauß'sche Zahlenebene, so entsteht folgender P-N-Plan, der die Übertragungsfunktion G(z) mit Hilfe ihrer Komponenten

Pole, Nullstellen und der Konstanten k geometrisch darstellt.

Zu b) und c) Für die punktweise Konstruktion des Amplitudenganges und des Phasenganges werden einige markante ω-Werte (ω = 0, π/2, π, 3π/2) ausgewählt.

1) Es sei ω = 0:

$$\left|G(e^{j0})\right| = \frac{1}{1-a} \qquad\qquad \varphi(e^{j0}) = 0 - 0 = 0$$

2) Es sei ω = π/2T:

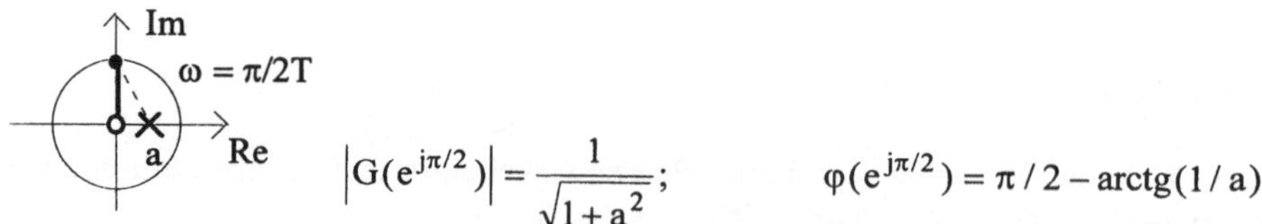

$$\left|G(e^{j\pi/2})\right| = \frac{1}{\sqrt{1+a^2}}; \qquad\qquad \varphi(e^{j\pi/2}) = \pi/2 - \operatorname{arctg}(1/a)$$

3) Es sei $\omega = \pi/T$:

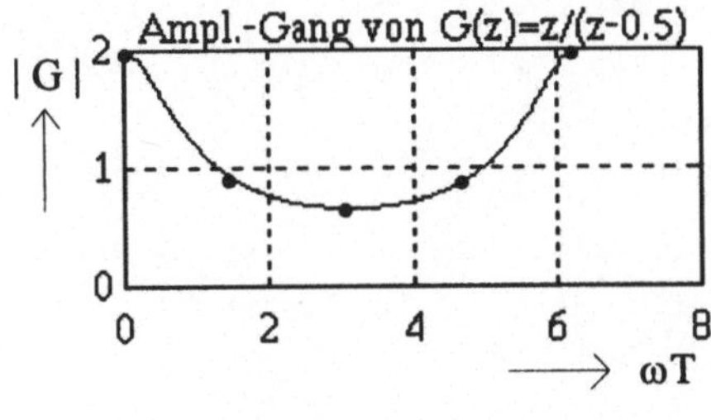

$$\left| G(e^{j\pi}) \right| = \frac{1}{1+a}; \qquad \varphi(e^{j\pi}) = \pi - \pi = 0$$

4) Es sei $\omega = 3\pi/2T$:

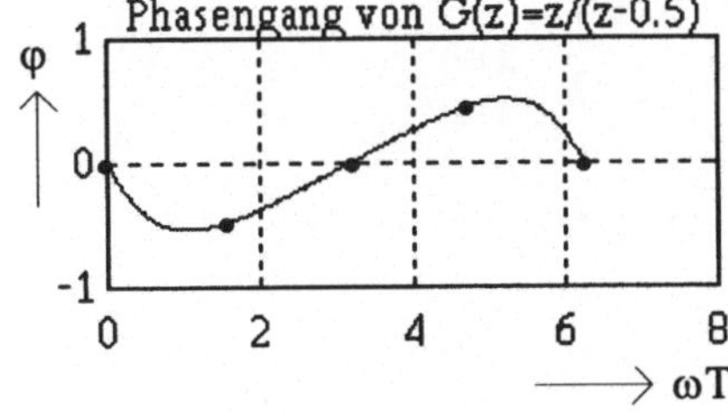

$$\left| G(e^{\varphi 3\pi/2}) \right| = \frac{1}{\sqrt{1+a^2}} \qquad \varphi(e^{\varphi 3\pi/2}) = 3\pi/2 - \arctan(-1/a)$$

Ab $\omega T \geq 2\pi$ wiederholen sich alle Werte zyklisch mit der Periode 2π.

Eine ausführliche Untersuchung liefert die in Bild 4.16 gezeigten Kurvenverläufe für Amplitudengang und Phasengang. Sie bestätigen die bereits durch punktweise Konstruktion gefundenen Einzelwerte.

Bild 4.16 Komplette Lösungen zur obigen Aufgabe. Die Funktionen sind im normierten Frequenzintervall *einer* Periode $\omega T = 2\pi$ dargestellt.

Man beachte:

> Amplitudengang und Phasengang sind periodisch in ω mit der Periode $2\pi / T$. Diese Periodizität gilt für *diskrete*, keinesfalls aber für (getastete) *kontinuierliche* Systeme !

Hinweis:

Die beschriebenen graphischen Konstruktionsverfahren eignen sich hauptsächlich zur Abschätzung des ungefähren Verlaufs der Amplituden- und Phasengangskurve an Hand einiger charakteristischer Punkte. Wegen des mit wachsender Pol- bzw. Nullstellenzahl rasch ansteigenden zeichnerischen Aufwandes taugen sie weniger gut zum Skizzieren kompletter Kurvenverläufe vielpoliger Systeme.

5 Systeme und Differenzengleichungen

Differenzengleichungen (Diff.-Gln) treten in der Technik häufig auf. Als Standard-Anwendungsgebiete sind zu nennen:

- Analyse und Synthese vorzugsweise diskreter, in Ausnahmefällen auch kontinuierlicher Systeme,
- näherungsweise Lösung von Differentialgleichungen (DGL).

Die Z-Transformation spielt bei der Lösung von Differenzengleichungen eine ähnlich bedeutende Rolle, wie die Laplace-Transformation bei der Integration von Differentialgleichungen.

5.1 Differenzengleichungen und z-Transformation

Einleitend sind einige Begriffsbildungen und Bezeichnungen zu vereinbaren, die den weiteren Untersuchungen zugrunde liegen.

Differenzen

Man unterscheidet zwischen Vorwärts- und Rückwärtsdifferenzen. Erstere besitzen Elemente der Form $f(n+k)$, letztere dagegen $f(n-k)$ mit $k=0,1,2.....$ In technischen Anwendungen benutzt man häufig Rückwärtsdifferenzen, da oft nur Vergangenheitswerte $f(n-k)$ der zu untersuchenden Funktion bekannt sind.

Zuerst sollen Vorwärtsdifferenzen $\Delta f(n)$ erklärt werden (Bild 5.1).

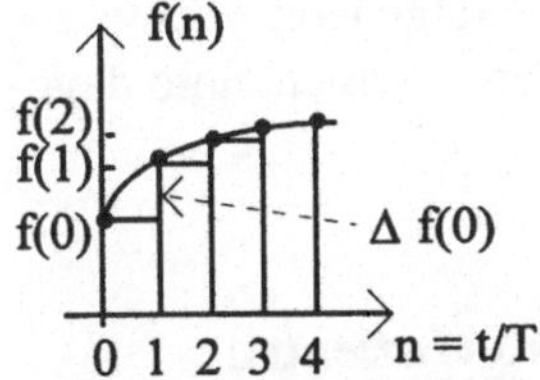

Bild 5.1 Zur Bildung der Vorwärtsdifferenz 1.Ordnung $\Delta f(n) = f(n+1) - f(n)$. Die Ordinatenwerte sind über der normierten Zeit $n = t / T$ aufgetragen.

Sie werden nach folgendem Schema aus benachbarten *Ordinatenwerten* gebildet:

$\Delta f(0) = f(1) - f(0)$

$\Delta f(1) = f(2) - f(1)$

$\Delta f(2) = f(3) - f(2)$

....

$$\boxed{\Delta f(n) = f(n+1) - f(n)}$$
Vorwärtsdifferenz 1. Ordnung (5.1)

Wendet man denselben Bildungsmechanismus auf *Differenzen 1.Ordnung* an, so entstehen Differenzen 2. Ordnung:

$\Delta^2 f(n) = \Delta f(n+1) - \Delta f(n).$

Dementsprechend gilt für Differenzen m. Ordnung die Beziehung:

$$\boxed{\Delta^m f(n) = \Delta^{m-1} f(n+1) - \Delta^{m-1} f(n)} \qquad \text{Vorwärts- Differenz m. Ordnung} \qquad (5.2)$$

Entsprechend sind Rückwärtsdifferenzen definiert. Ein wesentlicher Unterschied besteht: während Vorwärtsdifferenzen das (n+1). Element als Minuend sowie das n. Element als Subtrahend benutzen, verwenden Rückwärtsdifferenzen statt dessen das n. Element als Minuend und das (n-1). als Subtrahend.

Somit ergibt sich bei einem Probenwertabstand T folgender Vergleich:

$$\boxed{\begin{aligned} &\Delta f(nT) = f[(n+1)T] - f(nT) \quad &&\text{Vorwärtsdifferenz 1.Ordnung} \\ &\Delta f(nT) = f(n)T - f[(n-1)T] \quad &&\text{Rückwärtsdifferenz 1. Ordnung} \end{aligned}} \qquad (5.3)$$

Beide Differenzenarten sind somit lediglich um 1 Takt T gegeneinander verschoben. (Beachte: im z-Bildbereich äußert sich dies in unterschiedlichen Verschiebungs- und Differentiationssätzen, je nachdem, ob Vorwärts- oder Rückwärtsdifferenzen zugrunde liegen, vergl. Kap.9.2 !).

Differenzengleichungen
Die Abhängigkeit des Ausgangssignals a(nT) von den Systemeigenschaften und vom Eingangssignal e(nT) ist durch eine Differenzengleichung gegeben, die entweder in *Differenzen*form oder in *Ordinaten*form auftritt. Erstgenannte kann sowohl Differenzen $\Delta f(nT)$ *und* Ordinatenwerte f(nT) enthalten, letztgenannte dagegen *nur* Ordinatenwerte.

5.1.1 Lineare Differenzengleichungen mit konstanten Koeffizienten
Elektrische Schaltungen und Differenzengleichungen
Einen klassischen Fall für das Auftreten einer Differenzengleichung bei einem *kontinuierlichen* System stellt der Kettenleiter dar. Das folgende Bild zeigt einen Ausschnitt aus einer RC- Kette, deren Maschenströme i(n) als Funktion der Maschenkennzahl n zu bestimmen sind.

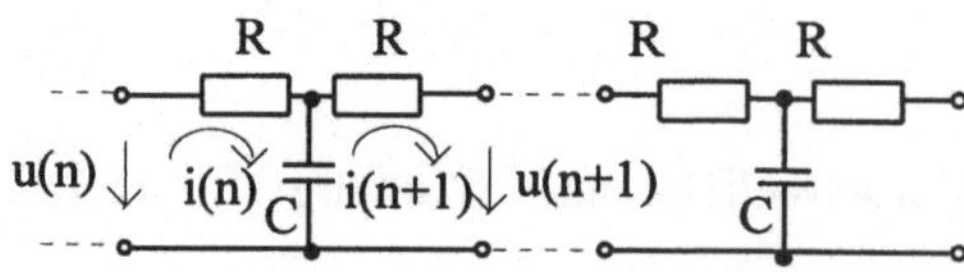

Bild 5.2 Zur Bestimmung der Differenzengleichung für die Maschenströme i(n) im Kettenleiter

Greift man die n. Masche heraus und bilanziert die internen Spannungen, so folgt

$$u(n) = i(n) \cdot (R + 1/pC) - i(n+1) \cdot (1/pC), \tag{5.4}$$

während die (n+1)te Masche

$$u(n+1) = -i(n+1) \cdot (R + 1/pC) + i(n) \cdot (1/pC) \tag{5.5}$$

liefert.

Wird in Gl(5.4) die Variable n durch n + 1 ersetzt und anschließend Gl(5.5) subtrahiert, so entsteht das Ergebnis:

$$i(n+2) - 2 \cdot (pRC + 1) \cdot i(n+1) + i(n) = 0. \tag{5.6}$$

Damit ist eine lineare Differenzengleichung 2.Ordnung mit konstanten Koeffizienten in *Ordinatenform* zur Berechnung der Maschenströme i(n) gefunden.

Der Kettenleiter stellt insofern einen interessanten Fall dar, als Eigenschaften eines *kontinuierlich* arbeitenden Systems (Bild 5.2) durch eine *diskrete* Differenzengleichung Gl.(5.6) beschrieben werden !

In der Mehrzahl aller Fälle entstehen Differenzengleichungen jedoch bei der Analyse *diskreter* Systeme. Ein einfaches diskretes Verzögerungsglied 1.O. zeigt das folgende Bild.

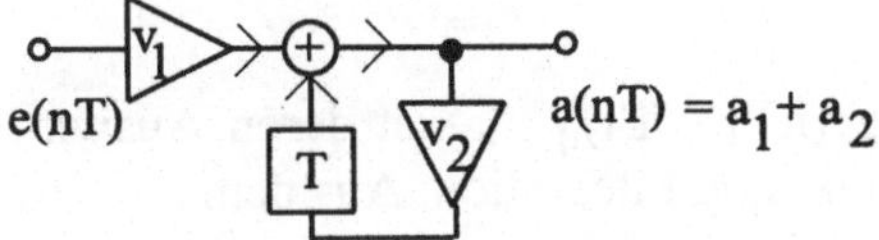

Bild 5.3 Zur Bestimmung der Differenzengleichung für die Ausgangswertefolge a(nT) eines diskreten Systems

Das Bildungsgesetz für das Ausgangssignal a(nT) ist unmittelbar aus der Schaltung ablesbar, wenn man deren internen Signalverlauf betrachtet.

Nach Bild 5.3 setzt sich die Funktion a(nT) aus 2 Anteilen a_1 und a_2 zusammen:
- auf direktem Wege vom Eingang e(nT) zum Ausgang a(nT) wirkt der Anteil a_1:

$$a_1 = v_1 \cdot e(nT),$$

- über die Rückführung mit v_2 multipliziert und um 1 Takt T verzögert wird a_2 wirksam:

$$a_2 = v_2 \cdot a[(n-1)T].$$

Die Summe der Anteile a_1 und a_2 bildet das Ausgangssignal a(nT):

$$a(nT) = a_1 + a_2 = v_1 \cdot e(nT) + v_2 \cdot a[(n-1)T],$$

und es entsteht eine Differenzengleichung 1.Ordnung *in Ordinatenform* zur Bestimmung der gesuchten Funktion a(nT).

Annäherung von Differentialgleichungen durch Differenzengleichungen
Im Gegensatz zum "natürlichen" Auftreten bei elektrischen Schaltungen können Differenzengleichungen auch "künstlich" durch Diskretisierung von Differentialgleichungen erzeugt werden. Dieses Verfahren wird beispielsweise dann praktiziert, wenn computergestützte Rechenverfahren zur näherungsweisen Lösung von Differentialgleichungen eingesetzt werden sollen.

Eine *Diskretisierung* kontinuierlicher Funktionen f(t) bedeutet im Grunde nichts weiter als die Entnahme von Probewerten f(nT) im Abstand T zur angenäherten Beschreibung der Originalfunktion; kurz "Abtastung" genannt.

$$f(t) \rightarrow f(nT) \qquad n = 0,1,2,....$$

Diskretisierung durch Probenwerte   (5.7)
im Abstand T

Die Frage, unter welchen Bedingungen Diskretisierung ohne Informationsverlust möglich ist, beantwortet das Shannonsche Abtast-Theorem. Streng genommen erlauben nur exakt *frequenzbandbegrenzte* Funktionen eine Diskretisierung. An dieser Stelle sei vorausgesetzt, daß diese Bedingung erfüllt ist und bereits eine geeignete Wahl von T getroffen wurde. Vereinfacht ausgedrückt, wird dabei stillschweigend von einem "hinreichend glatten" Funktionsverlauf zwischen den Probenwerten ausgegangen. Nähere Einzelheiten sind in Kap. 5.2.3 und Kap. 6.1 nachzulesen.

Interessanter als die elementare Zuordnung $f(nT) = f(t)|_{t\,=\,nT}$ ist deren Auswirkung auf die Rechenoperationen Differentiation und Integration. Aus dem

Differentialquotienten $\quad \dfrac{df(t)}{dt}$

ergibt sich bei Diskretisierung der Funktion f(t) ein

Differenzenquotient $\quad \dfrac{\Delta f(nT)}{T}$.

Weil bei diskreten Funktionen f(nT) eine Tangente in einem Punkt nicht definiert ist, wird die Bildung des Differenzenquotienten *zweideutig*. Dies führt zu voneinander abweichenden Ergebnissen, je nachdem, ob man die *Vorwärts-* oder die *Rückwärtsdifferenz* zugrundelegt.

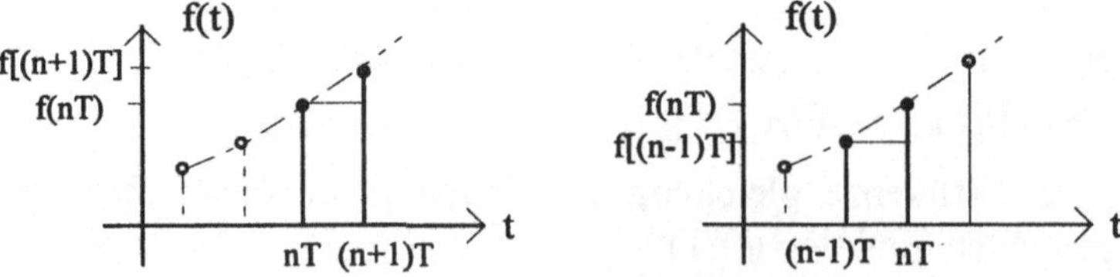

Bild 5.4 Vergleich der Vorwärtsdifferenz (links) und der Rückwärtsdifferenz (rechts)

Nach obigem Bild können 2 unterschiedliche Näherungen an die Stelle des Differentialquotienten treten:

$$\left|\frac{df(t)}{dt}\right. \rightarrow \frac{\Delta f(nT)}{T} = \begin{cases} \dfrac{f[(n+1)T] - f(nT)}{T} & \text{Vorwärts} - \text{Differenzenquotient} \\[2ex] \dfrac{f(nT) - f[(n-1)T]}{T} & \text{Rückwärts} - \text{Differenzenquotient} \end{cases} \tag{5.8}$$

Diese Unterscheidung erweist sich bei Anwendungen als wesentlich. Da in vielen Fällen nur "Vergangenheitswerte" bekannt sind, tritt in technischen Aufgabenstellungen die Rückwärtsdifferenz häufiger auf.

Die Unterschiede zwischen Vorwärts- und Rückwärtsdifferenzen kommen auch in den zugehörigen z-Korrespondenzen für die "Differentiation" zum Ausdruck (vergl. Tab. 9.2.3).

Mit Hilfe obiger Beziehungen [Gl(5.8)] gelingt es, Differentialgleichungen durch Differenzengleichungen anzunähern, worauf Kap.5.2.3 noch näher eingeht.

Das Verfahren ist sinngemäß auch auf Differentialquotienten höherer Ordnung anwendbar.

Eine weitere häufig auftretende Rechenoperation ist die *Integration*, die beim Übergang von kontinuierlicher zu diskreter Darstellung durch eine *Summenbildung* ersetzt wird.

$$\int_0^{nT} f(\tau)d\tau \rightarrow \sum_{i=0}^{n-1} f(iT) \cdot T \qquad \begin{array}{l} \text{Angenäherte Integration} \\ \text{durch Summation} \end{array} \tag{5.9}$$

Als Grundlage für eine angenäherte Integration ist die in Bild 5.5 dargestellte Treppenapproximation meistens ausreichend. Sie liegt auch den z-Korrespondenzen im Kap. 9.2.3 zugrunde.

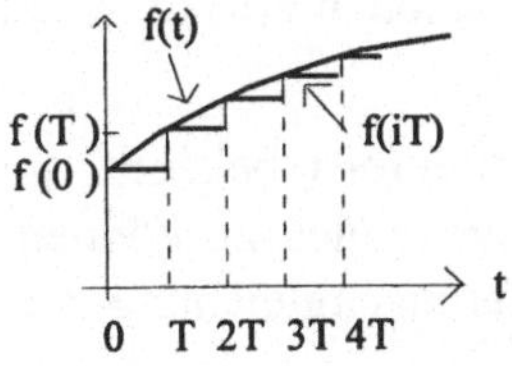

$$Z\left\{\int_0^{nT} f(\tau)d\tau\right\} = \frac{T}{z-1} \cdot F(z)$$

Bild 5.5 Die kontinuierliche Funktion f(t) wird bei der Diskretisierung nach Gl(5.9) zum Zweck einer numerischen Integration durch die Treppenfunktion f(iT) angenähert.

Bei genügend feiner Unterteilung der Abszissenachse, d.h., bei genügend kleinem T ergeben sich hinreichend genaue Approximationsergebnisse.

5.1.2 Lösungsmethoden für Differenzengleichungen im z-Bereich

Typen von Differenzengleichungen: Ordinaten- und Differenzenform

Zwei Grundformen von Differenzengleichungen kommen in technischen Anwendungen vor, die Differenzen- und die Ordinatenform. Während die *Differenzenform* als diskretes Analogon einer kontinuierlichen Differentialgleichung gelten kann,

$$\frac{d^k f(t)}{dt^k} \rightarrow \frac{\Delta^k f(nT)}{T^k},$$

treten bei der *Ordinatenform* lediglich Abtastfunktionen (Ordinatenwerte) $[f(nT), ..., f[(n-k)T]$ auf, die um ganzzahlige Vielfache von T gegeneinander verschoben sind .

a) Differenzenform

Diese Form entsteht z.B. dann, wenn Differentialgleichungen mit Hilfe von Gl(5.8) durch Differenzengleichungen angenähert, oder anders ausgedrückt, wenn Differentialquotienten durch Differenzenquotienten ersetzt werden. So geht beispielsweise die lineare Differentialgleichung

$$b_1 \cdot \frac{d^2 a(t)}{dt^2} + b_2 \cdot \frac{d a(t)}{dt} + b_3 \cdot a(t) = e(t) \tag{5.10}$$

bei Diskretisierung mit (willkürlich angenommenem) $T = 1$ über in

$$b_1 \cdot \Delta^2 a(n) + b_2 \cdot \Delta a(n) + b_3 \cdot a(n) = e(n), \tag{5.11}$$

worin

$a(n)$ - gesuchte Funktion	$\Delta^2 a(n)$ - Differenz 2. Ordnung
b_ν - konstante Koeffizienten	$\Delta a(n)$ - Differenz 1. Ordnung
$e(n)$ - Störfunktion (Eingangssignal)	

bedeuten.

Die entstandene Gleichung enthält dann sowohl Abtastfunktionen $a(n)$ als auch Differenzen $\Delta^m a(n)$.

Einfache Lösungsverfahren im z-Bereich sind für die Ordinatenform bekannt, die ausschließlich Abtastfunktionen $a(n \pm k)$ enthält. Um sie anwenden zu können, wandelt man eine in Differenzenform vorliegende Differenzengleichung zur Lösungsvorbereitung häufig in die Ordinatenform um.

b) Umwandlung der Differenzenform in die Ordinatenform

Differenzen m. Ordnung $\Delta^m a(n)$ mit $m \geq 2$ sind, wie folgende Überlegung zeigt, stets auf Abtastfunktionen $a[(n \pm k)]$ reduzierbar.

Ist beispielsweise eine Differenz 2.Ordnung $\Delta^2 a(n)$ in die gleichwertige Ordinatenform umzuwandeln, so wird die Ordnung der Differenz mit Hilfe der Definitionsgleichung Gl(5.2) schrittweise erniedrigt:

$$\Delta^2 a(n) = \Delta a(n+1) - \Delta a(n).$$

Die verbleibenden Differenzen 1.Ordnung sind dann durch Abtastfunktionen ersetzbar

$$\Delta a(n+1) = a(n+2) - a(n+1),$$

$$\Delta a(n) = a(n+1) - a(n)$$

womit die vorgegebene Differenz 2. Ordnung auf eine vorzeichenbehaftete Summe von Abtastfunktionen, also auf die Ordinatenform zurückgeführt ist:

$$\Delta^2 a(n) = a(n+2) - 2 \cdot a(n+1) + a(n). \tag{5.12}$$

Analog verläuft die Umformung bei Differenzengleichungen höherer Ordnung.

Es genügt nach obigen Überlegungen, sich um Lösungsmöglichkeiten für Differenzengleichungen in *Ordinatenform* zu bemühen.

Offene Lösung im Zeitbereich

Liegt eine nach fallenden Argumenten geordnete Differenzengleichung in Ordinatenform vor

$$a(n+k) + b_1 \cdot a(n+k-1) + \ldots + b_k \cdot a(n) = e(n), \tag{5.13}$$

so spricht man bei e(n) = 0 von einer *homogenen* Differenzengleichung und für den Fall e(n) ≠ 0 von einer *inhomogenen* Differenzengleichung.

Der Ausdruck e(n) wird in der Mathematik Störfunktion genannt; er stellt in der Technik das Eingangssignal eines Systems dar, dessen dynamisches Verhalten von der Differenzengleichung beschrieben wird.

Offensichtlich bildet Gl(5.13) eine rekursive Beziehung, denn durch Rückgriff auf das vorhergehende kann das nachfolgende Element berechnet werden:

$$a(n+k) = e(n) - b_1 \cdot a(n+k-1) - \cdots - b_k \cdot a(n). \tag{5.14}$$

Außerdem wird deutlich, daß zur Lösung einer Diff.-Gl. kter Ordnung stets k *Anfangswerte* erforderlich sind.

Interessant für den Anwender ist nun, daß obige Gleichung zu ihrer Lösung keines zusätzlichen mathematischen Hilfsmittel bedarf; sie stellt - wie das folgende Übungsbeispiel verdeutlicht - bereits selbst einen Lösungsalgorithmus zur Berechnung von f(n) im Originalbereich (Zeitbereich) dar.

Aufgabe:

Gegeben: $f(n+1) + 0.5 \cdot f(n) = 0.5^n$

mit $f(0) = 1$ als Anfangswert und 0.5^n als Störfunktion

Gesucht: rekursive Lösung (ohne Zuhilfenahme der z-Transformation)

Lösung:

Das Glied mit dem höchsten Argument wird separiert:

$f(n+1) = 0.5^n - 0.5 \cdot f(n).$

Ganzzahlige $n = 0, 1, 2, 3.....$ ergeben beim Einsetzen nacheinander die gesuchten Funktionswerte:

$n = 0$:	$f(1)$	$= 1 - 1/2 = 1/2$
$n = 1$:	$f(2)$	$= 1/2 - (1/2) \cdot (1/2) = 1/4$
$n = 2$:	$f(3)$	$= 1/4 - (1/2) \cdot (1/4) = 1/8$
$n = 3$:	$f(4)$	$= 1/8 - (1/2) \cdot (1/8) = 1/16$
$n = 4$:	$f(5)$	$= 1/16 - (1/2) \cdot (1/16) = 1/32$

...

$n = k$: $f(k+1) = 0.5^k - 0.5 \cdot f(k)$.

Als allgemeine Lösung ist in diesem einfachen Fall die Funktion $f(n) = (1/2)^n$ leicht zu erkennen.

Das im obigen Beispiel 1.Ordnung benutzte Verfahren ist analog auf Differenzengleichungen höherer Ordnung anwendbar. Das Bildungsgesetz für die Lösung einer Differenzengleichung k. Ordnung im Zeitbereich nimmt dabei die allgemeine Form an:

$$f(n+k) = e(n) - \sum_{v=1}^{k} b_v \cdot f(n+k-v) \qquad n = 0, 1, 2, ... \qquad (5.15)$$

Hierin ist $e(n)$ die Störfunktion, und es sind $f(0)$ bis $f(k-1)$ Anfangswerte vorzugeben .

Man beachte folgende Eigenschaften des "direkten" Verfahrens:

Rekursive Lösung im Originalbereich:

Vorteil: keine Transformation in den Bildbereich erforderlich

Nachteil: keine geschlossene Lösung, nur Wertefolge berechenbar. Schlußfolgerungen auf Konvergenz der Lösung nur eingeschränkt möglich.

Geschlossene Lösung im z-Bereich

Die oben untersuchte Diff.-Gl. dient auch als Muster für eine Lösung mit Hilfe der Z-Transformation. Die Zielstellung ist insofern abgeändert, als für f(n) eine *geschlossene* Lösung verlangt wird.

Gegeben: $f(n+1) + 0.5\,f(n) = (0.5)^n$ mit f(0) = 1
Gesucht: f(n) in geschlossener Form mittels Z-Transformation

Lösung:
Der Verschiebungssatz-links liefert die Z-Transformierte der gegebenen Differenzengleichung:

$$\left[zF(z) - zf(0)\right] + \frac{1}{2}F(z) = \frac{z}{(z-1/2)}.$$

Löst man diese Gleichung nach der gesuchten Bildfunktion F(z) auf, so entsteht

$$F(z) = \frac{z}{(z-1/2)(z+1/2)} + \frac{z}{z+1/2}.$$

Damit ist ein zur Rücktransformation geeigneter Ausdruck im z-Bereich gefunden, der mit Hilfe der Korrespondenztafel Tab. 9.2.1 in den Zeitbereich überführt werden kann. Die inverse Z-Transformation liefert

$$f(n) = \left(-\frac{1}{2}\right)^n + \left(\frac{1}{2}\right)^n - \left(-\frac{1}{2}\right)^n = \left(\frac{1}{2}\right)^n$$

als geschlossene Lösung der obigen Differenzengleichung.

Das folgende Bild zeigt die 11 ersten Lösungswerte des untersuchten Beispiels.

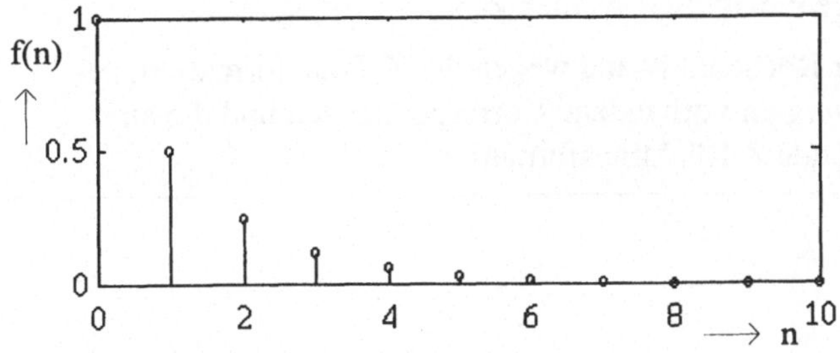

Bild 5.6 Lösungsfolge der Differenzengleichung $f(n+1) + (1/2)\cdot f(n) = (1/2)^n$ mit dem Anfangswert f(0) = 1

Verallgemeinerung:
Das beschriebene Lösungsverfahren nutzt den z-Bildbereich und kann schematisiert werden, wie Bild 5.7 zu entnehmen ist.

Ausgangspunkt ist die Differenzengleichung im Zeitbereich (a) mit den zugehörigen Anfangswerten. Sie wird z-transformiert (b), anschließend nach F(z) aufgelöst und liefert letztlich das Ergebnis im z-Bereich (c).

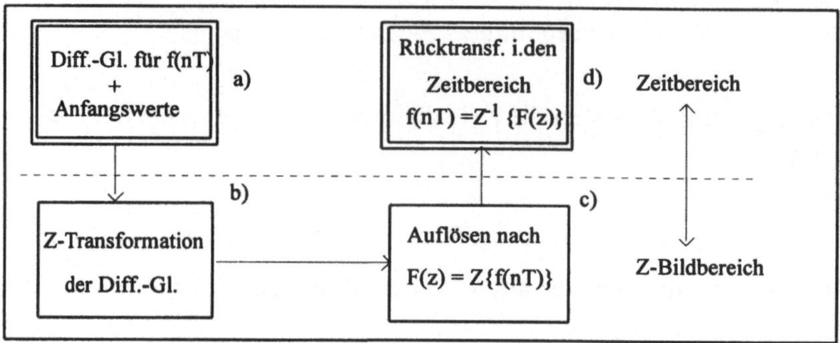

Bild 5.7 Lösungsschema für Differenzengleichungen mit Hilfe der Z-Transformation

Anschließend ist meistens noch eine Umformung nötig, die das Zwischenergebnis an die Korrespondenztafel anpaßt, d.h., es korrespondenzfähig macht. Die Z-Rücktransformation von F(z) in den Zeitbereich (d) liefert letztendlich das gesuchte Ergebnis f(nT).

Man erkennt folgende Eigenschaften des "indirekten" Verfahrens:

Geschlossene Lösung im Bildbereich mittels Z-Transformation:

Vorteil: Das Ergebnis erscheint als rationale Funktion f(nT), die für beliebige n diskutiert werden kann.

Nachteil: erhöhter Rechenaufwand wegen der Z-Transformation, der Anpassung an vorhandene Korrespondenzen und die anschließende Z-Rücktransformation.

5.2 Systembeschreibung mittels Differenzengleichungen

Ähnlich wie bei der Fourier-Transformation, die zwischen Zeit- und Frequenzbeschreibung von Signalen und Systemen vermittelt, bestehen auch bei der z-Transformation technisch relevante Zusammenhänge zwischen Zeit- und Bildbereich. So gelingt u.a. die Ermittlung der Übertragungsfunktion G(z) eines Systems aus seiner Differenzengleichung; umgekehrt ist auch die Bestimmung der Differenzengleichung zu einer vorgegebenen G(z)-Funktion möglich.

Folglich ist die z-Transformation nicht nur als Rechenhilfe zum Bearbeiten diskreter Funktionen verwendbar; vielmehr besitzen z-Bildfunktionen auch eigenständige technische Bedeutung, z.B. in Form des Amplituden- und des Phasenganges diskreter Systeme. Einzelheiten soll der folgende Abschnitt erläutern .

5.2.1 Z-Übertragungsfunktion aus Differenzengleichung

Die allgemeine Form einer Differenzengleichung mit konstanten Koeffizienten zur Bestimmung des Ausgangssignals a(nT) eines kausalen linearen zeitinvarianten Systems lautet:

$$a(nT) = \sum_{k=0}^{m} a_k \cdot e[(n-k)T] - \sum_{k=1}^{n} b_k \cdot a[(n-k)T]$$

Differenzengleichung zur Systembeschreibung   (5.16)

Hierin bedeuten: a(nT) - Ausgangssignal
e(nT) - Eingangssignal
a_k , b_k - konstante Koeffizienten

Obige Gleichung beschreibt das dynamische Systemverhalten vollständig; mit ihrer Hilfe können Reaktionen a(nT) auf beliebige Eingangsfolgen e(nT) einschließlich Einschwingvorgang und stationärem Endzustand berechnet werden.

Sind sämtliche Koeffizienten b_k des Ausgangssignals Null, so hängt die Ausgangsfolge a(nT) nur von den Werten e(nT) der *Eingangs*folge ab. In diesem Falle handelt es sich um eine *nichtrekursive* Differenzengleichung.

Im anderen Falle, wenn a(nT) auch von den Vergangenheitswerten a[(n-k)T] des *Ausgangssignals* beeinflußt wird, spricht man von einer *rekursiven* Differenzengleichung. Sie beschreibt dann ein rekursives System, das schaltungstechnisch an vorhandenen Rückführschleifen für das Ausgangssignal leicht erkennbar ist.

Die folgende Betrachtungen setzen *kausale* Funktionen a(nT) und e(nT) voraus. Das sind im Falle technischer Anwendungen Schaltfunktionen, die nur für nicht - negative $n \geq 0$ nichtverschwindende Funktionswerte besitzen.

Zur Umwandlung: auf dem Wege von der Differenzengleichung Gl(5.16) zur Übertragungsfunktion G(z) entsteht mit Hilfe des Verschiebungssatzes-rechts

$$A(z) = \sum_{k=0}^{m} a_k \cdot z^{-k} \cdot E(z) - \sum_{k=1}^{n} z^{-k} \cdot A(z).$$

Faßt man die Terme mit A(z) und E(z) zusammen:

$$A(z) \cdot \left(1 + \sum_{k=1}^{n} b_k \cdot z^{-k} \right) = E(z) \cdot \sum_{k=0}^{m} a_k \cdot z^{-k}$$

und setzt ein System *ohne Anfangsenergie* voraus (nur in diesem Fall existiert definitionsgemäß die Übertragungsfunktion), so kann man schreiben:

$$G(z) = \frac{A(z)}{E(z)} = \frac{\displaystyle\sum_{k=0}^{m} a_k \cdot z^{-k}}{1 + \displaystyle\sum_{k=1}^{n} b_k \cdot z^{-k}} = \frac{a_0 + a_1 \cdot z^{-1} + \cdots + a_m \cdot z^{-m}}{1 + b_1 \cdot z^{-1} + \cdots + b_n \cdot z^{-n}}. \qquad (5.17)$$

Obige Gleichung läßt erkennen:

- Einer systembeschreibenden Differenzengleichung mit konstanten Koeffizienten kann eine Übertragungsfunktion G(z) zugeordnet werden,

- die Koeffizienten der Diff.-Gl. bilden die Polynomkoeffizienten von G(z); und zwar erzeugen die dem Eingangssignal zugeordneten a_k die Zählerkoeffizienten und die das Ausgangssignal kennzeichnenden b_k die Nennerkoeffizienten von G(z).

Wegen der vorausgesetzten *Kausalität* ist der Grad m des Zählerpolynoms höchstens gleich dem Grad n des Nennerpolynoms; Nullstellenüberschuß ist bei kausalen Systemen ausgeschlossen (vergl. Kap. 2.2.1):

<table>
<tr><td>Zählergrad m ≤ Nennergrad n</td><td>Kennzeichen der Übertragungsfunktion kausaler Systeme</td></tr>
</table>

Aufgabe:
Ein kausales System 2.Ordnung sei durch seine Differenzengleichung gegeben:

$$a(nT) - \frac{1}{2} \cdot a[(n-1)T] - \frac{3}{16} \cdot a[(n-2)T] = e(nT). \qquad (5.18)$$

Die Systemeigenschaften und -Kennfunktionen in Zeit- und Frequenzbereich sind zu ermitteln !

Lösung:

Die Anfangswerte für negative Zeiten sind beide Null:

$a(-T) = a(-2T) = 0,$

da Kausalität vorausgesetzt wurde.

Außerdem kann es sich nur um ein System *ohne Anfangsenergie* handeln. Denn das ist die Vorbedingung für die *Existenz* einer *Übertragungsfunktion* G(z), wie sie in Kap. 3.3.1. definiert wurde.

Zuerst wird nach der Standard-Kennfunktion im z-Bildbereich, der Übertragungsfunktion G(z) gefragt.

Um G(z) = A(z) / E(z) zu finden, transformiert man die Diff.-Gl. Gl(5.18) in den z-Bereich. Es entsteht der Ausdruck

$$A(z) - \frac{1}{2}z^{-1}A(z) - \frac{3}{16}z^{-2}A(z) = E(z). \tag{5.19}$$

(Hinweis: der Verschiebungssatz-rechts (Tab. 9.2.2) ist anwendbar, da es sich bei a(nT) um eine Schaltfunktion handelt). Ausklammern von A(z) ergibt:

$$A(z)\left(1 - \frac{1}{2}z^{-1} - \frac{3}{16}z^{-2}\right) = E(z),$$

woraus die gesuchte Übertragungsfunktion G(z) entsteht:

$$G(z) = \frac{A(z)}{E(z)} = \frac{1}{\left(1 - \frac{1}{2}z^{-1} - \frac{3}{16}z^{-2}\right)} = \frac{z^2}{z^2 - \frac{1}{2}z - \frac{3}{16}}. \tag{5.20}$$

G(z) beschreibt das Eingangs- Ausgangsverhalten des kausalen Systems im z-Bereich unter der Voraussetzung verschwindender Anfangsenergie und wenn die Anfangswerte a(-T) , a(-2T) Null sind.

Nachdem die Übertragungsfunktion G(z) ermittelt wurde, können weitere Systemfunktionen wie

    a) P-N-Plan,
    b) Amplituden- und Phasengang
    c) Gewichtsfunktion und
    d) eine Schaltungsrealisierung

ermittelt werden.

Zu a) P-N-Plan:

Die geometrische Darstellung von G(z) im P-N-Plan basiert auf Gl(5.20) und setzt die Kenntnis sowohl der Pole als auch der Nullstellen sowie der Konstanten k voraus. Sie stützt sich auf die Schreibweise von G(z) mit positiven Potenzen von z (Gl(5.20), rechts).

G(z) besitzt 2 reelle Pole bei: $\quad z_{1/2} = \begin{cases} 3/4 \\ -1/4 \end{cases}$

und eine doppelte Nullstelle $\quad z_{1/2}{}^* = 0.$
Die Konstante ist $\quad k = 1.$

Mit Hilfe dieser Angaben kann der P-N-Plan gezeichnet werden, der ein stabiles System 2. Ordnung beschreibt (vergl. Kap. 4.1.1)

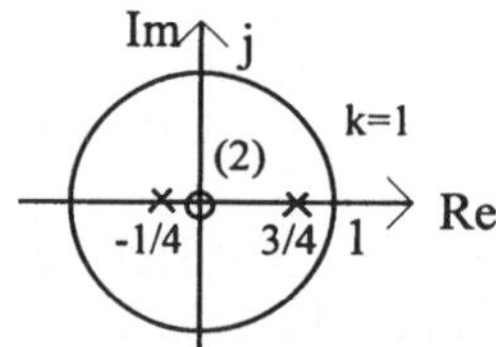

Bild 5.8 P-N-Plan des Beispielsystems mit G(z) nach Gl(5.20)

Zu b) Amplituden- und Phasengang:
Aus der Übertragungsfunktion G(z) findet man den komplexen Frequenzgang, indem $z = e^{j\omega T}$ gesetzt und damit der Einheitskreis der z-Ebene mit Hilfe der Funktion $G(e^{j\omega T})$ in die Gauß'sche Zahlenebene abgebildet wird:

$$G(e^{j\omega T}) = \frac{e^{j\omega T}}{e^{j2\omega T} - \frac{1}{2}e^{j\omega T} - \frac{3}{16}} . \tag{5.21}$$

Der zugehörige Amplitudengang | G | ist durch Betragsbildung aus obiger Beziehung zu gewinnen. Zunächst entsteht :

$$\left| G(e^{j\omega T}) \right| = \frac{1}{\left| (\cos 2\omega T + j\sin 2\omega T) - \frac{1}{2}(\cos \omega T + j\sin \omega T) - \frac{3}{16} \right|} \tag{5.22}$$

und nach erfolgtem Sortieren von Imaginär- und Realteilen die endgültige Form der Amplitudengangs-Charakteristik $|G(e^{j\omega T})|$

$$\left| G(e^{j\omega T}) \right| = \frac{1}{\sqrt{(\cos 2\omega T - \frac{1}{2}\cos \omega T - \frac{3}{16})^2 + (\sin 2\omega T - \frac{1}{2}\sin \omega T)^2}} . \tag{5.23}$$

Auffälliges Kennzeichen des Amplitudenganges ist seine Periodizität. Die Periodendauer wird von den trigonometrischen Funktionen bestimmt und beträgt $\omega T = \pm\, 2\pi\cdot n$. Diese Periodizitätseigenschaft ist charakteristisch für *diskrete* Systeme und hat erhebliche technische Konsequenzen, da sich der Durchlaßbereich des Amplitudenganges $|G(e^{j\omega T})|$ mit wachsender Frequenz periodisch wiederholt.

Das nachfolgende Bild skizziert den Verlauf der 1. Periode der Funktion im Intervall $0 \leq \omega T \leq 2\pi$ von $|\,G(e^{j\omega T})\,|$.

Der Amplitudengang zeigt Tiefpaßverhalten mit Proportionalanteil. Dieser Verlauf der Frequenzcharakteristik ist auf das Intervall $0 < \omega T < \pi$ begrenzt; für größere Werte von $\omega T > \pi$ erscheint

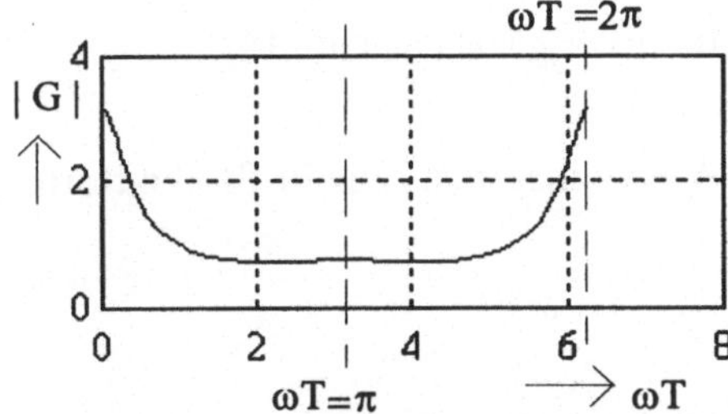

Bild 5.9 Periodischer Amplitudengang zur Differenzengleichung Gl(5.18)

die Durchlaßcharakteristik an der Ordinate $\omega T = \pi$ gespiegelt und wiederholt sich periodisch !

Der Phasengang φ errechnet sich aus der Beziehung

$$G(e^{j\omega T}) = \left|G(e^{j\omega T})\right|\cdot e^{j\varphi},$$

worin der gesuchte Phasengang

$$\varphi = \varphi(e^{j\omega T}) = \arctan \frac{\mathrm{Im}(G)}{\mathrm{Re}(G)}$$

als arctg-Funktion erscheint.

Zähler- und Nenneranteil des Phasenganges können gemäß Gl(5.21) getrennt berechnet und voneinander subtrahiert werden, d.h., die Differenz der Nullstellenwinkel und Polstellenwinkel bildet die Phasengangsfunktion:

$$\varphi(e^{j\omega T}) = \varphi_{\mathrm{Z\ddot{a}hler}} - \varphi_{\mathrm{Nenner}}\,.$$

Dann ergibt sich:

$$\varphi(e^{j\omega T}) = -\text{arctg}\,\frac{\frac{3}{16}\sin 2\omega T + \frac{1}{2}\sin\omega T}{1 - \frac{3}{16}\cos 2\omega T - \frac{1}{2}\cos\omega T} \qquad (5.24)$$

Auch der Phasengang ist periodisch mit $\omega T = 2\pi$. Sein Verlauf über eine Periode ist im folgenden Bild aufgetragen.

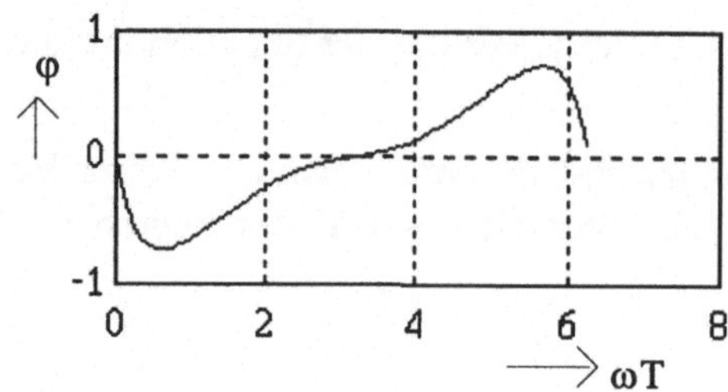

Bild 5.10 Periodischer Phasengang zur Differenzengleichung Gl(5.18)

Zu c) Gewichtsfunktion:

Aus den Korrespondenzen der Tabelle 9.2.1 liest man zur in Produktform geschrieben G(z)-Funktion

$$G(z) = \frac{z^2}{(z - \frac{3}{4})(z + \frac{1}{4})}$$

die zugehörige Rücktransformierte g(t) ab:

$$g(t) = \frac{(3/4)^{(t/T+1)} - (-1/4)^{(t/T+1)}}{3/4 + 1/4},$$

woraus für $t = nT$ die gesuchte Gewichtsfunktion g(nT)

$$g(nT) = (3/4)^{(n+1)} - (-1/4)^{(n+1)} \qquad (5.25)$$

entsteht.

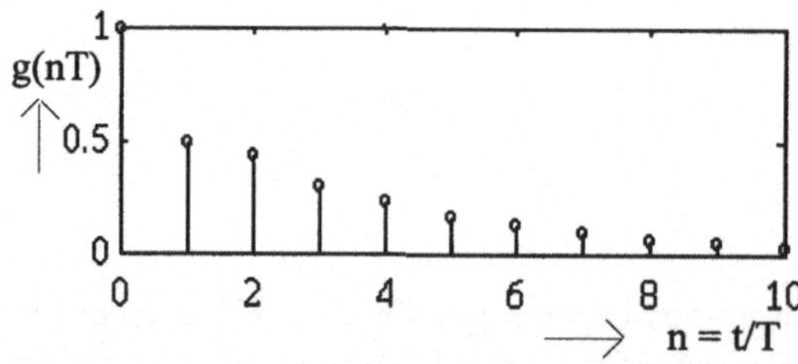

Bild 5.11 Gewichtsfunktion g(nT) zur Differenzengleichung Gl(5.18)

Sie stellt physikalisch die Systemantwort auf einen Einheitsimpuls $\Delta(nT)$ dar und bildet eine zeitlich abklingende Folge g(nT). Die Gewichtsfunktion kennzeichnet somit ein stabiles System, wie auch die Polkoordinaten mit $|z| < 1$ im P-N-Plan (Bild 5.8) erkennen lassen (vergl. Kap.4.1.1).

Zu d) Schaltungsrealisierung:

Um eine Schaltungsrealisierung zu finden, geht man von der Differenzengleichung aus und separiert das Ausgangssignal a(nT):

$$a(nT) = e(nT) + \tfrac{1}{2}a \cdot \left[(n-1)T\right] + \tfrac{3}{16} \cdot a\left[(n-2)T\right].$$

Hieraus kann eine passende Schaltung "stückweise" konstruiert werden.

Der 1. Term der rechten Gleichungsseite

$$a(nT) = e(nT)$$

kennzeichnet eine direkte Verbindung von Eingang zum Ausgang

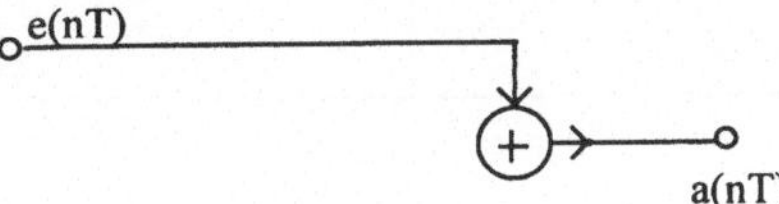

Der 2. Term :

$$a(nT) = e(nT) + \tfrac{1}{2}a\left[(n-1)T\right]$$

ergänzt die Ausgangsgröße um $\tfrac{1}{2}a\left[(n-1)T\right]$

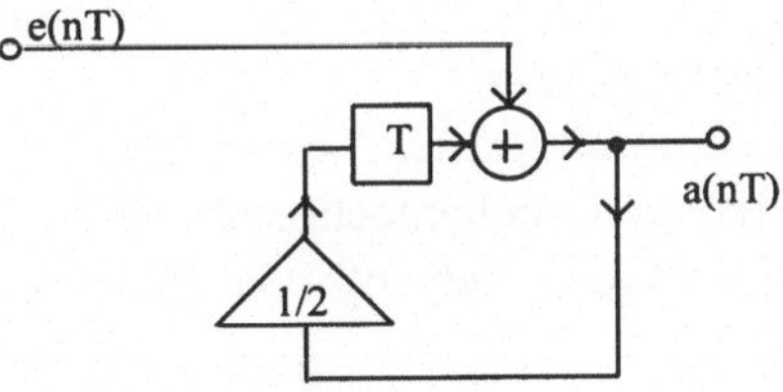

und der 3. Term:

$$a(nT) = e(nT) + \tfrac{1}{2}a \cdot \left[(n-1)T\right] + \tfrac{3}{16} \cdot a\left[(n-2)T\right]$$

fügt noch den Anteil $\tfrac{3}{16}a\left[(n-2)T\right]$ hinzu.

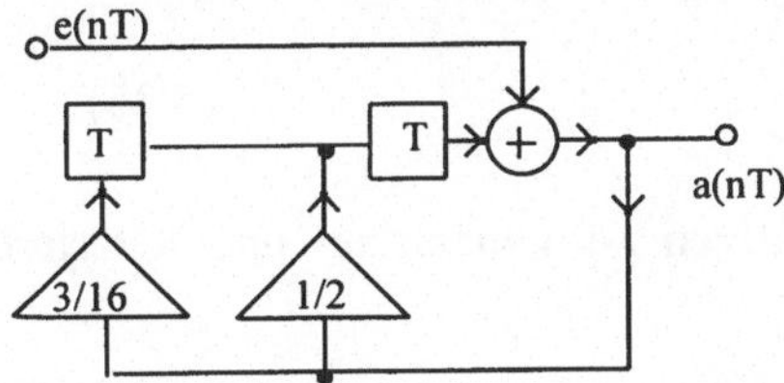

Bild 5.12 Schaltungsrealisierung zur Differenzengleichung Gl(5.18)

Damit ist die gesuchte Schaltung vollständig. Eine Kontrolle auf richtige Funktion erfolgt leicht auf "umgekehrtem" Weg, indem aus obigem Bild das Ausgangssignal gliedweise zusammengesetzt wird; als Ergebnis resultiert dann die ursprüngliche Differenzengleichung.

Anmerkung:
Man stellt fest, daß einer *Differenzengleichung* stets ein *Amplitudengang* zugeordnet werden kann. Weiterhin ist auffällig, daß in dessen Frequenzabhängigkeit die Tastperiodendauer T eingeht! Deshalb ist die Wahl der Schrittweite T auch für das Frequenzverhalten des zugehörigen Systems von grundsätzlicher Bedeutung! (vergl. auch das Beispiel im Kap.6.3)

Erkenntnis:

> Nicht nur die Struktur der Schaltung, sondern auch die Wahl der Tastperiodendauer T bestimmt deren Frequenzverhalten - nämlich über die Skalierung der Frequenzachse des Systems !

Kontrollaufgabe 5.2.1
Bestimme aus Bild 5.12 die zugeordnete Diff.-Gl. und vergleiche das Ergebnis mit Gl(5.18) !

5.2.2 Differenzengleichung aus z-Übertragungsfunktion

Der Weg von der Differenzengleichung zur Systemfunktion G(z) ist umkehrbar. Da sich Diff.-Gleichungen mit reellen Koeffizienten rechentechnisch leichter bearbeiten lassen, als komplexwertige Bildfunktionen, besteht oftmals Interesse an der Lösung des folgenden Problems:

Gegeben: Bildfunktion G(z),

Gesucht: zugeordnete Differenzengleichung im Zeitbereich

Um den Lösungsweg zu skizzieren, soll nochmals der obige Modellfall herangezogen werden. Es war:

$$G(z) = \frac{A(z)}{E(z)} = \frac{z^2}{z^2 - \frac{1}{2}z - \frac{3}{16}} = \frac{1}{1 - \frac{1}{2}z^{-1} - \frac{3}{16}z^{-2}}. \tag{5.26}$$

Geht man von der G(z)-Darstellung mit negativen z-Potenzen aus und separiert im obigen Ausdruck das gesuchte A(z)

$$A(z) = E(z) \cdot G(z) = \frac{1}{1 - \frac{1}{2}z^{-1} - \frac{3}{16}z^{-2}},$$

so entsteht eine zur Rücktransformation günstige Form:

$$A(z) - \frac{1}{2}z^{-1} \cdot A(z) - \frac{3}{16}z^{-2} \cdot A(z) = E(z). \tag{5.27}$$

Die zugehörige Zeitfunktion lautet dann:

$$a(nT) - \tfrac{1}{2}a\big[(n-1)T\big] - \tfrac{3}{16}a\big[(n-2)T\big] = e(nT)$$

oder nach a(nT) aufgelöst

$$a(nT) = \tfrac{1}{2}a\big[(n-1)T\big] + \tfrac{3}{16}a\big[(n-2)T\big] + e(nT). \qquad\qquad (5.28)$$

Das ist eine rekursive Diff.-Gl. 2.Ordnung für a(nT), deren physikalische Aussage folgendermaßen gedeutet werden kann:

> Das nte Element des Ausgangssignals ist bestimmbar aus den amplitudenbewerteten (n-1)ten und (n-2)ten Elementen des Ausgangs- und aus dem nten Element des Eingangssignals.

Sie ist identisch mit der Differenzengleichung Gl(5.18), der Ausgangsgleichung des vorigen Beispiels.

Hinweis:
Zur Rücktransformation wurde G(z) als gebrochen rationale Funktion mit *negativen Potenzen von z* geschrieben [Gl(5.26)] . Diese Form erlaubt es, den Verschiebungssatz-rechts für *Schaltfunktionen* anzuwenden und liefert ein Ergebnis in Rückwärtsdifferenzenform. Solche Fälle sind typisch für kausale Systeme ohne Anfangsenergie und auf die einseitige Z-Transformation zugeschnitten. Es entstehen keinerlei Probleme bei der Bestimmung von Anfangswerten für negative Zeiten, da diese laut Voraussetzung sämtlich verschwinden.

5.2.3 Übergang von kontinuierlichen zu diskreten Systemen

Im Anschluß an die rechnerische Behandlung *diskreter* Systeme sollen nun Möglichkeiten des Überganges von *kontinuierlichen* zu *diskreten* Systemen besprochen werden. Ein solcher Wechsel verfolgt beispielsweise das Ziel, bewährte Datensammlungen über die gründlich erforschten Analogfilter (Fritzsche, Tietze-Schenk) zum Entwurf von Digitalfiltern mit vergleichbaren Zeit- und Frequenzcharakteristiken zu nutzen.
Beim Wechsel von (zeit)kontinuierlichen zu (zeit)diskreten Systemen verdienen die Stabilitätssicherung und die Transformation der Frequenzcharakteristiken besondere Beachtung. Deshalb werden die schon erwähnte Diskretisierung und die Annäherung von Differential- durch Differenzenquotienten aus dieser Sicht nochmals zusammenfassend betrachtet.

Drei Methoden sind zu vergleichen:
- die Methode der Impuls-Invarianz,
- die Methode der Rückwärtsdifferenzen und
- die Bilineartransformation.

Methode der Impuls-Invarianz

Dieses Verfahren stellt sicher, daß die Gewichtsfunktionen eines kontinuierlichen Systems $g_{kont}(t)$ und die Gewichtsfolge $g_{disk}(nT)$ des zugeordneten diskreten Systems in den Zeitpunkten $t = nT$ übereinstimmen (zur besseren Unterscheidung werden hier ausnahmsweise die Indizes "$_{kont}$" bzw. "$_{disk}$" benutzt).

$$g_{kont}(t) = g_{disk}(nT) \qquad \text{für } t = nT \qquad \text{Impulsinvarianz}$$

(5.29)

Die Problemstellung ähnelt stark der Annäherung einer Funktion durch ihre Probenwerte, deren Lösung auf dem Abtasttheorem basiert. Allerdings interessieren im vorliegenden Zusammenhang neben möglichen Rekonstruktionsfehlern auch evtl. auftretende *Veränderungen der technisch relevanten Frequenzkennfunktionen*. Insbesondere ist der Einfluß einer Diskretisierung auf den Amplitudengang $|\,G(j\omega)\,|$ als dominante Kennfunktion im Frequenzbereich zu beachten!

Daneben darf eine grundsätzliche Einschränkung bei der Umwandlung nicht außer Acht gelassen werden: zur Umwandlung sind nur Systeme mit frequenzbegrenztem Amplitudengang

$$|\,G(j\omega)\,| = 0 \quad \text{für } \omega > \omega_{gr},$$

geeignet, da das Abtasttheorem uneingeschränkt nur auf solche Funktionen anwendbar ist. Zur Transformation in ein diskretes System kommen deshalb in erster Linie Tiefpässe (Verzögerungsglieder) und Bandpässe mit endlicher oberer Grenzfrequenz in Betracht.

Zentrales Problem ist dann die Wahl der Tastperiodendauer und die Untersuchung ihres Einflusses auf die *Frequenzeigenschaften* des diskretisierten Systems.

Eine brauchbare Tastperiodendauer läßt sich anschaulich aus der Periodizität der Spektralfunktion diskretisierter Zeitfunktionen ermitteln. Dazu führen folgende Überlegungen,

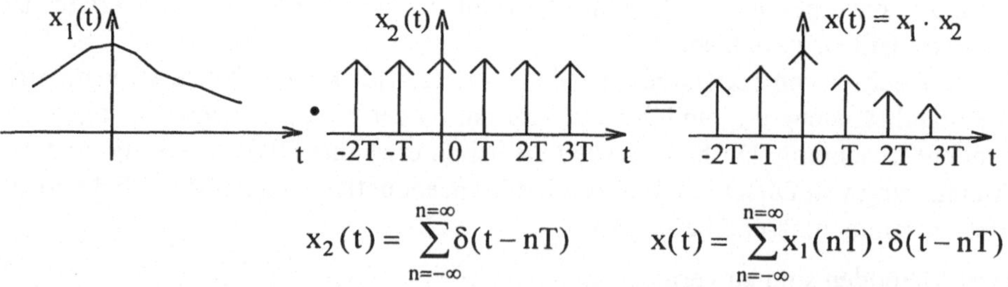

$$x_2(t) = \sum_{n=-\infty}^{n=\infty} \delta(t - nT) \qquad x(t) = \sum_{n=-\infty}^{n=\infty} x_1(nT) \cdot \delta(t - nT)$$

Bild 5.12 Diskretisierung einer Funktion $x_1(t)$ durch Multiplikation mit einer Diracstoßfolge $x_2(t)$. Das Produkt $x_1 \cdot x_2$ ist eine mit den Amplituden von x_1 gewichtete Stoßfolge $x(t)$.

die sich auf folgende Aussagen der Systemtheorie stützen:

1. Eine Multiplikation zweier Funktionen im Originalbereich entspricht deren Faltung im Bildbereich:

$$f_1(t) \cdot f_2(t) = F^{-1}\{F_1(j\omega) * F_2(j\omega)\} \ .$$

2. Die Fouriertransformation einer zeitlichen Diracstoßfolge ergibt im Frequenzbereich wiederum eine Diracstoßfolge, die allerdings mit dem Faktor $2\pi / T$ skaliert ist:

$$\text{Wenn} \qquad x_2(t) = \sum_{n=-\infty}^{n=\infty} \delta(t - nT) \ ,$$

$$\text{dann} \qquad X_2(j\omega) = \frac{2\pi}{T} \cdot \sum_{n=-\infty}^{\infty} \delta(\omega - n\omega_o) \ .$$

3. Die Faltung einer Funktion mit einem verschobenen Dirac-Stoß liefert die verschobene Originalfunktion:

$$f_1(t) * \delta(t - nT) = f_1(t - nT)$$

Hinweis: Den o.g. Zusammenhängen liegt die Fourier-Transformation in der Form

$$F\{x(t)\} = X(j\omega) = \int_{-\infty}^{\infty} x(t) \cdot e^{-j\omega t} \cdot dt \qquad \text{Hintransformation}$$

$$F^{-1}\{X(j\omega)\} = x(t) = \frac{1}{2\pi} \int_{-\infty}^{\infty} X(j\omega) \cdot e^{j\omega t} \cdot d\omega \qquad \text{Rücktransformation}$$

mit dem Vorfaktor $1/2\pi$ beim Rücktransformationskalkül zugrunde. Bei anderen Definitionen können abweichende Vorfaktoren entstehen.

Obige Aussagen lassen folgende Schlüsse zu:
Zu 1) und 2):
Ist die spektrale Amplitudendichte $X_1(j\omega)$ die Fouriertransformierte der Zeitfunktion $x_1(t)$:

$$F\{x_1(t)\} = X_1(j\omega),$$

so findet man die Fouriertransformierte des Produkts der Zeitfunktion $x_1(t)$ mit der Stoßfolge $x_2(t)$ zu unter Berücksichtigung von 2) zu

$$F\{x_1(t) \cdot x_2(t)\} = X_1(j\omega) * X_2(j\omega) = X_1(j\omega) * \frac{2\pi}{T} \cdot \sum_{n=-\infty}^{\infty} \delta(\omega - n \cdot \omega_A)$$

Zu 3):

Außerdem liefert $X_1(j\omega)$ gefaltet mit einer Folge verschobener Dirac-Stöße die Folge verschobener Originalfunktionen und es ergibt sich:

$$F\{x_1(t)\cdot x_2(t)\} = \frac{2\pi}{T}\sum_{n=-\infty}^{\infty}X_1[j(\omega - n\omega_A)] = X(j\omega) \quad \text{mit} \quad \omega_A = \frac{2\pi}{T} \quad (5.30)$$

Die Gl(5.30) steht für folgende Aussage:

> Die spektrale Amplitudendichte $X(j\omega)$ einer *diskreten* Funktion ist im Frequenzbereich *periodisch* mit der Periode $\omega_A = 2\pi / T$.

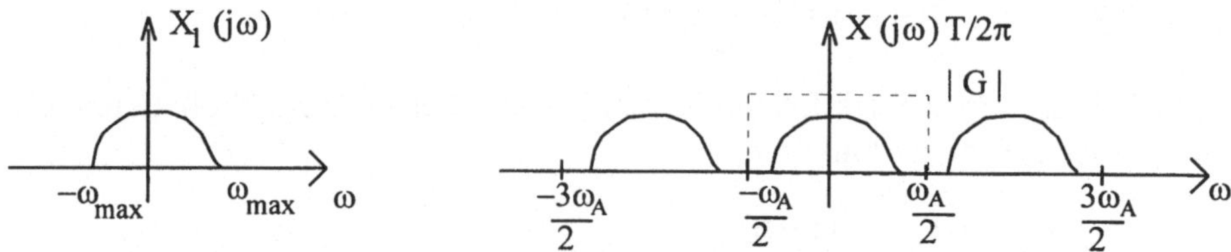

Bild 5.14 Gegenüberstellung des Amplitudenganges $X_1(j\omega)$ eines *kontinuierlichen* Systems (links) und des Amplitudenganges des zugehörigen *diskretisierten* Systems (rechts).

Bild 5.14 läßt erkennen, daß die Methode der Impulsinvarianz auf diskrete Systeme führt, deren Amplitudengang $|G(e^{j\omega T})|$ eine periodische Wiederholung der zugehörigen kontinuierlichen Systemfunktion $|G(j\omega)|$ ist.

Außerdem ist übereinstimmend mit dem Shannon-Theorem erkennbar, daß die Abtastfrequenz ω_A mindestens doppelt so groß zu wählen ist, wie die höchste Frequenz ω_{max}, die im zu verarbeitenden Signal enthalten ist. Andernfalls "überlappen" sich die periodischen Spektralanteile. Sie sind dann nicht mehr voneinander zu trennen und die zugehörige Zeitfunktion ist nicht fehlerfrei rekonstruierbar.

Einschränkend ist zu sagen, daß sich die Methode der Impulsinvarianz in der Technik nicht sehr verbreitet hat, da sie von *Zeit*funktionen ausgeht und die Systemsynthese im Zeitbereich wenig ausgebaut ist. Häufiger sind Verfahren anzutreffen, die sich auf Kennfunktionen im Bildbereich stützen, insonderheit auf die Übertragungsfunktion $G(p)$.

Methode der Rückwärtsdifferenzen

Nähert man eine Differential- durch eine Differenzengleichung an, so bildet der Austausch des Differentialquotienten durch einen Differenzenquotienten das Kernstück des Verfahrens. Anschaulich und auf den ersten Blick einleuchtend erscheint die Annahme, der Differentialquotient sei ohne Schwierigkeiten durch einen Differenzenquotienten anzunähern (immerhin sind auch die bewährten "Differentiationssätze " der Z-Transformation (Tab. 9.2.2) auf diese Weise entstanden). Dennoch können bei sorgloser Anwendung verborgene Probleme auftreten, auf die nun hingewiesen werden soll.

Wie ein Vergleich mit der Laplace-Transformation lehrt, wird der Differential-Operator p der Laplace-Transformation bei der Z-Transformation durch den Term (z-1)/z·T ersetzt:

$$\boxed{p \to \frac{z-1}{z \cdot T}} \qquad \begin{array}{l}\text{Variablenwechsel: Differentialoperator auf der Basis von} \\ \text{Rückwärtsdifferenzen}\end{array} \qquad (5.31)$$

Um dessen Abbildungseigenschaften bezüglich der technisch interessanten Systemcharakteristiken Stabilität und Frequenzgang zu verdeutlichen, sollen charakteristische Gebiete der Laplace-Ebene nach obiger Vorschrift in die z-Ebene übertragen werden.

Die abbildende Funktion erhält man durch Umstellung von Gl(5.31) zu:

$$z = \frac{1}{1 - pT} \, . \qquad\qquad (5.32)$$

1) Abbildung der linken p-Halbebene
Zunächst sei die linke p-Halbebene ($\sigma < 0$) als geometrischer Ort für alle Pole einer stabilen Übertragungsfunktion G(p) betrachtet. Mit $p = \sigma + j\omega$ erscheint die abbildende Funktion in der Form

$$z = \frac{1}{1 - (\sigma + j\omega)T} \cdot$$

Im z-Bildbereich stellt das Innere des Einheitskreises den geometrischen Ort für stabile Pole dar. Wegen

$$|z| = \frac{1}{\sqrt{(1 - \sigma T)^2 + (\omega T)^2}} \, ,$$

worin bei vorausgesetzter Stabilität $\sigma < 0$ ist, wird

$$|z| = \frac{1}{\sqrt{(1 + |\sigma|T)^2 + (\omega T)^2}} < 1 \quad .$$

Demnach überträgt die Funktion Gl(5.31) die linke p-Halbebene in das Innere des Einheitskreises der z-Ebene, d.h., die Abbildungsfunktion überführt ein *stabiles kontinuierliches* System in ein ebenfalls *stabiles diskretes* System. Bezüglich der

Stabilität wirft die zugrundeliegende Methode der Rückwärtsdifferenzen folglich keine Probleme auf.

2) Abbildung der positiv imaginären Achse
Um die Frequenzeigenschaften zu finden, ist als Nächstes die Abbildung der imaginären Achse zu untersuchen.
Im Laplace-Bereich bestimmt die $j\omega$-Achse mittels der Übertragungsfunktion $G(p)$ den komplexen Frequenzgang $G(j\omega)$. Fragt man nun nach der Abbildung der $j\omega$-Achse ($\sigma = 0$) durch die Funktion Gl(5.32), so entsteht

$$z = \frac{1}{1 - j\omega T}$$

(5.33)

als Ergebnis der Übertragung in den z-Bildbereich (d.i. geometrisch gesehen die Ortskurve eine Kreises mit $r = 1/2$ um den Punkt (1/2; 0)).

Man erinnere sich: der Einheitskreis repräsentiert im z-Bereich die Frequenzachse: $z = e^{j\omega T}$. Beim Austausch des Differentialquotienten durch den Differenzenquotienten wird die Frequenzachse $\sigma = 0$ aber nach Gl(5.33) keinesfalls auf den Einheitskreis abgebildet, sondern vielmehr auf einen Kreis mit dem Radius 1/2 innerhalb des Einheitskreises, der letzteren lediglich in unmittelbarer Nachbarschaft der positiv reellen Achse in der Umgebung von $\omega \approx 0$ tangiert. In bezug auf die formgetreue Übertragung des Amplitudenganges ist eine Transformation nach Gl(5.31) also eher ungünstig !

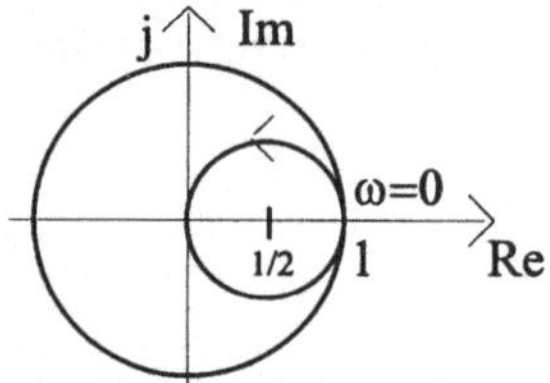

Bild 5.15 Abbildung der Frequenzachse $\sigma = 0$ durch die abbildende Funktion $z = 1/(1\text{-}pT)$ in den Kreis mit dem Radius 1/2 um den Punkt (1/2, 0)

Man erkennt:

Nur bei kleinen Werten $\omega T \approx 0$ stimmen die Amplitudengänge des kontinuierlichen und des diskreten Systems annähernd überein. Will man diese Ähnlichkeit über ein größeres ω-Intervall einhalten: $\omega \ll 1/T$, so erfordert dies eine erhebliche Überabtastung.

Überabtastung soll heißen: Verwendet man Gl(5.31) als abbildende Funktion, dann ist die Tastperiodendauer T wesentlich kleiner zu wählen, als das Abtasttheorem verlangen würde.

Eine Betrachtung der Rückwärtdifferenzen-Methode im Zeitbereich liefert zusätzliche Erkenntnisse zum Wirkungsmechanismus der Bilineartransformation.. Nähert man die Funktion e(t) wie im folgenden Bild durch eine Treppenkurve an und betrachtet die zwischen ihr und der Abszissenachse eingeschlossene Fläche, so ergibt sich mit $F_n = e(nT) \cdot T$ als n. Teilfläche

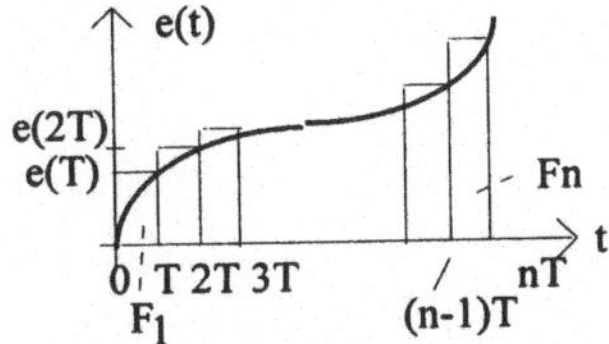

Bild 5.16 Annäherung der Funktion e(t) durch schmale Rechtecke

eine Summenfläche vom Ursprung bis zum Abszissenwert $t = (n-1) \cdot T$

$$a[(n-1)T] = \sum_{i=1}^{n-1} F_i \,.$$

Die Gesamtfläche bis zur Abszisse $t = nT$ notiert man zu

$a(nT) = a[(n-1)T] + e(nT) \cdot T.$

Wird diese Differenzengleichung in den Bildbereich transformiert , so folgt die Gleichung

$A(z) \cdot (1 - z^{-1}) \cdot T = T \cdot E(z),$

der eine Übertragungsfunktion G(z)

$$G(z) = \frac{A(z)}{E(z)} = \frac{T \cdot z}{z - 1}$$

zugeordnet werden kann.

Diese Übertragungsfunktion kennzeichnet einen Integrator auf der Basis von Rückwärtsdifferenzen (vergl. Bild 5.16), denn er realisiert die Zuordnung

$$\frac{1}{p} \to \frac{z-1}{T \cdot z},$$

worin 1/p eine Integration im Laplace-Bereich symboliert, während (z-1)/T·z für die Integration im z-Bereich steht

Schlußfolgerung:

Die Methode der Rückwärtsdifferenzen auf eine Bildfunktion F(p) im Laplace-Bereich angewendet, entspricht einer Approximation der zugehörigen Zeitfunktion $f(t) = L^{-1}\{F(p)\}$ durch eine *Treppen*funktion.

Das obige Verfahren stellt also eine relativ "grobe" Annäherung dar. Als Folge davon erweist sich eine Diskretisierung mit Hilfe von Differenzen, die auf einem Variablentausch

$$p \rightarrow \frac{z-1}{z \cdot T}$$

basiert, als nur bedingt geeignet. Man wird günstigere Methoden vorziehen, z.B. die anschließend zu besprechende Bilineartransformation.

Methode der Bilinear-Transformation

Die zwischen Laplace- und z-Bereich vermittelnde Bilinear-Transformation verwendet folgende Relation zwischen p- und z-Bereich:

$$\boxed{p \rightarrow \frac{2}{T} \cdot \frac{z-1}{z+1}} \qquad \text{Variablenwechsel: Bilinear-Transformation} \qquad (5.34)$$

Mathematischer Hintergrund ist die Logarithmierung der Zuordnung $z = e^{pT}$ mit anschließender Entwicklung in eine Potenzreihe:

$$p = \frac{1}{T}\ln z = \frac{1}{T} \cdot 2 \cdot \left(\frac{z-1}{z+1} + \frac{1}{3}\left(\frac{z-1}{z+1}\right)^3 + \frac{1}{5}\left(\frac{z-1}{z+1}\right)^5 + \cdots \right).$$

Ein Abbruch nach dem 1. Glied der für $z \approx 1$ rasch konvergierenden Reihe liefert die o.g. Beziehung Gl(5.34).

Hinweis: In technischen Anwendungen ist noch eine zweite Variante üblich, die ohne den (konstanten) Vorfaktor 2/T auskommt:

$$p \rightarrow \frac{z-1}{z+1}.$$

Sie besitzt ähnliche Abbildungseigenschaften und wird häufig beim Entwurf digitaler Filter angewendet (siehe Kap.6.3).

Um ihre Eignung beim Ersatz kontinuierlicher Systeme durch diskrete Realisierungen zu untersuchen, soll ähnlich wie im oben vorgegangen werden. Eine Umstellung von Gl(5.34) liefert die abbildende Funktion:

$$z = \frac{2+pT}{2-pT}, \qquad\qquad (5.35)$$

die folgende Rückschlüsse auf die Transformationseigenschaften bei Übergang vom p- Bereich in den z-Bereich erlaubt:

1) Die Abbildung der "stabilen Halbebene" des p-Bereichs durch o.g. Funktion liefert für $\sigma < 0$:

$$z = \frac{2 + (-|\sigma| + j\omega)T}{2 - (-|\sigma| + j\omega)T},$$

woraus sich durch Betragsbildung

$$|z| = \sqrt{\frac{(2 - |\sigma|T)^2 + (\omega T)^2}{(2 + |\sigma|T)^2 + (\omega T)^2}} < 1$$

ergibt, denn der Zähler ist für $\sigma > 0$ stets kleiner als der Nenner.

In Worten: alle Punkte der linken p-Halbebene werden in das Innere des Einheitskreises der z-Ebene abgebildet. Damit ist sichergestellt, daß die Bilinear-Transformation stabile kontinuierliche Systeme immer in stabile diskrete Systeme überführt.

2) Der komplexe Frequenzgang, in der p-Ebene durch die $j\omega$-Achse repräsentiert ($\sigma = 0$), erscheint im z-Bereich als

$$z = \frac{2 + j\omega T}{2 - j\omega T}.$$

Der Betrag dieses Ausdrucks ist gleich 1:

$$|z| = \sqrt{\frac{2^2 + (\omega T)^2}{2^2 + (\omega T)^2}} = 1.$$

Das aber ist genau die erwünschte Eigenschaft. Hier stimmen die Abbildungsmerkmale der exakten Abbildungsfunktion

$$z = e^{pT} \quad \text{für} \quad \sigma = 0 \quad \rightarrow \quad z = e^{j\omega T} \quad \text{mit} \quad |z| = 1$$

und der Bilineartransformation exakt überein! Damit ist gesichert, daß die *Form* der Amplitudengangskurve bei einer Transformation erhalten bleibt.

Vollkommen ist allerdings auch die Bilineartransformation nicht. Obige Aussage betrifft ja lediglich die Form der Frequenzgangskurve, nicht aber deren *Bezifferung* in ω. Einzelheiten werden deutlich, wenn man die Skalierung der Frequenzachse näher untersucht.

3) Skalierung der Frequenzachse

Betrachtet man den Einheitskreis in der z-Ebene $z = e^{j\omega T}$ und schreibt mit Hilfe von Gl(5.34) die zugehörige Funktion im p-Bereich hin, so entsteht:

$$p = \frac{2}{T} \cdot \frac{e^{j\omega T} - 1}{e^{j\omega T} + 1} = \frac{2}{T} \frac{e^{j\omega T/2}(e^{j\omega T/2} - e^{-j\omega T/2})}{e^{j\omega T/2}(e^{j\omega T/2} + e^{-j\omega T/2})} = \frac{2}{T} \cdot j \cdot tg\frac{\omega T}{2} \, .$$

Die rechte Seite obiger Gleichung ist rein imaginär, sie stellt also die $j\omega$-Achse im p-Bereich dar. Beachtet man dies und unterscheidet zusätzlich zwischen den Frequenzen im diskreten Bereich (rechte Seite: $\omega = \omega_{disk}$) und im kontinuierlichen Bereich (linke Seite: $\omega = \omega_{kont}$), so folgt für die

"kontinuierliche Frequenz"

$$\boxed{\omega_{kont} = \frac{2}{T} \cdot tg(\frac{\omega_{disk}T}{2})}$$

$$(5.36)$$

bzw. für die "diskrete Frequenz"

$$\boxed{\omega_{disk} = \frac{2}{T} \cdot arc\,tg(\frac{\omega_{kont}T}{2})}$$

$$(5.37)$$

als jeweiliger Umrechnungsfaktor beim Wechsel zwischen den Systemarten.

Mit anderen Worten:

die oben angesprochene Übereinstimmung der Ortskurven geht nicht mit deren gleicher Frequenzskalierung einher. Vielmehr findet bei Übergang vom kontinuierlichen zum diskreten System eine nichtlineare Verzerrung der Frequenzachse nach Gl(5.36) statt, die beim Übergang von kontinuierlichen zur diskreten Systemen zu berücksichtigen ist.

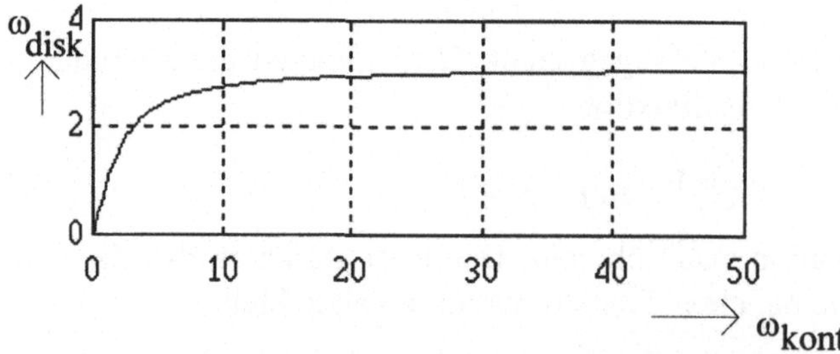

Bild 5.17 Nichtlineare Abhängigkeit zwischen normierter diskreter Frequenz ω_{disk} und kontinuierlicher Frequenz ω_{kont}. Aufgetragen ist $\omega_{disk} \cdot T = 2 \cdot arctg(\omega_{kont} \cdot T / 2)$ für $T = 1$

Ergebnis:

> Die Bilinear-Transformation zeichnet sich beim Übergang von kontinuierlichen zu diskreten Systemen durch günstige Eigenschaften aus. Stabile kontinuierliche Systeme führen auf ebenfalls stabile diskrete Systeme. Die Form des Amplitudenganges bleibt bei der Transformation erhalten.

Allerdings ändert sich die Skalierung der Frequenzachse. Diese abweichende Frequenzachsenskalierung ist aber durch eine passende "Vorverzerrung" auf der Grundlage der Beziehungen Gl(5.36) und Gl(5.37) kompensierbar.

Zusätzliche Einblicke in Eigenschaften und Wirkungsweise der Bilinear-Transformation soll die folgende Betrachtung im *Zeitbereich* vermitteln.

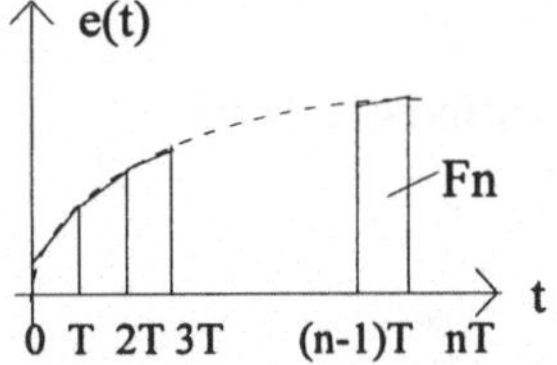

Bild 5.18 Annäherung der Funktion e(t) durch schmale Trapeze

Nähert man wie in Bild 5.17 die Fläche F(t) zwischen der Funktion e(t) und der Abszissenachse

$$F(t) = \int\limits_{0}^{t} e(\tau)d\tau$$

durch eine Summe von Trapezen der Basislänge T an, wobei das n. Teiltrapez (n = 1, 2, 3,...) die Teilfläche F_n

$$F_n = \frac{e[(n-1)T] + e(nT)}{2} \cdot T$$

besitzt, so ergibt sich das angenäherte Integral bis zur Abszisse t = (n-1)T aus der Summe der Trapezflächen zu:

$$a[(n-1)T] \approx \sum\limits_{i=1}^{n-1} F_i$$

und für die zwischen e(t) und der Abszissenachse eingeschlossenen Gesamtfläche bis zur Abszisse t = nT kann geschrieben werden:

$$a(nT) = a[(n-1)T] + \frac{T}{2} \cdot [e(nT) + e[(n-1)T]] \; .$$

Transformiert man diese Gleichung in den z-Bereich, so entsteht zunächst die Bildfunktion A/z):

$$A(z) = z^{-1} \cdot A(z) + \frac{T}{2} \cdot \left[E(z) + z^{-1} \cdot E(z) \right],$$

woraus sich nach Umordnung die Übertragungsfunktion im z-Bereich

$$G(z) = \frac{A(z)}{E(z)} = \frac{T}{2} \cdot \frac{z+1}{z-1}$$

ergibt.

Diese Funktion beschreibt einen Integrator, denn sie realisiert die Zuordnung (vergl. Gl(5.34))

$$\frac{1}{p} \rightarrow \frac{T}{2} \cdot \frac{z+1}{z-1},$$

worin 1/p für die Integration im Laplace-Bereich steht, während der Term

$$\frac{T}{2} \cdot \frac{z+1}{z-1}$$

eine Integration im z-Bereich beinhaltet.

Für die Wirkungsweise der Bilineartransformation ist nach obigem Zusammenhang zu schlußfolgern:

> Die Anwendung der Bilinear-Transformation auf eine Bildfunktion F(p) im Laplace-Bereich entspricht einer Approximation der zugehörigen Zeitfunktion $f(t) = L^{-1}\{F(p)\}$ mittels der *Trapez*regel.

Sie stellt im Vergleich zur Methode der Rückwärtsdifferenzen die "feinere" Annäherung dar (vergl. vorherigen Abschnitt).

Will man von *kontinuierlichen* zu *diskreten* Systemen mit *gleichem Frequenzverhalten* übergehen, so besitzt die Bilinear-Transformation im Vergleich zur Methode der Rückwärtsdifferenzen die günstigeren Eigenschaften. Sie führt auf den gleichen Amplitudengang wie die Originalfunktion; lediglich deren Phasenverlauf wird nichtlinear verzerrt (korrigierbar nach Gl(5.36) bzw. Gl(5.37)).

6 Ausgewählte Numerische Verfahren

Die heutige Computertechnik bietet leistungsfähige Hilfen zur Lösung technischer Aufgabenstellungen an; ihre zunehmende Verbreitung hat die Rechentechnik zur Jedermann-Technik gemacht. Das befreit den Anwender aber keinesfalls von der Notwendigkeit, seine Problemstellung sorgfältig aufzubereiten, bevor er einen Computer als Lösungshilfe einsetzt. Bei der Komplexität der zu bewältigenden Rechnungen fällt es hinterher meistens schwer, anfangs zugelassene Unsauberkeiten aufzuspüren und erfolgreich nachzubessern. Eine gründliche Problemanalyse und Lösungsvorbereitung bleibt deshalb auch beim Einsatz moderner Rechenhilfsmittel unverzichtbare Voraussetzung für brauchbare Ergebnisse. Hierzu gehören auch so trivial anmutende Dinge wie widerspruchsfreie Formulierung des Problems, Aufgliederung in überschaubare Teilaufgaben und nicht zuletzt die Wahl einer geeigneten Tastperiodendauer.

6.1 Zur Wahl der Tastperiodendauer

Das Shannon'sche Abtasttheorem für frequenzbegrenzte Funktionen liefert als Bedingung für fehlerfreie Rekonstruierbarkeit einer zeitlich unbegrenzten Funktion x(t) aus ihren Abtastwerten x(nT) folgende Ungleichung:

$$\boxed{T < \frac{1}{2\,f_{max}}}$$

T - Tastperiodendauer (6.1.a)
f_{max} - höchste enthaltene Frequenzkomponente

Die maximal zulässige Tastperiodendauer T muß demnach kleiner sein als der Kehrwert der im Signal enthaltenen verdoppelten Maximalfrequenz.

Verwendet man anstelle der Tastperiodendauer T die Abtastfrequenz $f_{abt} = 1 / T$, so entsteht die zu Gl(6.1a) gleichwertige Aussage

$$\boxed{f_{abt} > 2 \cdot f_{max}}$$

Mindestabtastfrequenz (6.1.b)

In Worten:
Die Abtastfrequenz f_{abt} ist größer als die doppelte signalinterne Maximalfrequenz zu wählen. Dann und nur dann ist die kontinuierliche Originalfunktion x(t)

$$\boxed{x(t) = \sum_{n=-\infty}^{\infty} x(nT) \cdot si\left[\pi\left(\tfrac{t}{T} - n\right)\right]}$$

Rekonstruktion von x(t) aus x(nT) (6.2)
mittels Spaltfunktionen si(x)= sin(x)/x

aus ihren Probenwerten x(nT) ohne Informationsverlust wiederherstellbar.

Die Herleitung dieses Zusammenhanges (Gln 6.1, 6.2) setzt - und das darf nicht unbeachtet bleiben - ausdrücklich frequenzbegrenzte Funktionen x(t) voraus, also ist zu fordern:

$$X(j\omega) = F\{x(t)\} = 0 \quad \text{für } \omega > \omega_{max}$$

frequenzbegrenztes Spektrum von x(t)

Das bedeutet, die betrachtete Funktion muß *periodisch* sein und gleichzeitig, sie

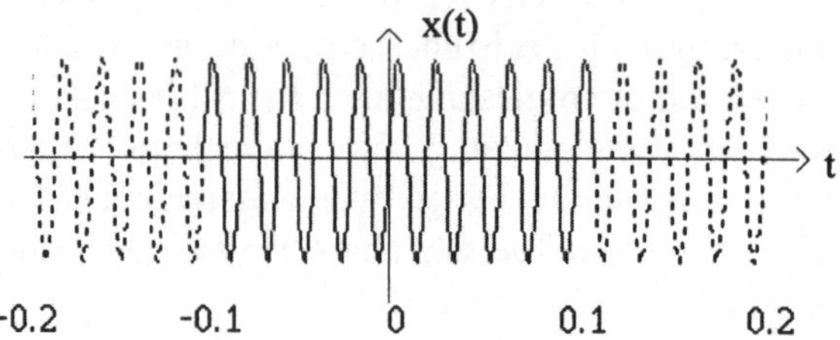

Bild 6.1 Zeitlich *unbegrenztes* harmonisches Signal x(t) der Frequenz $f_0 = 50$ Hz .

muß eine zeitlich *unbegrenzte Dauer* aufweisen.

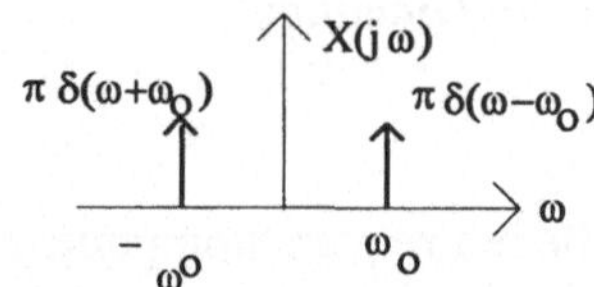

Bild 6.2 Spektrale Amplitudendichte des zeitlich *unbegrenzten* Signals von Bild 6.1. Die Spektralfunktion $X(j\omega)$ ist ideal bandbegrenzt auf die Maximalfrequenz $\omega_{max} = \omega_0$.

Die spektrale Amplitudendichte harmonischer Signale x(t) = $\cos\omega_0 t$ *unbegrenzter Dauer* zeigt Bild 6.2. Deren Spektralfunktion $X(j\omega) = F\{x(t)\}$ ist ideal bandbegrenzt und erfüllt somit exakt die Vorbedingung des Shannon'schen Abtasttheorems.

Eine unendlich lange Signaldauer ist in praktischen Fällen jedoch *nicht verfügbar*, da Funktionen x(t) rechentechnisch immer nur innerhalb *endlicher Zeitintervalle* erfaßt werden können.

Läßt man aber die genannte Voraussetzung eines bandbegrenzten $X(j\omega)$ außer Acht, so entstehen bei (dann unzulässiger) Anwendung der Gl(6.1) auf zeitbegrenzte Funktionen fehlerhafte Ergebnisse, wie das folgende Exempel zeigen soll.

Aufgabe

Ein harmonisches Signal y = $\sin(\omega_0 t)$ mit der Frequenz $f_0 = 50$ Hz wird innerhalb eines zeitbegrenzten Ausschnittes der Länge von 10 Signalperioden untersucht.

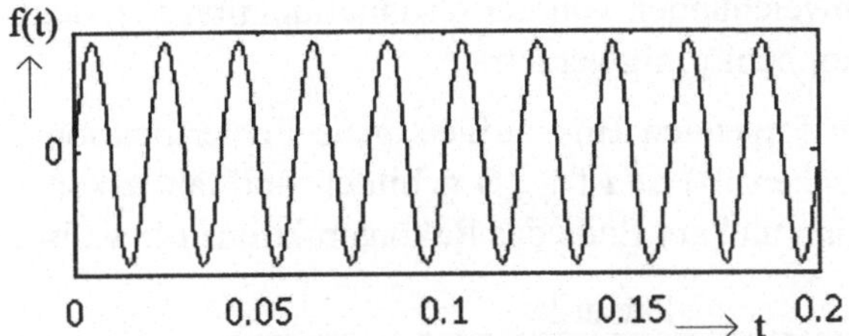

Bild 6.3 Zeitbegrenzter Ausschnitt einer harmonischen Funktion der Frequenz f_0=50 Hz

Bei oberflächlicher Betrachtung scheint die gegebene Funktion durch $f_0 = 50$ Hz als Maximalfrequenz ausreichend gekennzeichnet zu sein.

Gl(6.1.b) würde dann eine minimale Abtastfrequenz von $f_{abt} > 2*50$ Hz erfordern. Man könnte Probenwerte z.B. im Abstand $T = 1/105$ sec entnehmen und die Gl(6.1b) wäre erfüllt: $f_{abt} = 105$ Hz $> 2*50$ Hz.

Das Ergebnis einer solchen Probenwertentnahme zeigt Bild 6.4.

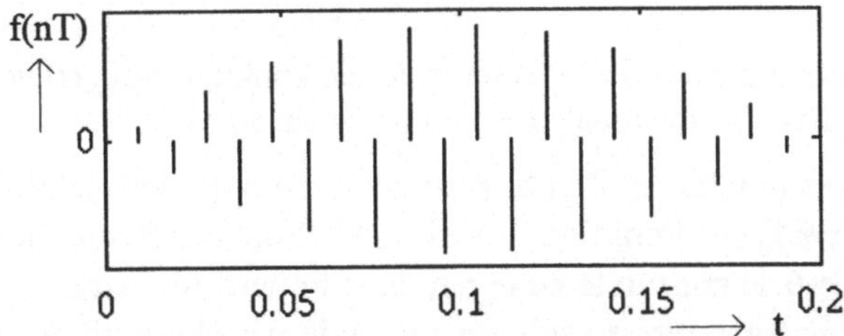

Bild 6.4 Probenwerte von f(t), wenn bei einer Grundfrequenz $f_0 = 50$ Hz die Abtastfrequenz $f_{abt} = 105$ Hz $> 2*50$ Hz gewählt wird.

Zur Rekonstruktion der Originalfunktion aus obigen Abtastwerten wird der Spaltfunktionen-Algorithmus Gl(6.2) benutzt; seine Anwendung auf den obigen Datensatz liefert das im folgenden Bild dargestellte Ergebnis.

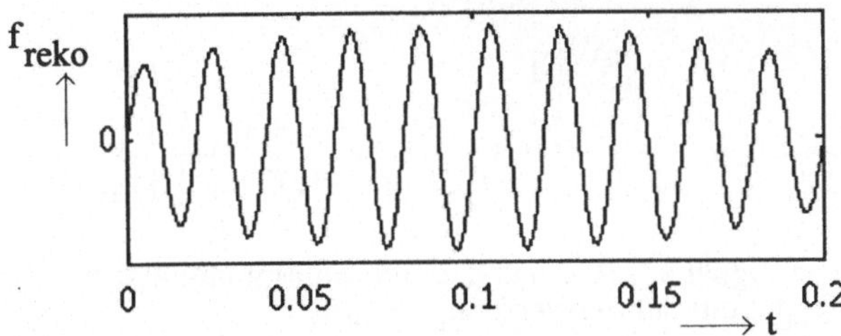

Bild 6.5 Rekonstruktion des abgetasteten Signals durch Überlagerung von Spaltfunktionen mit Hilfe von Gl(6.2),

Obwohl das mit Hilfe von Spaltfunktionen aus der Wertefolge in Bild 6.4 rekonstruierte Signal weitgehend sinus-ähnlich ausfällt, zeigt die zurückgewonnene Funktion $f_{reko}(t)$ sowohl am Anfang als auch am Ende des Beobachtungsintervalls deutliche Abweichungen von der Originalfunktion f(t), denn sie ist am Anfang und am Ende tonnenförmig verzerrt.

Genaueres sagt die im folgenden Bild aufgetragene Fehlerfunktion aus. Sie ist aus der Differenz zwischen f(t) und $f_{reko}(t)$ gebildet und läßt erkennen, daß die größten Fehler zu Beginn und am Ende des Rekonstruktionsintervalls auftreten.

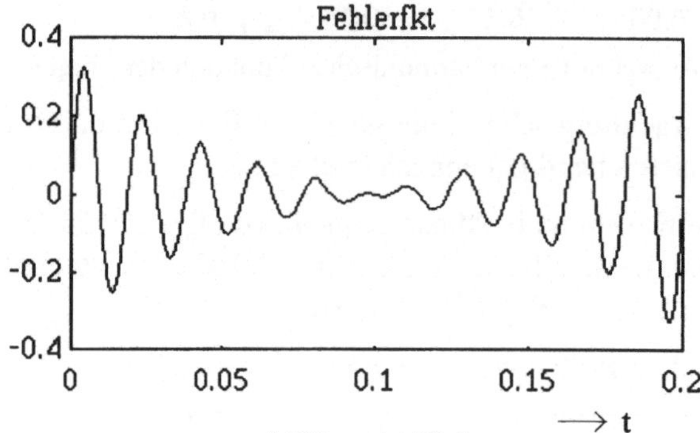

Bild 6.6 Abweichung der aus f(nT) rekonstruierten Funktion $f_{Reko}(t)$ von der Originalfunktion f(t). Der maximale Fehler beträgt ca. 33 % !

Fazit: offenbar genügt es bei der *zeitlich begrenzten* harmonischen Schwingung nicht, die Grundfrequenz f_0 der Funktion $y = \sin(2\pi f_0 t)$ bei der Bemessung der Abtastfrequenz nach Gl(6.1) zugrunde zu legen; eine höhere Abtastrate wird unverzichtbar. Quantitative Einzelheiten soll der folgende Abschnitt klären.

Abtasttheorem für gefensterte Funktionen

Gefensterte, d.h., *zeitlich begrenzte* Funktionen der Länge T_F, kann man durch Multiplikation der periodischen Funktion $x_{per}(t)$ mit einer Rechteckfunktion $x_R(t)$ der Dauer T_F erzeugen (Bild 6.7).

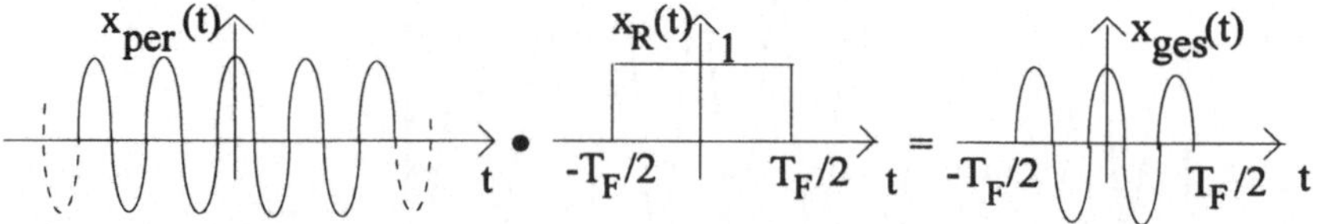

Bild 6.7 Das zeitbegrenzte Signal $x_{ges}(t)$ entsteht durch Multiplikation der zeitlich unbegrenzten Funktion $x_{per}(t)$ mit der Fensterfunktion $x_R(t)$

Das obige Bild verdeutlicht die charakteristische Veränderung der Signalform: aus der zeitlich unbegrenzten Funktion (links) wird eine "gefensterte Funktion" endlicher Länge T_F (rechts), deren Beschreibung im Frequenzbereich eine erheblich größere Bandbreite erfordert als die zugehörige, auf der gesamten Zeitachse definierte periodische Funktion (vergl. Bild 6.2).

Die Signaltheorie liefert mit Hilfe des Faltungssatzes als spektrale Amplitudendichte $F\{x(t)\}$ des zeitbegrenzten Signals

$$F\{x(t)\} = X(j\omega) = \frac{T_F}{2}\left[\frac{si(\omega-\omega_0)T_F}{2} + \frac{si(\omega-\omega_0)T_F}{2}\right] \tag{6.3}$$

deren Verlauf für positive ω im Bild 6.8 dargestellt ist.

Man erkennt: die Bandbreite der *zeitlich begrenzten* cos-Schwingung ist erheblich größer, als die des zugehörigen *periodischen* Vorganges; streng genommen besitzt sie sogar eine unendlich breite spektrale Amplitudendichte $X(j\omega)$.

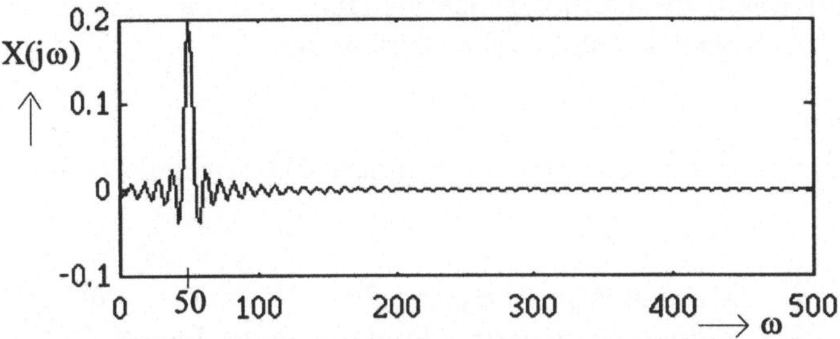

Bild 6.8 Amplitudendichte-Spektrum des zeitlich *begrenzten* Signals von Bild 6.7

Da die Hüllkurve von $X(j\omega)$ jedoch nach Gl(6.3) hyperbolisch gegen Null konvergiert, klingen ihre spektrale Amplitudendichte mit wachsendem ω rasch ab. Man kann demnach ein ω_{max} definieren, oberhalb dessen die Amplitudendichte $X(j\omega)$ vernachlässigbar klein bleibt.

- Bei technischen Anwendungen reicht es oft aus, als höchste relevante Frequenz ω_{max} diejenige zu vereinbaren, bei der $X(j\omega)$ bis auf 1% seiner maximalen Amplitude $X(j\omega)_{max}$ abgeklungen ist.

Da der Zähler der Spaltfunktion $si(x) = sin(x)\,/\,x$ innerhalb der Grenzwerte $-1 < sin(x) < 1$ liegt, entspricht dann der Ansatz

$$\frac{1}{(\omega_{max}-\omega_0)\frac{T}{2}} \le 10^{-2}$$

gemäß Gl(6.3) der oben genannten 1%-Forderung. Als maximale zu berücksichtigende Frequenzkomponente ergibt sich daraus:

$$\omega_{max} = \omega_0 + \frac{2\cdot10^2}{T}. \qquad \text{Maximalfrequenz bei } X(j\omega) = 10^{-2}\cdot X(j\omega)_{max} \tag{6.4}$$

Bei dieser Frequenz ist die Amplitudendichte der zeitbegrenzten harmonischen Funktion auf 1% ihres Maximalwertes abgeklungen.

Beachtet man Gl(6.4), so nimmt das Shannon'schen Abtasttheorem für zeitlich begrenzte Vorgänge folgende Form an:

$$T_{abt} \leq \frac{1}{2 \cdot \left(f_0 + \dfrac{100}{\pi \cdot T_F} \right)}$$

Höchstzulässige Tastperiodendauer für   (6.5.a)
zeitbegrenzte period. Funktionen der Länge T_F

worin

T_{abt} - die höchstzulässige Abtastperiodendauer
f_0 - die Grundfrequenz des harmonischen Signals
T_F - die Dauer des Signalabschnittes (Fensterlänge)

bedeuten.

Eine gleichwertige Aussage für die erforderliche Mindest-Abtastfrequenz lautet dann:

$$f_{abt} \geq 2 \cdot \left\{ f_0 + \frac{100}{\pi \cdot T_F} \right\}$$

Mindest-Abtastfrequenz für   (6.5.b)
zeitbegrenzte period. Funktionen der Länge T_F

Für den Grenzfall unendlich großer Fensterlänge $T_F \to \infty$ gehen die oben gefundenen Beziehungen in die Formeln des "klassischen" Abtasttheorems [Gl(6.1a, 6.1.b)] über.

Beispiel

Um den beträchtlichen Unterschied zwischen den Ergebnissen des Abtasttheorems für periodische Vorgänge nach Gl(6.1) und der Variante für *gefensterte* Funktionen zu demonstrieren, soll eine *zeitbegrenzte* harmonische Funktion zunächst nach Gl(6.5a/b) abgetastet und dann aus den Probewerten rekonstruiert werden.

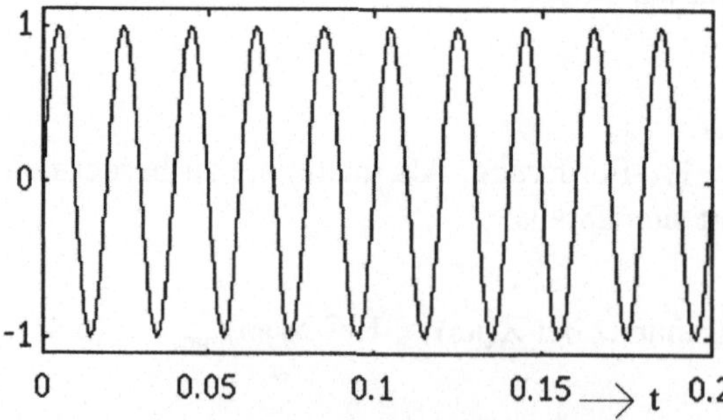

Bild 6.9 Zeitbegrenzte harmonische Funktion mit $f_0 = 50$ Hz und einer Fensterlänge $T_F = 0.2$ sec. (Außerhalb des skizzierten Bereichs sind alle Funktionswerte = 0)

Aus Gl(6.5a) folgt gemäß dem erweiterten Abtasttheorem ein Höchstabstand der Probenwerte von

$$T_{abt} \leq \frac{1}{2 \cdot (f_o + \frac{100}{\pi \cdot T_F})} = \frac{1}{2 \cdot (50 + \frac{100}{\pi \cdot 0.2})} = 0.00487,$$

dem eine Abtastfrequenz von $f_{abt} = 1/T_{abt} = 418$ Hz entspricht
Das Ergebnis der Probenwertentnahme mit o.g. Abtastfrequenz ist im folgenden Bild skizziert.

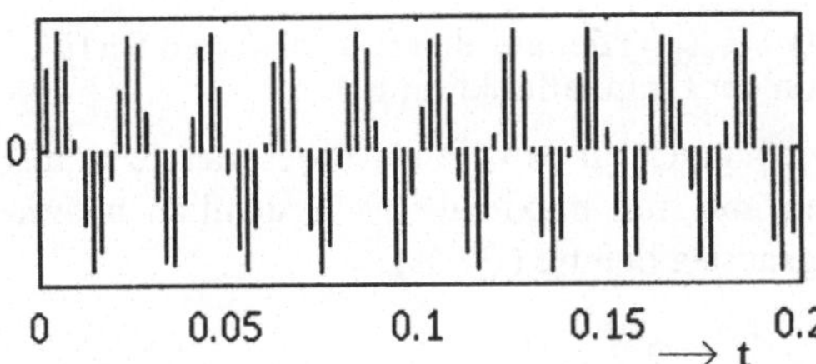

Bild 6.10 Probenwerte des zeitbegrenzten Signals, wie sie sich nach Gl(6.5) ergeben

Aus diesen Probenwerten wird nun mit Hilfe von Gl(6.2) die zugehörige kontinuierliche Funktion rekonstruiert.

Das Rekonstruktionsergebnis zeigt Bild 6.11. Wie man sieht, wird die harmonische Originalfunktion innerhalb des *gesamten* Beobachtungsintervalls recht gut wiederhergestellt.

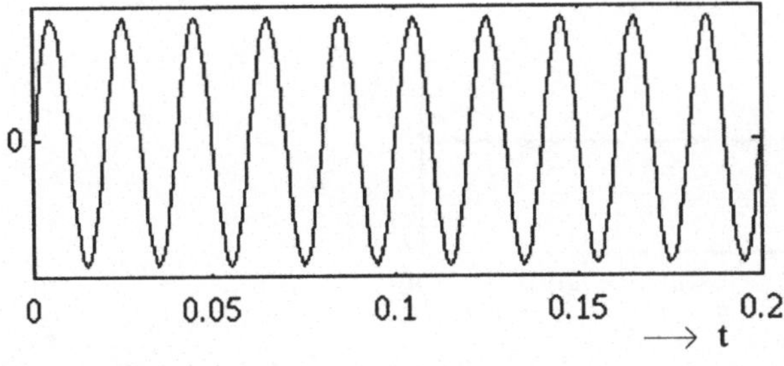

Bild 6.11 Mit Hilfe von Spaltfunktionen [Gl(6.2)] aus den Probenwerten f(nT) von Bild 6.10 rekonstruiertes Signal.

Insbesondere hält sich die tonnenförmige Verzerrung in engen Grenzen. Das Ergebnis verdeutlicht, daß der Einschwingvorgang, der den sofortigen Übergang vom Wert Null außerhalb des Fensters zur harmonischen Funktion innerhalb des Fensters bewirkt, sich auf die hohen Frequenzkomponenten stützt.

Quantitative Aussagen über die Restabweichung liefert die Fehlerfunktion, wiederum aus der Differenz zwischen Original- und rekonstruierter Funktion gebildet.

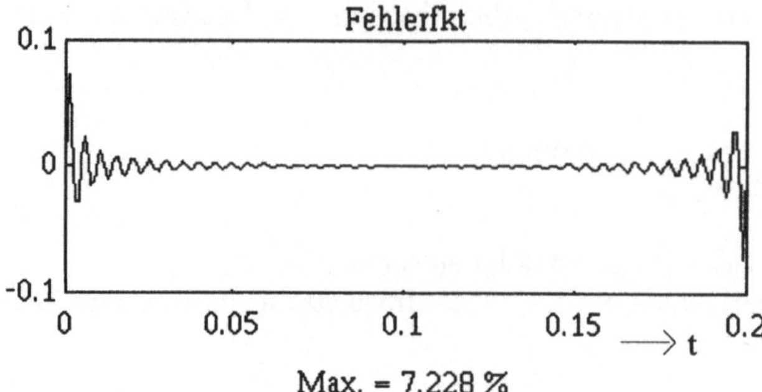

Bild 6.12 Zeigt die Abweichung f(t) - f_{Reko}(t) der aus den Probenwerten f(nT) rekonstruierten Funktion f_{Reko} (t) von der Originalfunktion f(t).

Auch hier treten die größten Abweichungen an den Rändern des Bereichs, also beim Einschwingvorgang auf; sie bleiben aber mit maximal 7,2 % deutlich unterhalb der Fehler, die der "klassische" Lösungsansatz lieferte (33 %).

Betrachtung im Frequenzbereich
Eine anschauliche Erklärung für die stark unterschiedlichen Ergebnisse im Zeitbereich vermittelt eine Gegenüberstellung der beiden folgenden Bilder im Frequenzbereich.

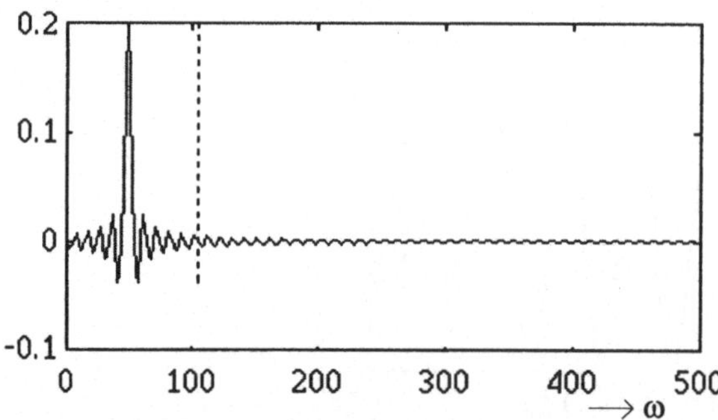

Bild 6.13 Die senkrechte gestrichelte Linie markiert das berücksichtigte Frequenzband, wenn (unerlaubt) Gl(6.1) verwendet wird (Maximalfrequenz f_{max} = 105 Hz). Ein wesentlicher Teil der hohen Frequenzen bleibt bei der Rekonstruktion unberücksichtigt.

Während im 1. Beispiel (Maximalfrequenz f_{max} = 105 Hz) nur ein relativ schmaler Bereich der Spektralfunktion zur Rekonstruktion von f(t) genutzt wird, berücksichtigt das 2. Beispiel (Maximalfrequenz f_{max} = 420 Hz) einen erheblich größeren Anteil der höheren Frequenzkomponenten, die einen annähernd korrekten Aufbau des Einschwingvorganges bewirken.

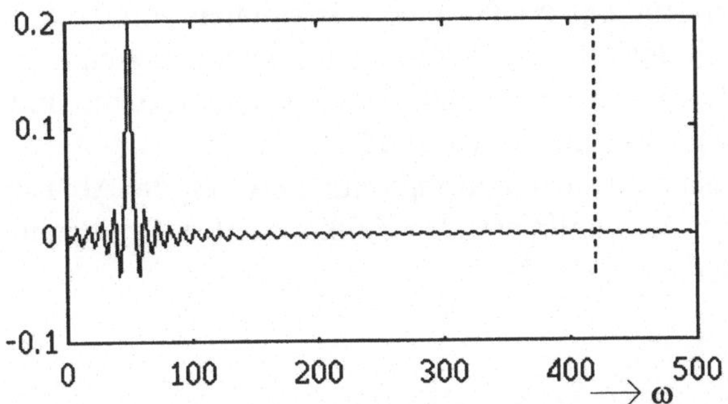

Bild 6.14 Die senkrechte gestrichelte Linie markiert das berücksichtigte Frequenzband, wenn Gl(6.5) angewendet wird (Maximalfrequenz f_{max} = 410 Hz). Im Vergleich zu Bild 6.13 ist ein größerer Teil des Frequenzbandes zur Rekonstruktion verfügbar.

Offenbar reicht es nicht aus, das Amplitudendichtespektrum bis knapp über die doppelte Grundfrequenz (f_{abt} = 105 Hz) zu berücksichtigen. Dagegen liefert eine Erhöhung auf f_{abt} = 420 Hz , also auf die 1%-Frequenz, brauchbare Ergebnis.

Kurze Signale

Der Einfluß der *zeitlichen Begrenzung* wächst offenbar mit kleiner werdender Fensterlänge T_F. Im Extremfall - bei sehr kurzen T_F - spielt die *Form* der gefensterten Funktion keine entscheidende Rolle mehr; vielmehr wird die erforderliche Abtastfrequenz dann von der Fenster*länge* bestimmt

Dieser Fall tritt nach Gl(6.5) bei *harmonischen* Funktionen immer dann ein, wenn die Ungleichung (6.6) erfüllt ist.

$$\boxed{T_F << \ 100/(\pi \cdot f_0)} \qquad\qquad (6.6)$$

Aus Gl(6.5.a) folgt für kleine T_F , also für $f_0 << 100/(\pi\, T_F)$ die Näherung

$$\boxed{T_{abt} < \frac{1}{200/(\pi T_F)} \approx 1.5 \cdot 10^{-2} \cdot T_F}$$

Tastperiodendauer bei kleiner Fensterlänge und harmonischer Funktion   (6.7)

nach der die Tastperiodendauer lediglich von der Fensterlänge abhängt.

Erkenntnis:

Bei *informationstechnischen* Aufgabenstellungen, bei denen kontinuierliche *zeitbegrenzte* Signale durch ihre diskrete Beschreibung nicht merklich verfälscht werden dürfen, ist die Wahl der Tastperiodendauer nach dem klassischen Abtasttheorem nicht ausreichend. In solchen Fällen können statt dessen die Gl(6.5) oder Gl(6.7) als *Faustformel* zur Bemessung der maximalen Tastperiodendauer verwendet werden.

Bei *regelungstechnischen* Anwendungen sind andere Prioritäten zu setzen. Hier kommt es weniger auf die fehlerlose Rekonstruktion eines diskretisierten Zeitvorgangs an; vielmehr stehen dynamische Stabilität des Regelungssystems und die Dämpfung von Übergangsvorgängen im Vordergrund.

In solchen Fällen hat es sich als brauchbarer Kompromiß bewährt, die Abtastperiodendauer T etwa 1/6 bis 1/10 der dominierenden Zeitkonstanten T_{sys} beteiligter Übertragungsglieder zu wählen.

6.2 Periodischer Schalter

Interessante z-Anwendungen in Verbindung mit Differenzengleichungen ergeben sich bei zeitvarianten Systemen mit wechselnden Ersatzschaltungen.

Bild 6.15 zeigt eine solche Anordnung. Der Schalter S legt den Kondensator C innerhalb einer Periodendauer T abwechselnd für die Zeit mT (mit m < 1) über R_1 an eine Gleichspannungsquelle (Aufladung) oder für eine Zeit (1-m)T an den Verbraucherwiderstand R_2 (Entladung).

Zu untersuchen ist der zeitliche Verlauf der Kondensatorspannung $u_c(t)$!

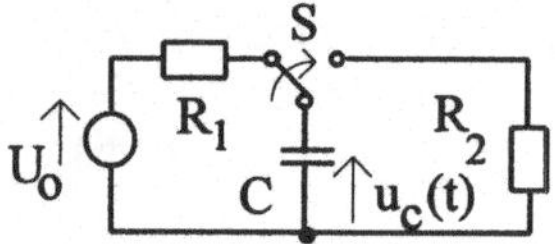

Bild 6.15 Periodischer Schalter zur zyklischen Auf- und Entladung des Kondensators C

Die rechnerische Analyse steht insofern vor besonderen Anforderungen, als das Schaltungsverhalten von 2 *unterschiedlichen* Ersatzschaltbildern bestimmt wird. Je nachdem, ob die *Auflade-* oder die *Entlade*phase des Kondensators vorliegt, wechselt die aktuelle Ersatzschaltung und infolgedessen auch die Berechnungsgrundlage für die Kondensatorspannung $u_c(t)$.

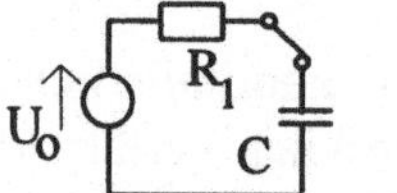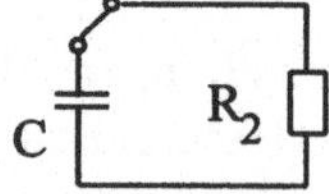

Bild 6.16 Die abwechselnd wirksamen Ersatzschaltungen:
links: C-Aufladung während 0 < t < mT mit der Zeitkonstanten T1=R_1C,
rechts: C-Entladung während mT< t < T mit der Zeitkonstanten T2 = R_2C.

Physikalischen Grundgesetzen folgend verläuft die Kondensatorspannung nach dem Einschalten prinzipiell wie die in Bild 6.17 gezeichnete ansteigende Sägezahnkurve.

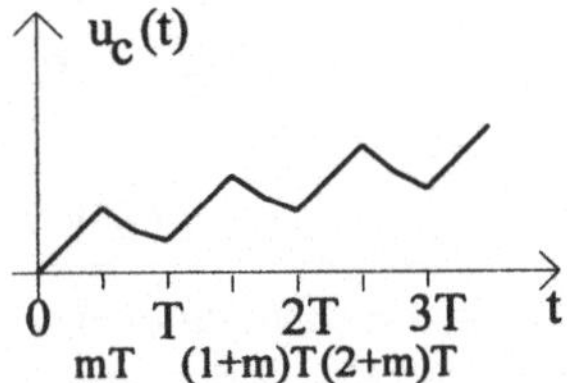

Bild 6.17 Prinzipieller Verlauf der Kondensatorspannung nach dem Einschalten.
Innerhalb der 1. Periode gilt: Aufladezeit $0 < t < mT$, Aufladedauer mT;
Entladezeit $mT < t < T$, Entladedauer $(1-m)T$

Innerhalb des Zeitintervalls $0 < t < mT$ wird der Kondensator aufgeladen und seine Spannung steigt, während des Zeitintervalls $mT < t < T$ wird der Kondensator entladen und die Klemmenspannung sinkt. Dieser Vorgang wiederholt sich zyklisch mit einer Periodendauer T.

Quantitative Überlegungen präzisieren obige Aussagen.
Während der *Aufladephase* $0 < t < mT$ (Bild 6.16, links) setzt sich die Gesamtspannung aus 2 Anteilen zusammen:

$$u_c(t) = U_o \cdot (1 - e^{-t/T1}) + u_c(0) \cdot e^{-t/T1}, \tag{6.8}$$

worin $u_c(0)$ die Anfangsspannung des Kondensators beim jeweiligen Zyklusbeginn bezeichnet.

Der 1. Summand in Gl(6.8) stellt einen zeitlich anwachsenden Anteil von $u_c(t)$, nämlich die Sprungreaktion der Reihenschaltung R_1C dar.
Der 2. Summand kennzeichnet einen zeitlich abklingenden Anteil von $u_c(t)$, nämlich die gleichzeitig stattfindende Kondensatorentladung über R_1C.
Beide Vorgänge überlagern sich und bilden gemeinsam die resultierende Maschenspannung innerhalb des Aufladezyklus .

Einfacher überschaubar ist der Verlauf von $u_c(t)$ in Bild 6.16, rechts. Während der *Entladephase* $mT < t < T$ treibt $u_c(0)$ einen Strom durch R_2 an und es gilt:

$$u_c(t) = u_c(0) \cdot e^{-t/T2}, \tag{6.9}$$

worin $u_c(0)$ wieder die aktuelle Anfangsspannung unmittelbar nach dem Umschalten bedeutet.

Um das Bildungsgesetz für beide Phasen eines Zyklus T erkennbar werden zu lassen, stellt die nachstehende Tabelle Auf- und Entladespannungen für einige Perioden zusammen.

Peri.	Aufladung	Entladung
1.	$0<t<(0+mT):\quad u_c(t) = u_O-[u_O-u_c(0T)e^{-t/T1}]$	$(0+mT)<t< T:\qquad u_c(t) = u_c(0+mT)e^{-t/T2}$
2.	$T<t<(1+m)T:\quad u_c(t) = u_O-[u_O-u_c(1T)e^{-t/T1}]$	$(1+mT)<t< T:\qquad u_c(t) = u_c(1+mT)e^{-t/T2}$
3.	$T<t<(2+m)T:\quad u_c(t) = u_O-[u_O-u_c(2T)e^{-t/T1}]$	$(2+mT)<t< T:\qquad u_c(t) = u_c(2+mT)e^{-t/T2}$
....	....	....
(n+1)	$nT< t<(n+m)T: u_c(t) = u_O-[u_O-u_c(nT)e^{-t/T1}$	$(n+m)T<t< (n+1)T: u_c(t) = u_c(n+mT)e^{-t/T2}$

Tabelle 6.1 Bildungsgesetz für die Kondensatorspannung bei Auf- und Entladung über mehrere Perioden

Die letzte Zeile der Tabelle enthält die Bildungsgesetze für Auflade- und Entladespannung während der (n+1). Periode. Beide sollen zur Berechnung des gesuchten Spannungsverlaufs $u_c(nT)$ in einer Differenzengleichung zusammengefaßt werden, die dann mittels Z-Transformation zu lösen ist.

Aufstellen der Differenzengleichung für die Kondensatorspannung
In der (n+1). Periode gelten für die *Aufladung* folgende Fakten:
-Die Anfangsspannung ist $u_c(nT)$,
-die Aufladedauer beträgt mT,
-der Endwert der Aufladung ist $u_c[(n+m)T]$.

Daher wird am *Aufladungsende:*

$$u_c\left[(n+m)T\right] = u_o - \left[u_o - u_c(nT)\cdot e^{-mT/T1}\right]. \quad \text{Aufladungsendwert} \qquad (6.10)$$

Außerdem ergibt sich in der (n+1). Periode für die *Entladung:*
-Anfangsspannung ist $u_c[(n+m)T]$,
-die Entladedauer beträgt (1-m)T,
-der Endwert der Entladung ist $u_c[(n+1)T]$.

Daher gilt am *Entladungsende:*

$$u_c\left[(n+1)T\right] = u_c\left[(n+m)T\right]\cdot e^{-(1-mT)/T2}. \qquad \text{Entladungsendwert} \qquad (6.11)$$

Beide Aussagen können zusammengefaßt werden. G(6.10) in Gl(6.11) eingesetzt liefert die Beziehung

$$u_c\left[(n+1)T\right] = \left\{u_o - \left[u_o - u_c(nT)\right]\right\}\cdot e^{-(1-mT)/T2} \qquad (6.12)$$

oder umgeschrieben

$$u_c\left[(n+1)T\right] = \left\{u_o - u_o\cdot e^{-mT/T1}\right\}\cdot e^{-(1-mT)/T2} + u_c(nT)\cdot e^{-mT/T1-(1-m)T/T2}$$

Führt man die Abkürzungen

$$a = mT/T1 + (1-m)T/T2$$

sowie

$$u_{stör} = \left\{ u_0 - u_0 \cdot e^{-mT/T1} \right\} \cdot e^{-(1-mT)/T2}$$

ein, so folgt letztlich für die Kondensatorspannung $u_c(nT)$ Differenzengleichung

$$\boxed{u_c[(n+1)T] - e^{-a} \cdot u_c(nT) = u_{stör}} \qquad \text{Diff.-Gl. 1.O. für } u_c(nT) \qquad (6.13)$$

Die Lösung dieser Differenzengleichung für energielosen Anfangszustand $u_c(0) = 0$ führt über die Z-Transformation obiger Gleichung:

$$z \cdot U_c(z) - z \cdot u_c(0) - e^a \cdot U_c(z) = u_{stör} \cdot \frac{z}{z-1}$$

unmittelbar auf den korrespondenzfähigen Term

$$U_c(z) = u_{stör} \cdot \frac{z}{(z-1)(z-e^{-a})},$$

woraus sich nach Rücktransformation mittels Korrespondenztabelle die diskrete Zeitfunktion für die Kondensatorspannung

$$\boxed{u_c(nT) = u_{stör} \cdot \frac{1-e^{-an}}{1-e^{-a}}} \qquad \text{Kondensatorspannung an den Stellen } t = nT \qquad (6.14)$$

ergibt.

Das folgende Bild zeigt die Lösung von Gl(6.14) für den Datensatz
$m = 0.5; \ T = 10^{-4}; \ T_1 = T_2 = 0.4 \cdot 10^{-3}; \ U_0 = 1;$
innerhalb der ersten 15 Perioden.

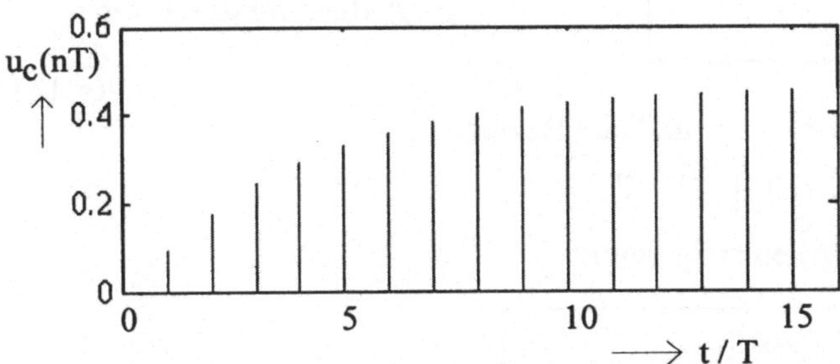

Bild 6.18 Werte der Kondensatorspannung $u_c(t)$ in den Zeitpunkten $t = nT$

Dieses Ergebnis kann wegen seiner eingeschränkten Aussagekraft noch nicht befriedigen. Wie ein Blick auf Bild 6.18 lehrt, bleibt Wesentliches verborgen, so z.B. der Maximalwert der Spannung innerhalb einer Periode, nämlich der Wert $u[(n+m)T]$. Das Ergebnis Gl(6.14) liefert lediglich Spannungswerte bei ganzzah-

ligen Vielfachen von T, die physikalisch Minimalwerte innerhalb der Periodendauer T darstellen.

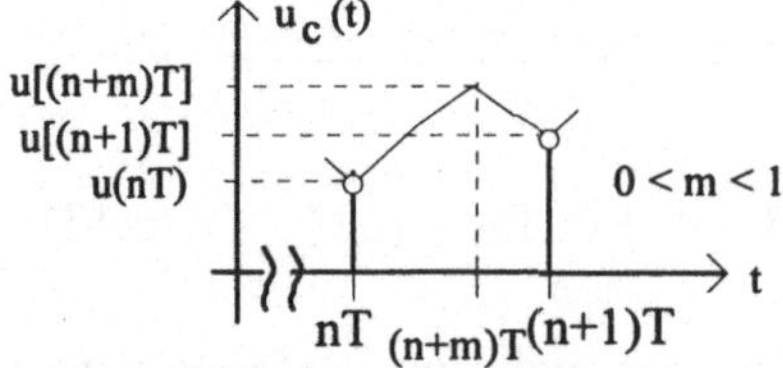

Bild 6.19 Einzelheit für nT < t < (n+1)T ; Spannungsverlauf innerhalb einer Tastperiodendauer

Um diesen Mangel zu beheben, sollen zusätzliche *Zwischenwerte* der Kondensatorspannung bestimmt werden.

Berechnung von Zwischenwerten

Um das Ergebnis Gl(6.14) aussagekräftiger zu gestalten, sei nochmals auf die
Tabelle 6.1 verwiesen. Sie enthält folgende Beziehungen:

$$u_c(t) = u_0 - \left[u_0 - u_c(nT)\right]\cdot e^{-t/T1} \qquad \text{gültig während der Aufladung} \qquad (6.15)$$

$$u_c(t) = u_c\left[(n+m)T\right]\cdot e^{-t/T2} \qquad \text{gültig während der Entladung.} \qquad (6.16)$$

Als Lösung der Differenzengleichung resultierte:

$$u_c(nT) = u_{stör} \cdot \frac{1-e^{-an}}{1-e^{-a}} \cdot \qquad\qquad (6.17)$$

Setzt man Gl(6.17) in Gl(6.15) ein, so folgt

$$\boxed{u_c(t) = u_0 - \left[u_0 - u_{stör}\cdot\frac{1-e^{-an}}{1-e^{-a}}\right]\cdot e^{-t/T}} \qquad \text{Aufladung: } 0 < t < mT$$

$$(6.18)$$

Aus Gl(6.15) ergibt sich für t = (n+m)T die Beziehung:

$$u_c\left[(n+m)T\right] = u_0 - \left[u_0 - u_c(nT)\right]\cdot e^{-mT/T1}.$$

Durch Einsetzen in Gl(6.16) entsteht dann:

$$\boxed{u_c(t) = \left\{u_0 - \left[u_0 - u_{stör}\cdot\frac{1-e^{-an}}{1-e^{-a}}\right]\cdot e^{-mT/T1}\right\}e^{-t/T2}} \qquad \text{Entladung: } 0 < t < (1-m)T$$

$$(6.19)$$

Mit den Gln(6.18) und Gl(6.19) ist der vollständige Verlauf der Kondensatorspannung $u_c(t)$ innerhalb der (n+1). Periode gefunden. Läßt man n die Folge der

natürlichen Zahlen durchlaufen, n = 0, 1, 2, 3... , so ist $u_c(t)$ auf der gesamten Zeitachse bestimmbar.

Man beachte aber, daß die unabhängige Variable t in den o.g. Gleichungen keine *durchlaufende* Zeit auf der gesamten Zeitachse darstellt, sondern nur innerhalb einer vorgegebenen Periode und nur für Auf- *oder* Entladung mit den zugehörigen Zeitintervallen

$0 < t < mT$ für Aufladung bzw.

$0 < t < (1-m)T$ für Entladung

Gültigkeit besitzt (Grund: zyklischer Wechsel der Ersatzschaltungen zwischen Aufladung und Entladung). Das ist z. B. beim Aufstellen eines Rechenprogramms zu berücksichtigen! (siehe zugehöriges Programmlisting).

Das folgende Bild zeigt die Lösung, wenn bei unveränderten Schaltungsparametern 8 Rechenwerte je Periodendauer T gewählt werden.

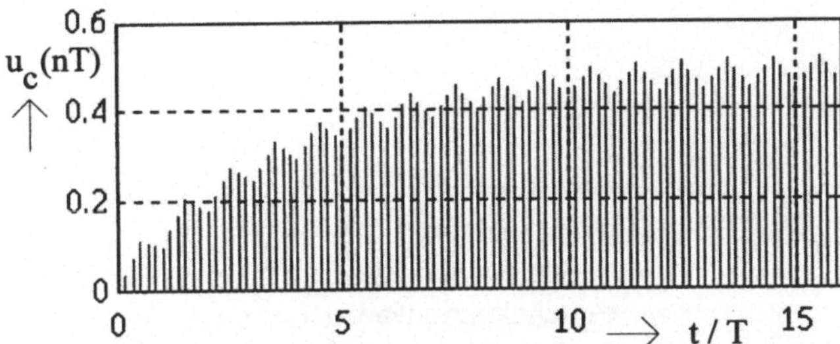

Bild 6.20 Verlauf der Kondensatorspannung, wobei 8 Zwischenwerte je Periode dargestellt sind.

Der sägezahnförmige Verlauf der Kondensatorspannung wird deutlich sichtbar. Wie aus der Aufgabenstellung hervorgeht, ist $u_c(t)$ eine kontinuierliche Funktion, die aus dem obigen Ergebnis durch lineare Interpolation gewonnen werden kann. Das Ergebnis dieser Operation widerspiegelt das folgende Bild.

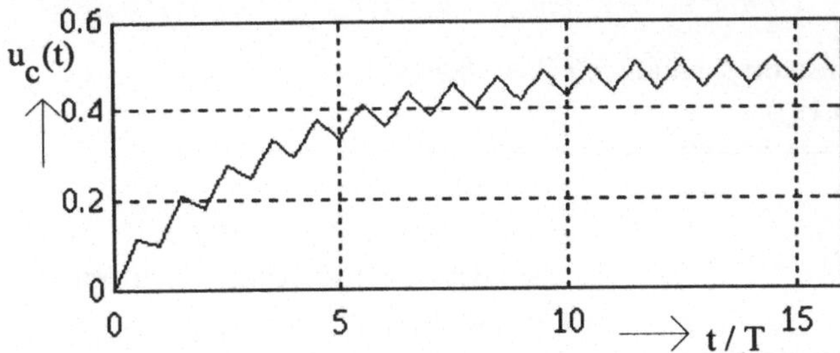

Bild 6.21 Verlauf der Kondensatorspannung. Die Kurve $u_c(t)$ entsteht durch lineare Interpolation der Zwischenwerte.

Einen Eindruck vom erfreulich geringen Rechenaufwand zum Auffinden der Zwischenwerte vermittelt das folgende Programmlisting.

Es demonstriert die Lösung der Gln(6.14), (6.18) und (6.19) durch ein kurzes Matlab-Programm. Aufmerksamkeit ist bei der Unterteilung der Abszissenachse geboten, wo die Zeit t nach der Aufladephase ($0 < t < mT$) bei Erreichen der Entladephase ($t >= mT$) jeweils erneut bei Null zu starten ist.

Kontrollfrage 6.2.1
Die Gln(6.17) bis (6.19) liefern auch die technisch interessanten Grenzwerte für
$n = \infty$ als Kennzeichen des stationären Zustandes sowie die Schwankungsbreite der Kondensatorspannung, die sogenannte Restwelligkeit.
Man bestimme $u_c(t)$ für $t \rightarrow \infty$ sowie die Schwankungsbreite u_{cmax} / u_{cmin} für den ein-geschwungenen Zustand.

Listing: Periodischer Schalter

```
%==================================================
% Periodischer Schalter
%==================================================
% 1: Berechnung der uc(nT) ohne Zwischenwerte nach Gl(6.14)
m=0.5;                                  % relative Schließzeit
T=1e-4;                                 % Schaltperiodendauer
T1=0.4*1e-3;                            % Zeitkonstante Aufladung
T2=T1;                                  % Zeitkonstante Entladung
Uo=1;                                   % Generatorspannung
a=m*T/T1+(1-m)*T/T2;                    % Zwischenrechnung
ustoer=(Uo-Uo*exp(-m*T/T1))*exp(-(1-m)*T/T2);
n=0:16;                                 % Zahl der Perioden
uc=ustoer*(1-exp(-a*n))/(1-exp(-a));    % Gl(6.14)
probe(n,uc)                             % Zeichne diskrete Werte
pause
% 2: Berechnung der Kondensatorspannung mit Zwischenwerten
% (Werte nach Gln(6.18), (6.19))
%==================================================
% zusätzliche Eingaben
Werte=8;                                % Rechenwerte je Periodendauer T
Zahl=16;                                % Zahl der zu berechnenden Perioden
Nenner=1-exp(-a);                       % Hilfsvariable
% Doppelschleife für Kondensatorspannung
j=0;                                    % Zählvariable zurücksetzen
for i=0:(Zahl-1)                        % Schleife für i Perioden der Dauer T
   for e=0:(Werte-1);                   % Schleife für aktuelle Periode i
     eh=e/Werte;                        % Abszissenabstand der Werte
```

```
    j=j+1;                              % Zähler für Werte in aktueller  Periode
  if eh<=m                             % Zeitskalierung für Aufladephase Gl(6.18)
   uc(j)= Uo-(Uo-ustoer*(1-exp(-a*i))/Nenner)*exp(-eh*T/T1);
     else
      k=eh-m;                          % neuer Start fuer  Entladephase Gl(6.19)
     uc(j)=(Uo-(Uo-ustoer*(1-exp(-a*i))/Nenner)*exp(-m*T/T1))*exp(-k*T/T2);
   end
  end
end
% Graphische Darstellung der Funktionswerte
%==================================================================
t=0:length(uc)-1;                      % Skalierung Zeitachse
probe(t/Werte,uc), grid                % Zeichne diskrete Zwischenwerte
pause
plot(t/Werte,uc), grid                 % Zeichne kontinuierliche Funktion
%==================================================================
```

6.3 Zur Systemsynthese mittels Differenzengleichungen

Digitale Systeme wandeln Folgen von Eingangswerten e(nT) nach systeminternen Regeln in Folgen von Ausgangswerten a(nT) um. Verbreitet sind lineare zeitinvariante Typen, die auf Differenzengleichungen mit konstanten Koeffizienten führen:

$$a(nT) = \sum_{k=0}^{n} b_k \cdot a[(n-k)T] - \sum_{v=1}^{m} a_v \cdot e[(n-v)T]. \tag{6.20}$$

Man unterscheidet nach der Wirkungsweise zwischen zwei Arten:
a) rekursive und b) nichtrekursive Systeme.

Zu a) Ist in der Differenzengleichung außer $a_v \neq 0$ auch mindestens ein Koeffizient $b_k \neq 0$, so spricht man von *rekursiven* Systemen. In diesem Falle ist das Ausgangssignal a(nT) eine Funktion sowohl des Eingangssignals als auch der Vergangenheitswerte a[(n-k)T] des Ausgangssignals. Derartige Systeme sind schaltungstechnisch an Rückführschleifen für das Ausgangssignal erkennbar, die bei ungeeigneter Dimensionierung dynamische Instabilität des Systems hervorrufen können.

Zu b) Sind in obiger Differenzengleichung alle $b_k = 0$, hängt also die Systemant-wort nur vom Eingangssignal ab, so liegt ein nichtrekursives (transversales) System vor.

Wie aus Gl(6.20) hervorgeht, genügen zur technischen Realisierung diskreter Systeme 3 Bauelementetypen: Multiplikatoren (Verstärker), Summen- bzw. Differenzstufen und Verzögerungsglieder.

Entwurf eines diskreten Tiefpaß 2. Ordnung
Mit Hilfe der im vorangegangenen Abschnitt beschriebenen Bilineartransformation können Ergebnisse der klassischen, vollständig erforschten Analogfilter zielgerichtet auf das neuere Gebiet der Digitalfilter übertragen werden. Man benutzt dazu vorhandene Analogfilter-Kataloge und transformiert dort enthaltene Übertragungsfunktionen G(p) des jeweiligen Filtertyps in G(z)-Funktionen. Zu diesen G(z) findet man eine Differenzengleichung, die dem Entwurf entsprechender Digitalfilter zugrundeliegt .

Die Bilineartransformation überführt rationale G(p)-Funktionen in ebenfalls rationale G(z)-Funktionen. Die im analogen Bereich vergleichsweise komplizierte Entwurfsprozedur eines Filternetzwerks z.B. mit Hilfe der Betriebsparameter-Theorie wird im diskreten Bereich wesentlich vereinfacht und leichter durchschaubar. Im folgenden soll ein Modellfall das grundsätzliche Vorgehen beim Filterentwurf mit Hilfe der Z-Transformation erläutern.

Aufgabe:
Ein diskreter Butterworth-TP. 2.O. ist zu entwerfen.
Vorgegeben sind seine Grenzfrequenz $f_{gr\,disk} = 10$ Hz sowie eine Tastperioden-dauer $T = 0.005$ sec.

Zu bestimmen sind
    a) die Übertragungsfunktion G(z) bei gegebenem G(p),
    b) der P-N-Plan im z-Bereich,
    c) die Gewichtsfolge g(nT),
    d) eine realisierende Schaltung ,
    e) die Frequenz-Kennfunktionen Amplitudengang $| G |$ und der
        Phasengang φ,
    f) ein Vergleich mit Kennfunktionen der kontinuierlichen Schaltung
    g) die Frequenz-Filtereigenschaften.
        Als Test-Eingangssignal ist die Summe zweier harmonischer
        Schwingungen $e(t) = \sin(6.28{\cdot}t) + \sin(40{\cdot}6.28{\cdot}t)$
        zu verwenden.

Lösung:

Zu a) Z-Übertragungsfunktion G(z)

Ausgangspunkt für die G(z)-Bestimmung ist die Übertragungsfunktion G(p) eines Butterworth-Tiefpaß 2.Ordnung [siehe z.B. Katalog in Tietze / Schenk]:

$$G(p) = \frac{1}{(\frac{p}{\omega_{gr}})^2 + \sqrt{2}(\frac{p}{\omega_{gr}}) + 1} \cdot \qquad (6.21)$$

mit ω_{gr} als Grenzfrequenz des *kontinuierlichen* TP.

Zum Entwurf des zugeordneten diskreten TP. 2.O. wird G(p) wird mit Hilfe der Abbildungsfunktion

$$\boxed{p \rightarrow \frac{z-1}{z+1}}$$
   Wechsel vom kontinuierlichen zum diskreten System

in die zugeordnete z-Übertragungsfunktion

$$G(z) = \frac{1}{\left(\dfrac{z-1}{z+1}\right)^2 + \sqrt{2}\left(\dfrac{z-1}{z+1}\right) + 1}$$

umgewandelt.

Ein Vergleich mit der Normalform der Übertragungsfunktion für ein System 2. Ordnung:

$$G(z) = \frac{a_0 + a_1 \cdot z^{-1} + a_2 \cdot z^{-2}}{1 + b_1 \cdot z^{-1} + b_2 \cdot z^{-2}} \qquad (6.22)$$

liefert nach kurzer Umformung die zum Entwurf benötigten Koeffizienten der Z-Übertragungsfunktion

$$a_0 = \frac{\omega_{gr}^2}{1 + \sqrt{2} \cdot \omega_{gr} + \omega_{gr}^2}, \qquad a_1 = \frac{2 \cdot \omega_{gr}^2}{1 + \sqrt{2} \cdot \omega_{gr} + \omega_{gr}^2}, \qquad (6.23)$$

$$a_2 = \frac{\omega_{gr}^2}{1 + \sqrt{2} \cdot \omega_{gr} + \omega_{gr}^2}$$

$$b_1 = \frac{2 \cdot (\omega_{gr}^2 - 1)}{1 + \sqrt{2} \cdot \omega_{gr} + \omega_{gr}^2}, \qquad b_2 = \frac{1 - \sqrt{2} \cdot \omega_{gr} + \omega_{gr}^2}{1 + \sqrt{2} \cdot \omega_{gr} + \omega_{gr}^2} \cdot$$

Bei der Koeffizientenberechnung ist die im vorigen Abschnitt beschriebene Skalierungs-Beziehung zu beachten. Es bedeutet

$$\boxed{\omega_{gr} = tg(\omega_{disk} \cdot T / 2)} \quad, \tag{6.24}$$

worin ω_{disk} die geforderte Grenzfrequenz des *digitalen* Filters darstellt, während ω_{gr} die in Gl(6.21) enthaltene Kenngröße des *kontinuierlichen* Bezugsfilters ist. Zur Bestimmung der Koeffizienten a_v, b_v in Gl(6.23) ist dort die geforderte Grenzfrequenz ω_{disk} des zu entwerfenden diskreten Filters einzusetzen !

Zu b) P-N-Plan
Mit den vorgegebenen Zahlenwerten entsteht die Übertragungsfunktion 2.Ordnung:

$$G(z) = 0.0201 \cdot \frac{z^2 + 2z + 1}{z^2 - 1.561z + 0.6414} = 0.0201 \cdot \frac{(z-1)^2}{(z-0.7805)^2 + 0.1792^2} \tag{6.25}$$

oder mit fallenden Potenzen von z geschrieben:

$$G(z) = \frac{0.0201 + 0.0402 \cdot z^{-1} + 0.0201 \cdot z^{-2}}{1 - 1.561 \cdot z^{-1} + 0.6414 \cdot z^{-2}} \cdot \tag{6.26}$$

Die erste Form (Gl(6.25)) mit positiven Potenzen von z ist einer Darstellung der Funktion im P-N-Plan angepaßt, während sich Gl(2.26) besser für numerische Auswertungen und zum Aufstellen der Differenzengleichung eignet.

Trägt man Pole und Nullstellen der Übertragungsfunktion Gl(6.25) in die komplexe Zahlenebene ein, so entsteht folgender P-N-Plan:

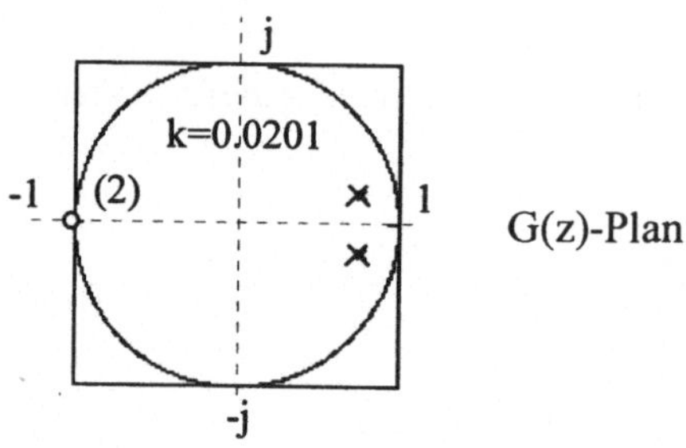

Bild 6.22 Pol- Nullstellenplan der Übertragungsfunktion Gl(6.25) mit 2 reellen Nullstellen und 2 komplexen Polstellen sowie der Konstanten k = 0.0201

Dessen doppelte Nullstelle mit den Koordinaten (-1,0) läßt auf einen Tiefpaß mit einer Übertragungsnullstelle bei der normierten Frequenz $\omega T = \pi$ schließen (vergl. Bild 6.25), während das konjugiert komplexe Polpaar auf eine gedämpfte harmonische Einheits-Impulsantwort g(nT) hinweist.

Zu c) Die Einheitsimpuls-Antwort g(nT)
Sie zeigt den erwarteten harmonisch-gedämpften Verlauf, konvergiert zeitlich gegen Null und charakterisiert somit ein dynamisch stabiles System.

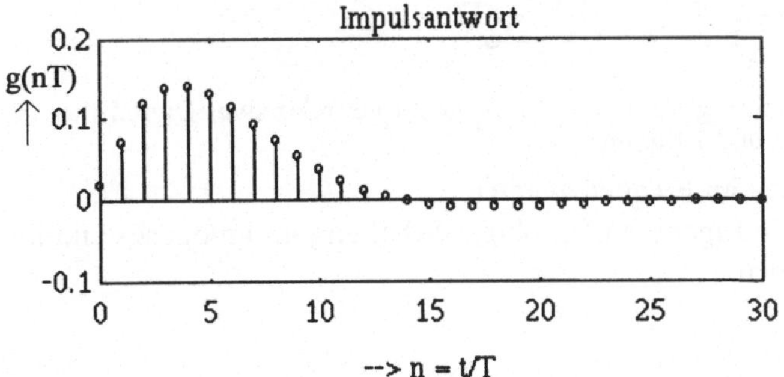

Bild 6.23 Systemantwort auf einen Einheitsimpuls: die Gewichtsfolge g(nT)

Gleichzeitig stellt sie die Lösung der zugehörigen Differenzengleichung Gl(6.27) für den Fall dar, daß ein Einheitsimpuls als Eingangssignal e(nT) = Δ(nT) wirkt.

Zu d) Schaltungssynthese
Die Schaltungsstruktur ist am einfachsten aus der Differenzengleichung zu finden, die leicht mit Hilfe der Übertragungsfunktion Gl(6.26) aufgestellt werden kann. Es war:

$$G(z) = \frac{A(z)}{E(z)} = \frac{0.0201 + 0.0402 \cdot z^{-1} + 0.0201 \cdot z^{-2}}{1 - 1.561 \cdot z^{-1} + 0.6414 \cdot z^{-2}} \; .$$

Dieser Ausdruck kann umgeschrieben werden in:

$$A(z) \cdot \left[1 + b_1 \cdot z^{-1} + b_2 \cdot z^{-2} \right] = E(z) \cdot \left[a_0 + a_1 \cdot z^{-1} + a_2 \cdot z^{-2} \right]$$

und ergibt dann bei gliedweiser Rücktransformation in den Zeitbereich die Differenzengleichung 2.O. für das Ausgangssignal a(nT):

$$a(nT) = a_0 \cdot e(nT) + a_1 \cdot e[(n-1)T] + a_2 \cdot e[(n-2)T] - b_1 \cdot a[(n-1)T] - b_2 \cdot a[(n-2)T]$$

$$(6.27)$$

Aus obiger Differenzengleichung findet man mit Hilfe der in Kap.5.2.1 beschriebenen Methode die Schaltung von Bild 6.24, die als (frequenzgangbestimmende) Bauelemente lediglich die (frequenzunabhängigen) Bausteine Verstärker, Verzögerungsglieder und eine Summierstufe enthält.

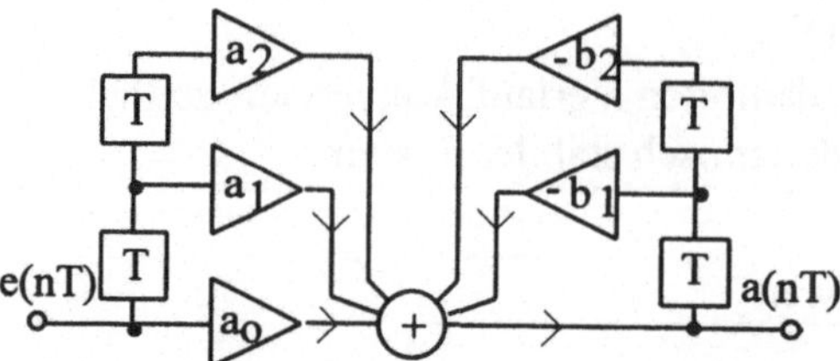

Bild 6.24 Zur Differenzengleichung Gl(6.27) gehöriges rekursives Digitalfilter mit 4 Verzögerungsgliedern und 1 Summationsstufe

Zu e) Kennfunktionen im Frequenzbereich
Als Nächstes sind die Eigenschaften obiger Schaltung im Frequenz- und im Zeitbereich zu untersuchen.

Amplitudengang
Aus der Übertragungsfunktion G(z) gewinnt man über die Substitution $z = e^{j\omega T}$ bei gleichzeitiger Betragsbildung die Amplitudengangsfunktion $|G(e^{j\omega T})|$. Angewendet auf Gl(6.26) entsteht zunächst der Ausdruck:

$$G(e^{j\omega T}) = \frac{a_0 + a_1 e^{-j\omega T} + a_2 e^{-j2\omega T}}{1 + b_1 e^{-j\omega T} + b_2 e^{-j2\omega T}},$$

der in Real- und Imaginärteil aufgetrennt

$$\left| G(e^{j\omega T}) \right| = \left| \frac{(a_0 + a_1 \cos\omega T + a_2 \cos2\omega T) - j\cdot(a_1 \sin\omega T + a_2 \sin2\omega T)}{(1 + b_1 \cos\omega T + b_2 \cos2\omega T) - j\cdot(b_1 \sin\omega T + b_2 \sin2\omega T)} \right| \qquad (6.28)$$

als periodische Funktion erscheint. Das folgende Bild zeigt eine graphische Darstellung dieser Amplitudengangsfunktion, wenn die gegebenen Schaltungsparameter zugrunde gelegt werden.

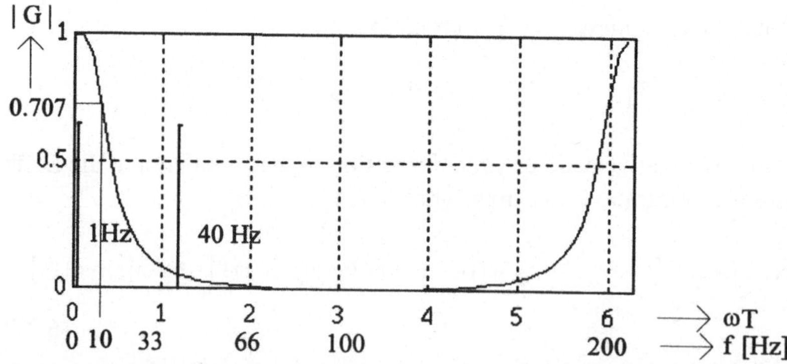

Bild 6.25 Periodischer Amplitudengang des diskreten TP. 2.O., aufgetragen:
a) über der normierten Frequenz ωT,
b) über der realen Frequenz f [Hz] (man erkennt die Filtergrenzfrequenz f_{gr} = 10 Hz)
Die Spektrallinien bei f = 1 Hz und f = 40 Hz kennzeichnen das Eingangssignal.

Die Amplitudengangs-Periodizität (mit der Periode $\omega T = 2\pi$) schränkt die Anwendbarkeit des Systems zur Frequenzfilterung wesentlich ein. Wie aus Bild 6.25 ersichtlich, gestattet sie lediglich, Eingangssignale mit spektralen Komponenten bis zur normierten Frequenz $\omega T = \pi$ zu filtern.

Im Beispielsfall bedeutet dies:
$\omega = \pi/T = \pi/0.005$ sec, d.h., $f_{max} = 100$ Hz
ist höchstzulässige Frequenzkomponente des Eingangssignals. Höhere Frequenzen können wegen des ab $f > 100$ Hz wieder ansteigenden Amplitudengangsverlaufs das Filter passieren.

In Bild 6.25 ist zusätzlich das Amplitudenspektrum des Eingangssignals eingetragen. Der Amplitudengangsverlauf des TP läßt eine Dämpfung der 40 Hz-Komponente auf etwa 1/10 der Eingangsamplitude erwarten.

Phasengang
Das Bild 6.26 skizziert die Phasengangsfunktion des diskreten Filters, die sich aus der Beziehung

$$\varphi(e^{j\omega T}) = \mathrm{arctg}\frac{a_1 \sin\omega T + a_2 \sin 2\omega T}{a_0 + a_1 \cos\omega T + a_2 \cos 2\omega T} - \mathrm{arctg}\frac{b_1 \sin\omega\omega T + b_2 \sin 2\omega T}{1 + b_1 \cos\omega T + b_2 \cos 2\omega T},$$

d.h., aus der Differenz (Nullstellenwinkel minus Polwinkel) des komplexen Frequenzganges $G(e^{j\omega T})$ errechnet.

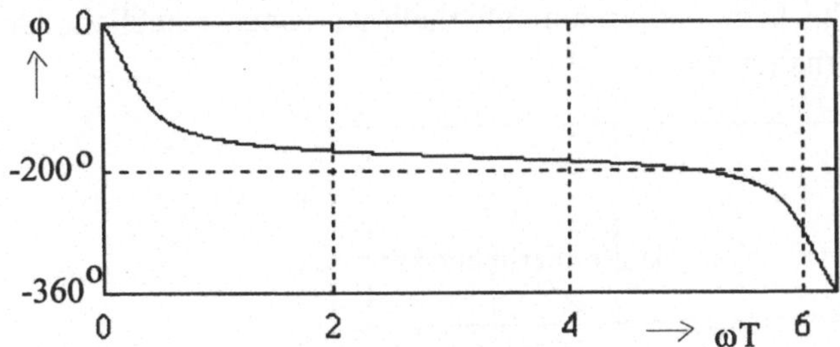

Bild 6.26 Phasengang des diskreten TP. 2.O. über der normierten Frequenz ωT aufgetragen

f) Vergleich der Frequenz-Kennfunktionen
Um die Frequenzeigenschaften des diskreten Tiefpaß mit denen des zugrundeliegenden kontinuierlichen Systems vergleichen zu können, sind Amplituden- und Phasengang beider in den folgenden Bildern skizziert.

Eine Gegenüberstellung der Amplitudengänge zeigt Bild 6.27.

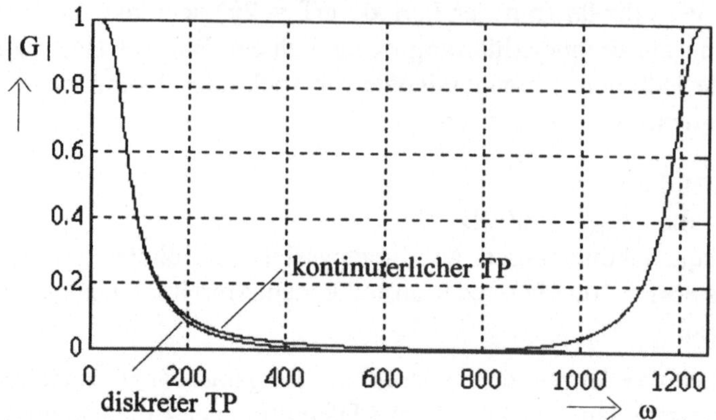

Bild 6.27 Vergleich der Amplitudengänge des diskreten und des kontinuierlichen Tiefpaß 2.O.

Die spektralen Kennfunktionen | G | sind über der linear geteilten ω-Achse aufgetragen. Der Amplitudengang des *kontinuierlichen* TP zeigt den besseltypischen überschwingfreien Verlauf und ist *nichtperiodisch;* der des *diskreten* TP dagegen *periodisch* mit der normierten Periode $\omega T = 2\pi$. Beide stimmen im Arbeitsbereich des diskreten Systems ($\omega T \leq \pi$ oder $0 < \omega < 1256$) nahezu überein; außerhalb dieses Bereichs ist erwartungsgemäß zwischen beiden keinerlei Ähnlichkeit feststellbar.

Entsprechende Aussagen gelten für die Phasengangskurven; während innerhalb des Arbeitsintervalls nur kleine Abweichungen zwischen den Kurvenverläufen beider Filtertypen zu beobachten sind, treten außerhalb desselben erhebliche Unterschiede im Frequenzverhalten auf.

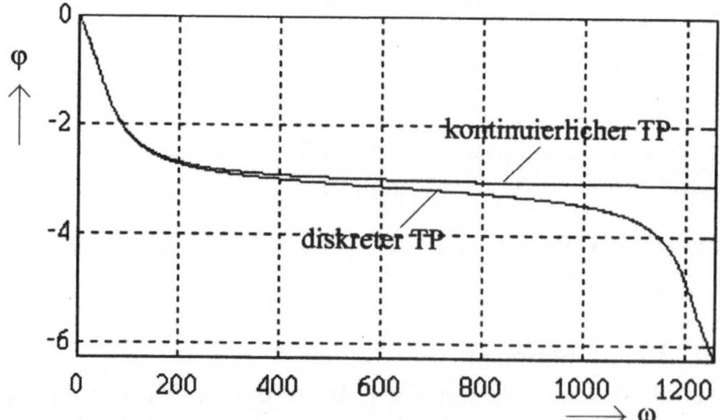

Bild 6.28 Gegenüberstellung der Phasengänge vom diskreten und vom kontinuierlichen Tiefpaß 2.O.

Dieser Gegensatz ist auf die Abbildungseigenschaften der Bilineartransformation (vergl. Kap. 5.2.3.) zurückzuführen und kann bei Breitband-Eingangssignalen erhebliche Unterschiede zwischen den Systemantworten hervorrufen !

Zu g) Filtereigenschaften
Die Frequenz-Filtereigenschaften gehen aus den folgenden Abbildungen hervor. Das Test-Eingangssignal besteht laut Aufgabenstellung aus 2 periodischen Komponenten mit gleicher Amplitude $E_o = 1$, aber mit unterschiedlichen Frequenzen von 1 Hz und 40 Hz.

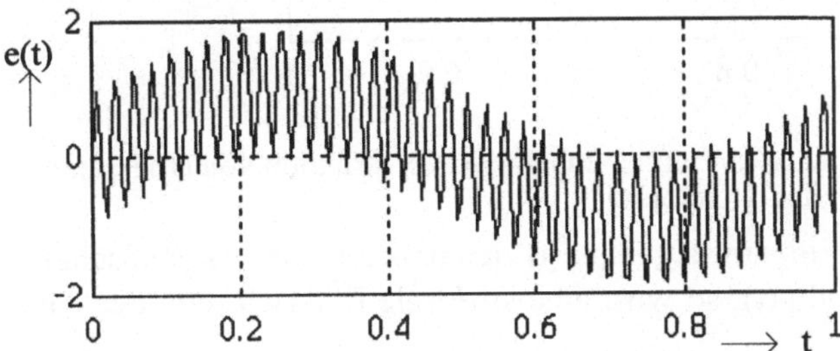

Bild 6.29 Eingangssignal $e(t) = \sin(2\pi \cdot 1 \cdot t) + \sin(2\pi \cdot 40 \cdot t)$ des TP 2.O., bestehend aus 2 harmonischen Funktionen unterschiedlicher Frequenz (40 Hz und 1 Hz).

Dem Eingangsignal werden im Abstand T=0.005 sec Probenwerte e(nT) entnommen. Sie bilden die Eingangsfolge e(nt) und sind im folgenden Bild aufgetragen.

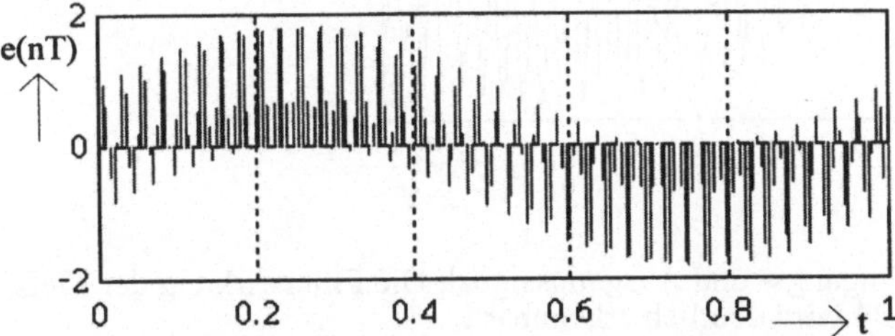

Bild 6.30 Eingangs-Wertefolge e(nT) bei gewählter Tastperiodendauer T = 0.005 sec

Am Filterausgang entsteht als Ergebnis der digitalen Signalverarbeitung innerhalb der Schaltung von Bild 6.24 die Ausgangswertefolge a(nT) von Bild 6.31.

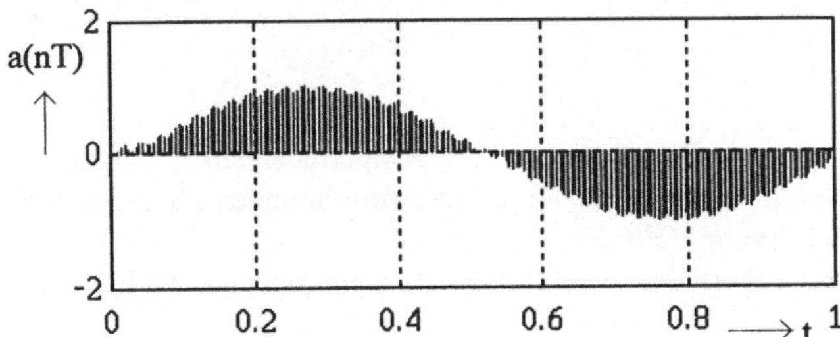

Bild 6.31 Ausgangswertefolge des TP 2.O. bei einer Eingangs-Wertefolge nach Bild 6.30

Ein nachgeschaltetes Halteglied 1.Ordnung interpoliert die Probenwerte linear und läßt das quasi-kontinuierliche Ausgangssignal von Bild 6.32 entstehen.

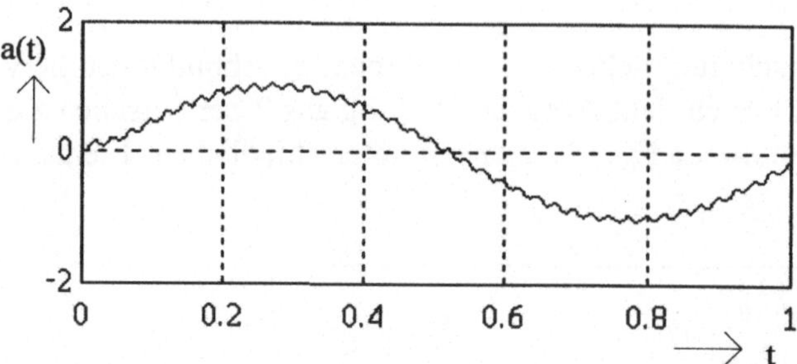

Bild 6.32 Ausgangssignal des Tiefpaß 2.O. bei Rekonstruktion von a(nT) durch ein nachgeschaltetes Halteglied 1.Ordnung

Vergleicht man das Eingangssignals e(t) der untersuchten Tiefpaßschaltung mit dessen Ausgangssignal a(t), so wird eine spektrale Filterwirkung der Anordnung ersichtlich.

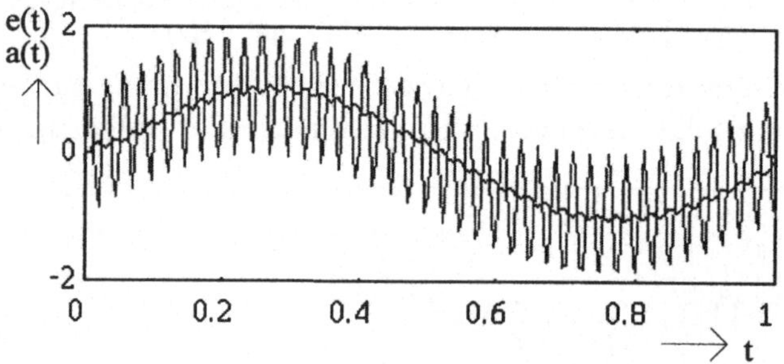

Bild 6.33 Vergleich von Eingangs- und Ausgangssignal. Die Filterwirkung der Tiefpaß-Anordnung von Bild 6.24 wird deutlich erkennbar !

Höhere Ansprüche an die Frequenzselektion können durch Kettenschaltung mehrerer Elementarfilter befriedigt werden.

Kontrollaufgabe 6.3.1

   a) Man überprüfe, ob die in Bild 6.30 gewählte Tastperiodendauer T den im Kap.6.1 formulierten informationstheoretischen Anforderungen für gefensterte Funktionen entspricht [vergl. Gl(6.5)].
   b) Welche Mindest-Tastperiodendauer ergibt sich, wenn man das nachge-schaltete TP-Filter in die Überlegung mit einbezieht ?

Auswirkung der Periodizität von Frequenz-Kennfunktionen
Die Amplituden- und Phasengangsperiodizität diskreter Filter ist eine für den Anwender klassischer Analogfilter ungewohnte Eigenschaft. Einige aus der periodischen Wiederholung der Frequenz-Kennfunktionen resultierenden Besonderheiten sollen anhand des untersuchten TP-Beispiels ergänzend analysiert werden.

Rückblick auf kontinuierliche Systeme
Betrachtet man die *aperiodische* Amplitudengangsfunktion (vergl. Bild 6.22) eines linearen *kontinuierlichen* Systems, das ein harmonisches Eingangssignal $e_1(t) = E_o \cdot \sin\omega_o t$ mit dem Amplitudengangswert $|G(j\omega_o)|$ multipliziert, um den Phasenwinkel $\varphi(\omega_o)$ verschiebt und am Systemausgang nach abgeklungenem Einschwingvorgang als

$$a_{1\,stat}(t) = E_o \cdot |G(\omega_o)| \cdot \sin[\omega_o t + \varphi(\omega_o)]$$

wiedergibt,

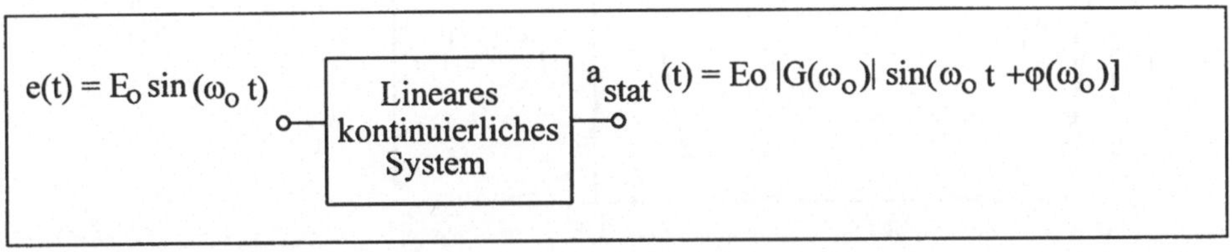

$$e(t) = E_o \sin(\omega_o\, t) \qquad \boxed{\begin{array}{c} \text{Lineares} \\ \text{kontinuierliches} \\ \text{System} \end{array}} \qquad a_{stat}(t) = E_o\, |G(\omega_o)|\, \sin(\omega_o\, t + \varphi(\omega_o))$$

Bild 6.34 Stationäre Antwort eines linearen kontinuierlichen Systems mit dem Amplitudengang $|G(j\omega)|$.

so entsteht nach den Regeln der *kontinuierlichen* Elektrotechnik bei einem Eingangssignal $e_2(t) = E_o \cdot \sin[(\omega_o + 2\pi/T) \cdot t]$ ein stationäres Ausgangssignal der Form

$$a_{2\,stat}(t) = E_o \cdot |G(\omega_o)| \cdot \sin[(\omega_o + 2\pi/T) \cdot t + \varphi(\omega_o + 2\pi/T)].$$

In Worten:

> Das harmonische Eingangssignal ändert beim Durchlaufen des linearen Systems seine Frequenz ω_k nicht. Es wird lediglich mit dem Amplitudengangswert $|G(j\omega_k)|$ multipliziert und um den Phasengangswert $\varphi(\omega_k)$ verschoben.

Man erhält also eine Ausgangsfrequenz, die gleich der ursächlichen Eingangsfrequenz ω_o ist.

Diese elementare Schlußfolgerung basiert auf der vorausgesetzten Linearität des Systems und gilt bei *kontinuierlichen* Systemen uneingeschränkt.

Diskrete Systeme

Bei *diskreten* Systemenstellen sich die Verhältnisse anders dar. Betrachtet man die *periodische* Amplitudengangskurve und stützt sich zunächst auf die gewohnte (kontinuierliche) Denkweise, so erwartet man ein spektrales Übertragungsverhalten, das sich dem Amplitudengangsverlauf folgend periodisch wiederholt.

So läßt Bild 6.35 vermuten, daß 2 harmonische Eingangssignale im Frequenzabstand einer Amplitudengangsperiode $2\pi/T$, also beispielsweise die Frequenzen ω_1 und $\omega_1+2\pi/T$ wegen übereinstimmender Amplitudengangswerte

$$\left|G(e^{j\omega_1 T})\right| = \left|G(e^{j(\omega_1+2\pi/T)T})\right|$$

auch gleiche Ausgangsamplituden mit den Frequenzen ω_1 und $\omega_1 + 2\pi/T$ hervorrufen.

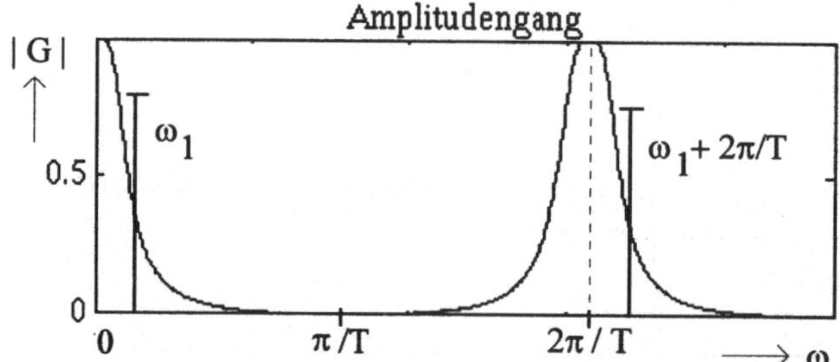

Bild 6.35 Der diskrete Modell-TP ist durch seinen periodischen Amplitudengang mit der Periodendauer $2\pi/T$ gekennzeichnet. Zwei harmonische Eingangssignale gleicher Amplitude mit unterschiedlichen Frequenzen ω_1 sowie $\omega_1 + 2\pi/T$ liegen am Eingang.

Eine Kontrollrechnung soll nun klären, ob diese Annahme richtig ist. Zu diesem Zweck wird das diskrete Filter nach Bild 6.26 mit einem Eingangssignal beaufschlagt, das sich aus 2 harmonischen Komponenten

$$e(t) = e_1(t) + e_2(t)$$

mit gleichen Amplituden $E_0 = 1$ aber mit unterschiedlichen Frequenzen

$$\omega_1 = 4\pi \text{ und } \omega_2 = 4\pi + 2\pi/T$$

zusammensetzt.

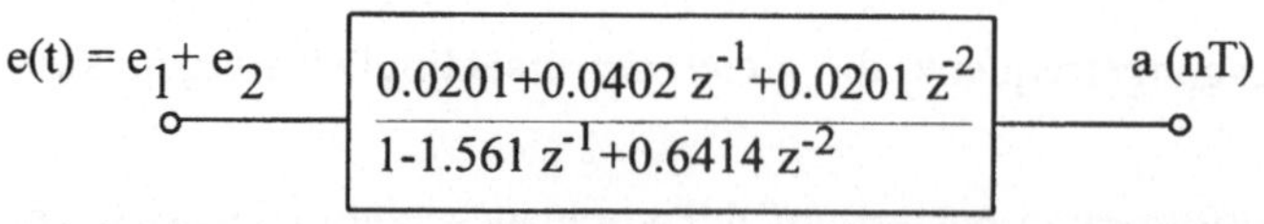

$$e(t) = e_1 + e_2 \quad \boxed{\dfrac{0.0201+0.0402\,z^{-1}+0.0201\,z^{-2}}{1-1.561\,z^{-1}+0.6414\,z^{-2}}} \quad a\,(nT)$$

Bild 6.36 Zwei harmonische Signale $e_1(t) = \sin(\omega_1 t)$ und $e_2(t) = \sin[(\omega_1+2\pi/T)\cdot t]$ wirken auf den diskreten TP 2.O. bei einer Tastperiodendauer von $T = 0.005$ sec ein.

Im "normalen" ersten spektralen Durchlaßbereich ($0 < \omega < \pi/T$) des Tiefpaß liegt das Teil-Eingangssignal $e_1(t)$, dessen zeitlichen Verlauf Bild 6.37 verdeutlicht.

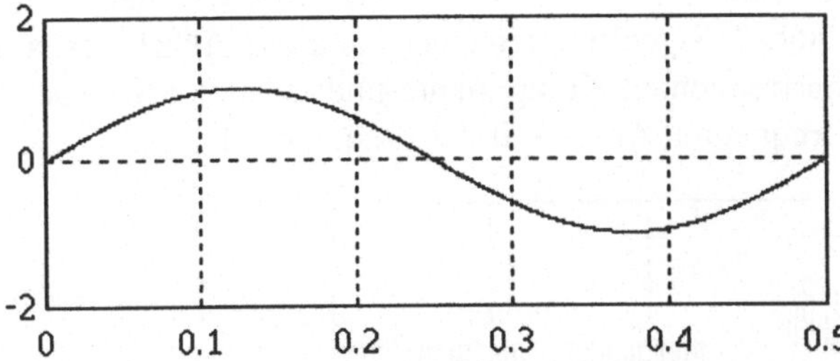

Bild 6.37 Niederfrequente Komponente des Eingangssignals: $e_1(t) = 1 \cdot \sin(4\pi t)$

Es wird vom zweiten Teilsignal $e_2(t) = 1 \cdot \sin[4\pi + 2\pi/T) \cdot t]$, das in den "zweiten" spektralen Durchlaßbereich ($2\pi/T < \omega < 3\pi/T$) fällt, linear überlagert, so daß als Gesamteingangssignal die in Bild 6.38 dargestellte Funktion resultiert.

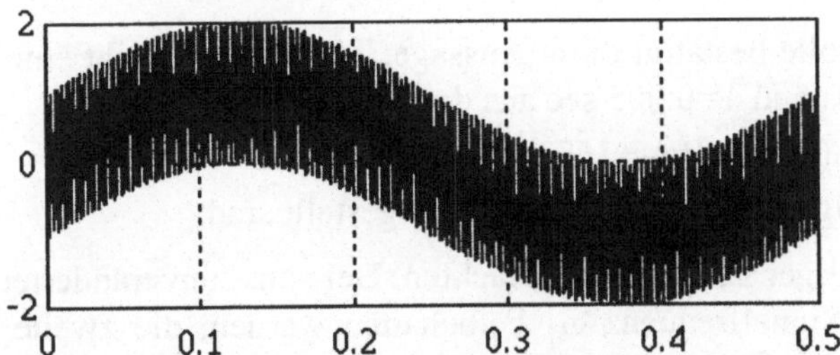

Bild 6.38 Zusammengesetztes Eingangssignal als lineare Überlagerung von e_1 und e_2

Das folgende Bild zeigt die Filterantwort $a(t)$, die sich bei Erregung des Beispielsystems mit dem diskretisierten Summensignal $e(nT) = e_1(nT) + e_2(nT)$ ergibt.

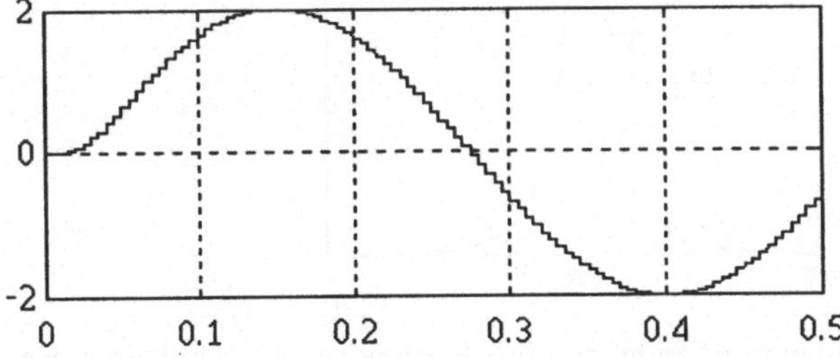

Bild 6.39 Ausgangssignal $a(t)$ bei kombinierten Eingangssignal mit $\omega_1 = 4\pi$ und $\omega_2 = 4\pi + 4\pi/T = 4\pi \cdot (1 + 200)$ (die Ausgangs-Probenwerte werden mit einem Halteglied 0. Ordnung gehalten).

Anstelle der erwarteten *zwei* Ausgangskomponenten mit den Frequenzen ω_1 und ω_2 entsteht nur eine *einzige* Ausgangsfrequenz $\omega = \omega_1$, die überraschenderweise aber mit *doppelter* Amplitude auftritt!

Die Ursache für dieses Verhalten liegt offenbar in der filterinternen Abtastfrequenz. Sie ist für die "hohe" Signalfrequenz ω_2 zu klein, führt deshalb zur "Unterabtastung" der höherfrequenten Komponente und täuscht auf diese Weise einen zusätzlichen niederfrequenten Anteil mit der Frequenz ω_1 vor.

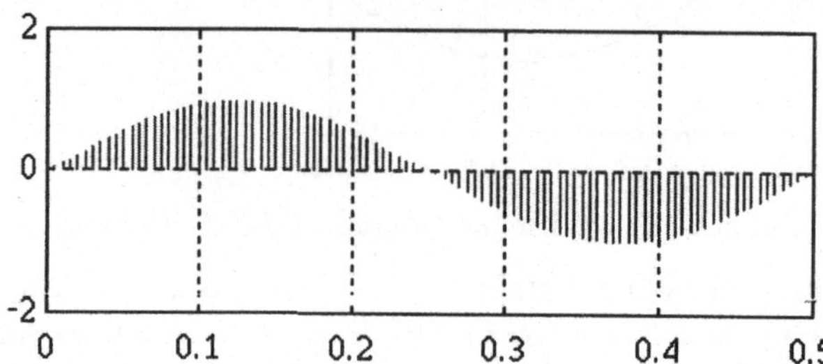

Bild 6.40 Die im Abstand T = 0.005 sec entnommenen Probenwerte der beiden Funktionen $e_1(t)$ und $e_2(t)$ stimmen trotz unterschiedlicher Frequenzen überein !

Eine rechnerische Kontrolle bestätigt diese Aussage. Tatsächlich ergibt eine Probenwertentnahme im Abstand T=0.005 sec aus den Funktionen

$$e_1(t) = \sin(\omega_1 \cdot t) \quad \text{bzw.} \quad e_2(t) = \sin[(\omega_1 + 1/T) \cdot t]$$

zwei identische Wertefolgen, die im obigen Bild dargestellt sind.

Noch ein weiterer auffälliger Effekt ist zu beachten. Bei sonst unveränderten Parametern soll die erste Signalfrequenz ω_1 beibehalten werden, die zweite Eingangsfrequenz ω_2 aber im Unterschied zu Bild 6. spiegelbildlich zur Amplitudengangsordinate bei $2\pi/T$ liegen: $\omega_2 = 2\pi/T - \omega_1$. Diese Frequenzkombination verdeutlicht Bild 6.41.

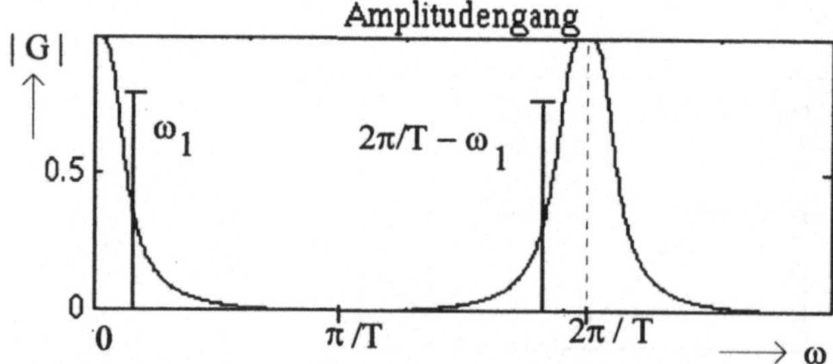

Bild 6.41 Filteramplitudengang und Eingangssignal mit den spektralen Komponenten ω_1 und $2\pi/T - \omega_1$

In diesem Falle beobachtet man am Ausgang des Systems die im nachstehenden Bild skizzierte Lösung und stellt fest: das Ausgangssignal ist *ständig Null* !

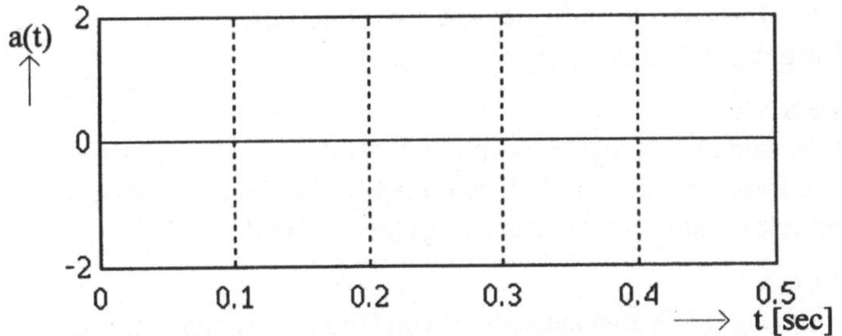

Bild 6.42 Ausgangssignal wenn $\omega_1 = 4\pi$ und $\omega_2 = 4\pi/T - 4\pi$

Dieses zunächst überraschende Ergebnis erklärt sich, wenn man zusätzlich die Phasengangs-Funktion des diskreten Systems betrachtet.

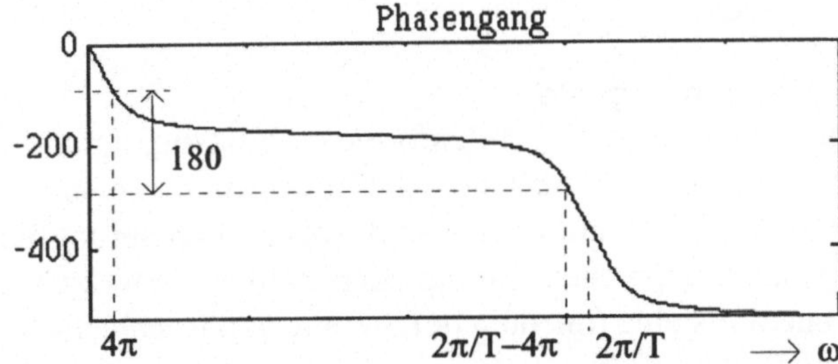

Bild 6.43 Die Phasendifferenz zwischen den Frequenzen $\omega_2 = 2\pi/T - 4\pi$ und $\omega_1 = 4\pi$ beträgt gerade 180°; das bedeutet Vorzeichenwechsel

Aus obigem Bild wird nämlich ersichtlich, daß die Phasendifferenz der beiden Ausgangssignale als Reaktion auf die Eingangsfrequenzen ω_1 und ω_2 gerade den Wert

$$| \varphi(2\pi/T - 4\pi) - \varphi(4\pi) | = 180°$$

annimmt. Das aber bedeutet Gegenphasigkeit bzw. Vorzeichenumkehr zwischen den spektralen Anteilen. Auf diese Weise hebt sich die Wirkung der niederfrequenten Komponente ω_1 gegen die des höherfrequenten Teilsignals ω_2 heraus !

Man erkennt:
Ein Überschreiten des zulässigen Frequenz-Arbeitsbereichs ($0 < \omega T < \pi$) kann einschneidende Folgen haben:

- es kann sowohl die Existenz einer nichtvorhandenen Frequenzkomponente *vorgetäuscht* als auch eine tatsächlich vorhandene Frequenzkomponente *ausgelöscht* werden !

Im ersten Fall erzeugt die Frequenz $\omega_k + 2\pi/T$ die scheinbare Komponente ω_k; im zweiten Fall eleminiert $\omega_k - 2\pi/T$ die tatsächlich vorhandene Komponente ω_k.

Um solche und ähnliche Effekte sicher auszuschließen, hilft zuverlässig die

Vorfilterung mit einem *Analog*-Tiefpaß, dessen Durchlaßbereich unterhalb der maximal zulässigen Eingangsfrequenz $\omega_{zul} = \pi/T$ endet.

Kontrollaufgabe 6.3.2

Man untersuche anhand der Aufgabenstellung von Bild 6.35, unter welcher Voraussetzung die Existenz einer zusätzlichen niederfrequenten Signalkom ponente der Frequenz ω_1 am Filterausgang vorgetäuscht wird !

Kontrollaufgabe 6.3.3

Man untersuche anhand der Aufgabenstellung von Bild 6.41, unter welcher Voraussetzung es zur Auslöschung der niederfrequenten Signalkomponente ω_1 am Filterausgang kommt !

6.4   Treppenförmige Eingangssignale

Die Berechnung von Systemreaktionen auf "stufenförmige" Eingangssignale gestaltet sich mit kontinuierlichen Laplace-Methoden eher mühsam, da solche Eingangsgrößen aus einer (unendlichen) Summe von Rechtecken oder Sprungfunktionen zusammengesetzt sind. Entsprechend kompliziert fällt die Struktur des Ausgangssignals aus, das ebenfalls eine (unendliche) Summe von Rechteck- bzw. Sprungreaktionen bildet.

Einfacher gestaltet sich eine Berechnung im z-Bereich mit Hilfe des Übertragungsmodells für getastete Systeme mit Halteglied (vergl. Kap.3.2.4). Man erhält dann eine übersichtlichere Lösung in geschlossener Darstellung.

Aufgabe:

Geg.: Ein stufenförmiges Eingangssignal e*(t), das aus der kontinuierlichen Exponentialfunktion $e(t) = e^{-3t} \cdot 1(t)$ durch Stufenbildung entstanden ist, wirke auf die Schaltung Bild 6.44 ein.

Ges.: a) Ersatzschaltung im Z-Bildbereich

   b) G(z); Übertragungsfunktion im Z-Bereich

   c) I(z); Maschenstrom im Bildbereich

   d) i(nT); diskrete Werte des Maschenstromes im Zeitbereich

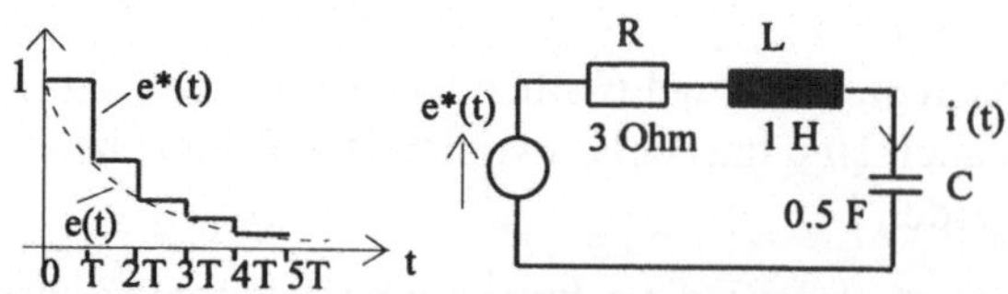

Bild 6.44 Ein treppenförmiges Eingangssignal e*(t) ruft in einer RLC-Schaltung den Strom i(t) hervor. Zu bestimmen sind die diskreten Werte i(nT) des Maschenstromes mit Hilfe des Übertragungsmodells für Systeme mit Halteglied !

Lösung:
Zunächst erscheint ein Hinweis angebracht: der Parameter T bestimmt in dieser Aufgabe die "Stufenlänge" der Treppenfunktion und ist über die Aufgabenstellung gegeben. Deshalb bestehen aus der Sicht des Abtasttheorems keinerlei Vorschriften über die maximale Größe des T ! Die Stufenlänge kann beliebig vorgegeben werden (ob das gewählte T eine "glatte" Lösungskurve ergibt, ist allerdings eine andere Frage).

Das Übertragungsmodell
Zu a) Das stufenförmige Treppensignal e*(t) wird mittels Tastelement und Halteglied aus e(t) erzeugt; während sich der Einfluß der Schaltung mit den Elementen R, L, C sich im System mit der Gewichtsfunktion $g_{syst}(t)$ widerspiegelt.

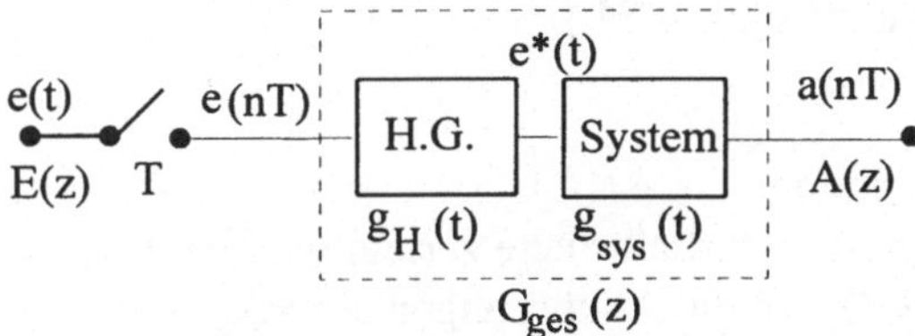

Bild 6.45 Übertragungsmodell im Z-Bereich zur Schaltung von Bild 6.44

Aus diesen Überlegungen ergibt sich das oben skizzierte Übertragungsmodell.

Zu b) Die z-Übertragungsfunktion $G_{syst}(z)$ kann aus $Z\{g_{syst}(t)\}$ gefunden werden, indem man von den Schaltungskennfunktionen im Laplace-Bereich ausgeht.

Die Schaltung liefert:
$$G_{syst}(p) = \frac{I(p)}{U(p)} = \frac{1}{3+p+2/p} = \frac{p}{(p+1)(p+2)},$$

und das Halteglied führt auf:
$$G_H(p) = \frac{1}{p}(1 - e^{-pT}).$$

Die Serienschaltung beider Elemente ergibt die Gesamtübertragungsfunktion im Laplacebereich:

$$G_{ges}(p) = \frac{1}{(p+1)(p+2)}(1 - e^{-pT}).$$

Durch Rücktransformation in den Zeitbereich entsteht die zugehörige Gewichtsfunktion:

$$g_{ges}(t) = (e^{-t} - e^{-2t})1(t) - (e^{-(t-T)} - e^{-2(t-T)})1(t - T),$$

deren Z-Transformation letztlich die Gesamtübertragungsfunktion im z-Bereich

$$G_{ges}(z) = \frac{(e^{-T} - e^{-2T})(z-1)}{(z-e^{-T})(z-e^{-2T})}.$$

bereitstellt.

Zu c) Das Eingangssignal

$$E(z) = Z\{e^{-3t}\} = \frac{z}{z - e^{-3T}}$$

liefert in Verbindung mit $G_{ges}(z)$ die Lösung für den Maschenstrom im z-Bereich:

$$I(z) = E(z) \cdot G_{ges}(z) = \frac{(e^{-T} - e^{-2T}) \cdot z \cdot (z-1)}{(z-e^{-T})(z-e^{-2T})(z-e^{-3T})}. \qquad (6.29\ a)$$

Zu d) Vorbereitung zur Rücktransformation:
Der Term für den Maschenstrom $I(z)$ soll in Partialbrüche zerlegt werden. Ein Zähler-z wird reserviert (vergl. Kap. 2.2) und die Abkürzungen $e^{-T} = \lambda_1$, $e^{-2T} = \lambda_2$, $e^{-3T} = \lambda_3$ eingeführt. Der Ansatz

$$\frac{z-1}{(z-\lambda_1)(z-\lambda_2)(z-\lambda_3)} = \frac{A}{z-\lambda_1} + \frac{B}{z-\lambda_2} + \frac{C}{z-\lambda_3}$$

führt auf die gesuchten Partialbruchkoeffizienten:

$$A = \frac{\lambda_1 - 1}{(\lambda_1 - \lambda_2)(\lambda_1 - \lambda_3)}; \qquad B = \frac{\lambda_2 - 1}{(\lambda_2 - \lambda_1)(\lambda_2 - \lambda_3)} \qquad C = \frac{\lambda_3 - 1}{(\lambda_3 - \lambda_1)(\lambda_3 - \lambda_2)}.$$

Durch Einfügen in den obigen Ansatz entsteht der Ausdruck

$$I(z) = \lambda_1(1-\lambda_1)\left[A\frac{z}{z-\lambda_1} + B\frac{z}{z-\lambda_2} + C\frac{z}{z-\lambda_3}\right].$$

Das ist eine korrespondenzfähige Lösung für den Maschenstrom $I(z)$ im z-Bereich.

Die Rücktransformation mittels Korrespondenztafel ergibt den Term:

$$i(nT) = \lambda_1(1-\lambda_1)\left[A \cdot e^{-nT} + B \cdot e^{-2nT} + C \cdot e^{-3nT}\right] \qquad (6.29\ b)$$

mit den oben ausgewiesenen Koeffizienten A, B, C.

Zahlenbeispiel:
Wählt man die Tastperiodendauer T = 0.1, die zahlenmäßig gleich der Stufenlänge im Eingangssignal ist, so stellt sich das Eingangssignal wie in Bild 6.46 dar.

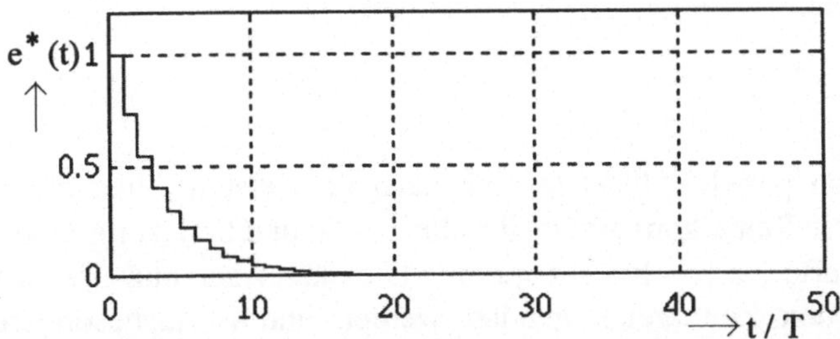

Bild 6.46 Treppenförmiges Eingangssignal e*(t) mit der *Treppenstufenlänge* T = 0.1. Originalfunktion ist e(t) = e^{-3t} 1(t)

Das folgende Bild zeigt den Verlauf des Stromes $i(t)|_{t\,=\,nT}$, wie er sich aus Gl(6.29 b) mit der gewählten Tastperiodendauer T = 0.1 ergibt.

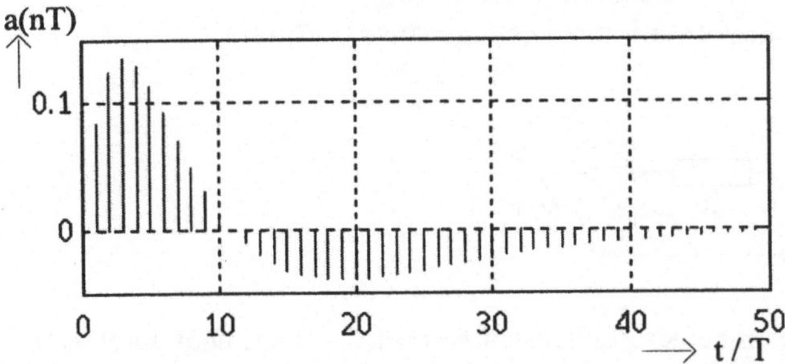

Bild 6.47 Zugehöriges Ausgangssignal a(nT) an den Stellen t = nT bei T=0.1.

Zum gleichen Ergebnis - ohne langwierige Zwischenrechnung - führt eine Rücktransformation der Gl(6.29 a) mit einem der Hilfsprogramme von Kap.8.
Aus der umgeformten Lösung im Bildbereich

$$I(z) = \frac{0 + 0.0861 \cdot z^{-1} - 0.0861 \cdot z^{-2}}{1 - 2.4644 \cdot z^{-1} + 0.9048 \cdot z^{-2} - 0.5488 \cdot z^{-3}}$$

entsteht ebenfalls das im obigen Bild skizzierte Ergebnis

Wegen der Filterwirkung der Schaltung zeigt die Kurve für a(t) zwischen den Probenwerten einen weitgehend glatten Verlauf, so daß auf eine Berechnung zusätzlicher Zwischenwerte verzichtet werden kann.

6.5 Z-Transformation und inverse Laplace-Transformation

Die bereits im Kap.5.2.3 behandelte Bilinear-Transformation eignet sich auch zur angenäherten Rücktransformation rationaler Funktionen vom Laplace-Bereich in den Zeitbereich. Wie dort ausgeführt, basiert der Übergang von der Variablen p zum bilinearen Term von z

$$p \to \frac{1}{T} \cdot \left(2 \cdot \frac{z-1}{z+1} \right)$$

auf der Entwicklung von p =(1/T)·ln(z) in eine nach dem ersten Glied abgebrochene Potenzreihe. Die Reihe konvergiert für alle z > 0, und bereits ihr erstes Glied nähert lnz für Werte | z | ≈ 1 recht gut an. Dies kann zur numerischen Rücktransformation in den Zeitbereich genutzt werden und ist insbesondere deshalb vorteilhaft, weil die Nennernullstellen des rückzutransformierenden p-Polynoms nicht bekannt sein müssen. Außerdem ist die bequem handhabbare Rekursionsformel (vergl. Kap.2.4) ohne vorherige Partialbruchzerlegung der p-Funktion zur Rücktransformation anwendbar.

Um das Rücktransformationsverfahren zu demonstrieren, werde zunächst die

Sprungreaktion eines Verzögerungsgliedes 1.Ordnung
mit Hilfe der Bilinear-Transformation näherungsweise bestimmt.

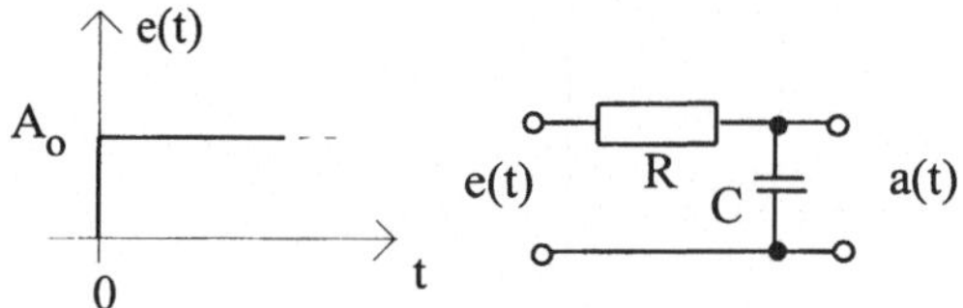

Bild 6.48 Der Tiefpaß 1.O. mit einer Zeitkonstanten τ = RC = 1 sec wird durch eine Sprungfunktion der Amplitude A_0 angeregt.

Das Eingangssignal e(t) = A_0·1(t) besitzt die Z-Transformierte:

$$E(z) = A_0 \frac{z}{z-1}.$$

Wandelt man die Laplace-Übertragungsfunktion G(p) mit Hilfe des Bilinear-Ansatzes in eine angenäherte Z-Übertragungsfunktion G(z) um, so entsteht:

$$G(p) = \frac{1}{\tau} \frac{1}{p + 1/\tau} \quad \to \quad G(z) \approx \frac{1}{\tau} \cdot \frac{1}{\frac{2}{T} \frac{z-1}{z+1} + \frac{1}{\tau}}.$$

Das gesuchte Ausgangssignal A(z) nimmt dann im z-Bereich folgende Form an: (man beachte: um den Fehler möglichst klein zu halten, wird nur die Übertragungsfunktion G(p) mittels Bilinear-Ansatz angenähert; das Bildsignal E(z) dagegen exakt berechnet !)

$$A(z) = E(z) \cdot G(z) \approx \frac{A_0 \cdot T}{2\tau + T} \cdot \frac{1 + z^{-1}}{1 - \dfrac{4\tau}{2\tau + T} z^{-1} + \dfrac{2\tau - T}{2\tau + T} z^{-2}},$$

deren numerische Rücktransformation (z.B. mit zrueck.m vom Kap.8) das im folgenden Bild dargestellte Ergebnis liefert:

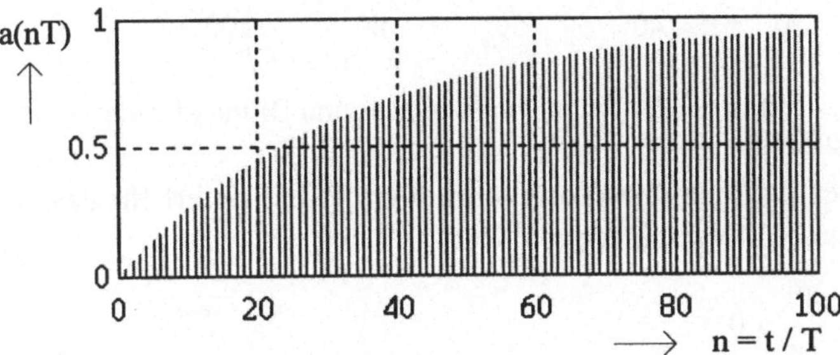

Bild 6.49 Angenäherte Sprungreaktion eines TP 1.O. mit der Zeitkonstanten $\tau = 1\,\text{sec}$ bei einer Tastperiodendauer $T = 0.03$ sec.

Um die Brauchbarkeit der Näherungslösung zu überprüfen, stellt Bild 6.50 die exakte Laplace-Lösung a(t)

$$a(t) = A_0 \cdot (1 - e^{-t/RC}) \cdot 1(t)$$

und die Näherungslösung a(nT) im gemeinsamen Diagramm gegenüber.

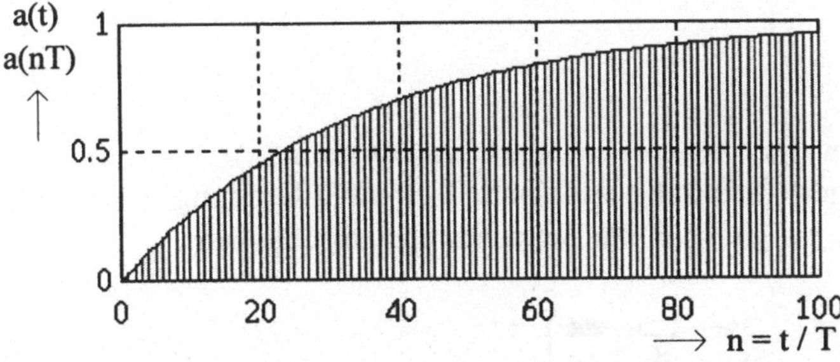

Bild 6.50 Vergleich der Ergebnisse der Laplace-Rechnung (durchgezogen) und Bilinear-Näherung (Probenwerte)

Offensichtlich wird in diesem Beispiel durchweg eine zufriedenstellende Übereinstimmung beider Lösungsvarianten erreicht. Genauere Aussagen liefert der zahlenmäßige Vergleich beider Lösungen, der als Fehlerfunktion

$/\ a(t)_{\text{Laplace}} - a(nT)_{\text{Bilinear}}\ /$ in Bild 6.51 aufgetragen ist. Dabei fällt auf, daß die größte Abweichung beim kleinsten Zeitwert, also bei $t = 0$ eintritt.

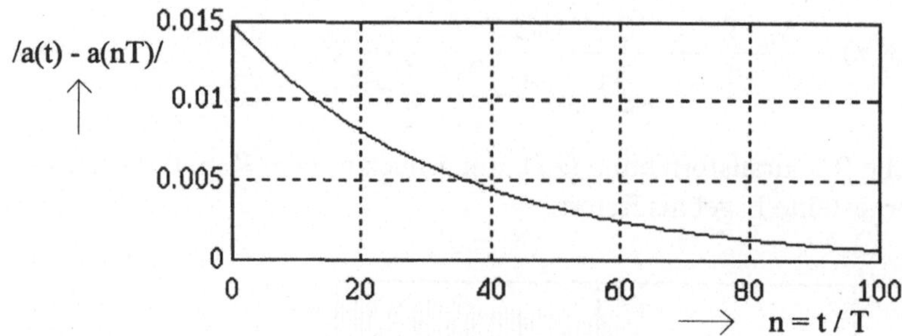

Bild 6.51 Fehlerfunktion: Betrag der Differenz von Laplace- und Bilinearlösung. Für $t \to 0$ ist der Fehler am größten.

Der Anfangswertsatz der Z-Transformation (vergl. Kap. 9.2.3) liefert für das angenäherte A(z) einen von Null verschiedenen Wert

$$a(0) = \lim_{z \to \infty} A(z) = \frac{A_0 T}{T + 2\tau} > 0,$$

während aus physikalischen Gründen (die Spannung über einem Kondensator kann nicht springen) der Anfangswert verschwinden müßte: $a(0) = 0$.
Wählt man die Abtastperiodendauer T gemäß den Anforderungen des Abtasttheorems genügend klein, so übersteigt der maximale Fehler trotzdem nicht die Größe von maximal einigen Prozent, was in praxi tolerierbar ist.

Hinweis: Das Amplitudendichte-Spektrum des Eingangssignals klingt für $\omega > 0$ hyperbolisch ab: $/E(j\omega)/ = 1/\omega$, und ist folglich bei $\omega = 100$ auf 1% seines Maximalwertes abgeklungen. Also gilt wegen $f_{max} = 100/2\pi$ die Forderung (vergl. Kap. 6.1)
$T < 1/(2\, f_{max}) \approx \pi/100 \approx 0.03$, wie oben zugrundegelegt.

Rechteckimpuls-Reaktion eines Serienschwingkreises 2.Ordnung
Ein etwas aussagekräftigere Schaltung mit einem Tiefpaß 2. Ordnung und einem rechteckförmigen Eingangssignal soll die Betrachtungen abschließen.

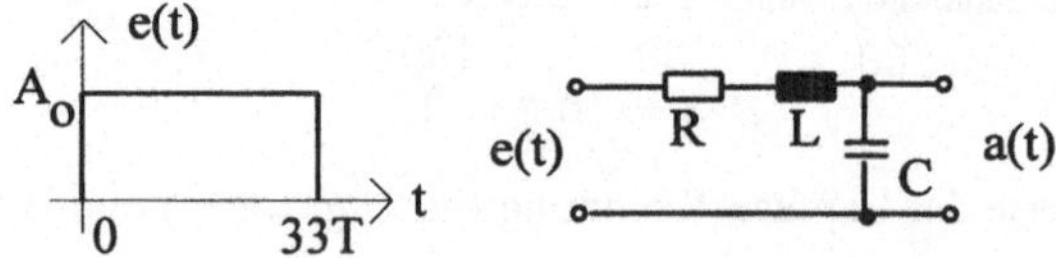

Bild 6.52 Ein Rechtecksignal wirkt auf einen Serienschwingkreis. Gesucht wird das Ausgangssignal a(t) mit Hilfe der Bilinear-Transformation. Schaltungsdaten: L=0.5 H; C = 0.1 F; R= 1Ω ; T = 0.1 sec

Für das Eingangssignal im Zeitbereich gilt nach obiger Aufgabenstellung:

$$e(t) = A_0 \left\{ 1(t) - 1(t - 33 \cdot T) \right\}.$$

Bei der Z-Transformation dieses Ausdrucks sei auf eine im Kap.1.4.1 beschriebene Besonderheit verwiesen, die bei der Differenzbildung von kontinuierlichen Sprungfunktionen zu beachten ist. Danach hat man anzusetzen:

$$E(z) = A_0 \cdot \left\{ \frac{z}{z-1} - \frac{1}{z^{(33+1)}} \cdot \frac{z}{z-1} \right\}.$$

Weiter folgt:

$$G(p) = \frac{1}{LC} \cdot \frac{1}{p^2 + \frac{R}{L}p + \frac{1}{LC}} \rightarrow G(z) \approx \frac{1}{LC} \cdot \frac{1}{\left(\frac{2}{T} \cdot \frac{z-1}{z+1}\right)^2 + \frac{R}{L}\left(\frac{2}{T} \cdot \frac{z-1}{z+1}\right) + \frac{1}{LC}},$$

woraus nach Zwischenrechnung die zur Rücktransformation geeignete Normalform für das Ausgangssignal A(z)

$$A(z) = k \cdot \frac{1 + 2z^{-1} + z^{-2} - z^{-34} - 2z^{-35} - z^{-36}}{1 + \frac{k_2}{k_3}z^{-1} + \frac{k_1}{k_3}z^{-2} + \frac{k_0}{k_3}z^{-3}}$$

mit $k = A_0 b/k_3 T^2$; $a = R/L$; $b = 1/LC$;
       $k_3 = 4+2aT+bT^2$; $k_2 = bT^2-2aT-12$;
       $k_1 = 12-2aT-bT^2$; $k_0 = 2aT-bT^2-4$

entsteht.

Eine numerische Rücktransformation liefert das Diagramm Bild 6.53:

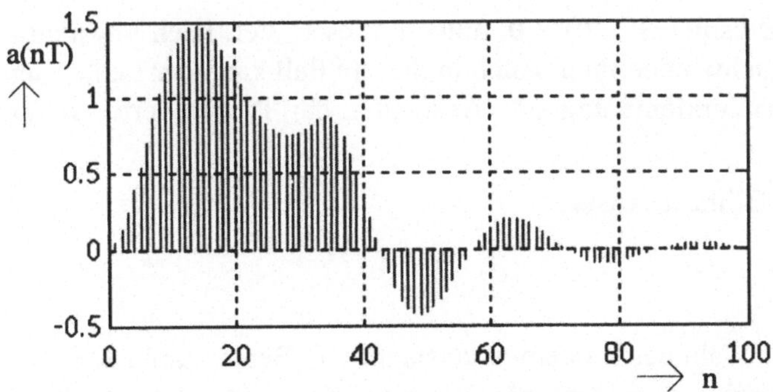

Bild 6.53 Ergebnis der Näherungsrechnung für a(nT) mit Hilfe von z_rueck.m

Das folgende Abbildung vergleicht wieder die Laplace- und die Bilinear-Lösung miteinander und demonstriert deren weitgehende Übereinstimmung.

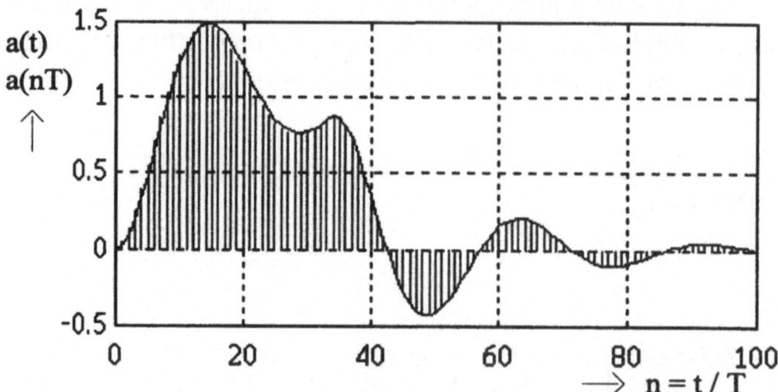

Bild 6.54 Vergleich der Laplace- (durchgezogen) mit der Bilinearlösung (Probenwerte)

Eine quantitative Untersuchung der Differenz beider Lösungen ergibt die im Bild 6.55 skizzierte Fehlerfunktion.

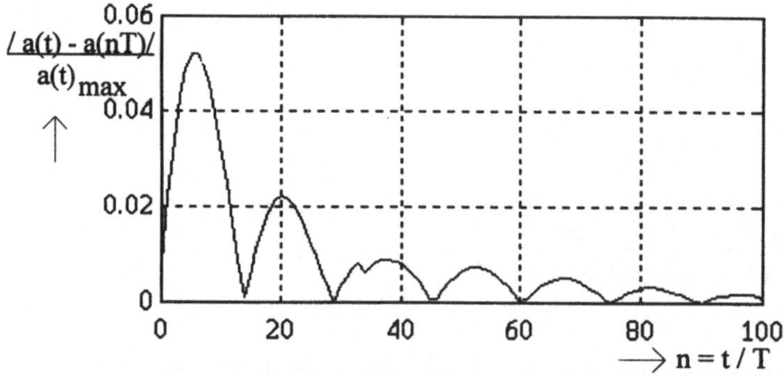

Bild 6.55 Die Fehlerfunktion: Betrag der Differenz von Laplace - und Bilinearlösung bezogen auf den Maximalwert von a(t).

Wie schon im vorigen Beispiel ist $a(0) \neq 0$, obwohl dieser Wert nach physikalischen Überlegungen verschwinden muß. Auch in diesem Fall kann der Fehler der Näherungslösung durch Verkleinerung des Abstandes der Probenwerte weiter verringert werden.

Zusammenfassung: Der Bilinear-Ansatz

$$p \rightarrow \frac{1}{T} \cdot \left(2 \cdot \frac{z-1}{z+1} \right)$$

eignet sich bei passender Wahl des Probenwertabstandes T (Bemessung nach dem Abtast-Theorem, vergl. Kap.6.1) zur näherungsweisen numerischen Rücktransformation $A(p) \rightarrow a(nT)$ vom Laplace- in den Zeitbereich. Der bei $t = 0$ resultierende systematische Fehler kann durch separate Berechnung von $a(0)$ mit Hilfe des Anfangswertsatzes der Laplace-Transformation (vergl. Kap. 9.2.5) vermieden werden.

7 Aufgabensammlung

Die folgende kleine Sammlung von Rechenübungen orientiert sich am Stoff der vorangegangenen Kapitel und wird zur sorgfältigen Durcharbeitung empfohlen. Sie deckt inhaltlich in etwa die behandelten Themen ab und kann zur Verständniskontrolle dienen.

7.1 Übungsaufgaben
7.1.1 Z-Transformation
nsigsys1

1. Geg.: $f(nT) = (-1)^n$

> Ges.: a) Skizze von $f(nT)$
> b) $F(z) = Z\{f(nT)\}$
>
> Hinweis: $(1 + \frac{1}{z^2} + \frac{1}{z^4} + \cdots = \frac{1}{1 - 1/z^2})$

2. Geg.: $f(t) = a \cdot t \cdot 1(t)$

> Ges.: $F(z) = Z\{f(t)\}$ mittels Definitionsformel

3. Geg.: 3 Rampenfunktionen lt. Skizze

> Ges.: Z-Transformierte dazu !

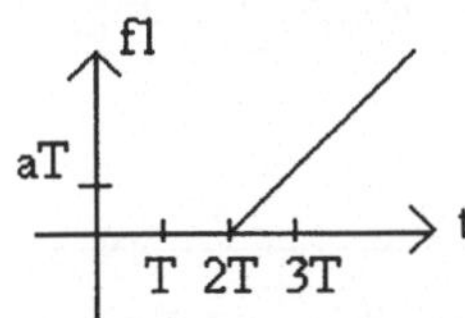
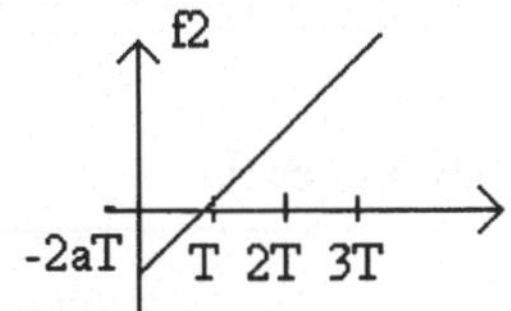
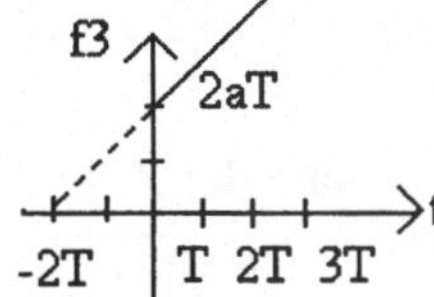

4. Geg.: Zeitfunktion $f(t)$ wie in Skizze

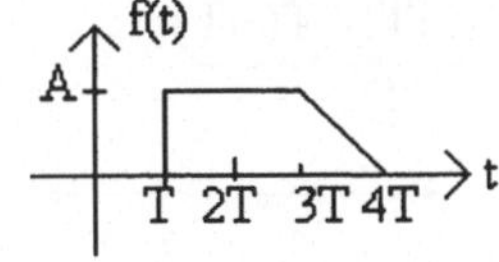

> Ges.: a) Zerlegung in Elementarsignale
> (Skizze + analytischer Ausdruck)
> b) $F(z)$

5.: Geg.: Periodische Dreieckimpulsfolge $f_{per}(t)$

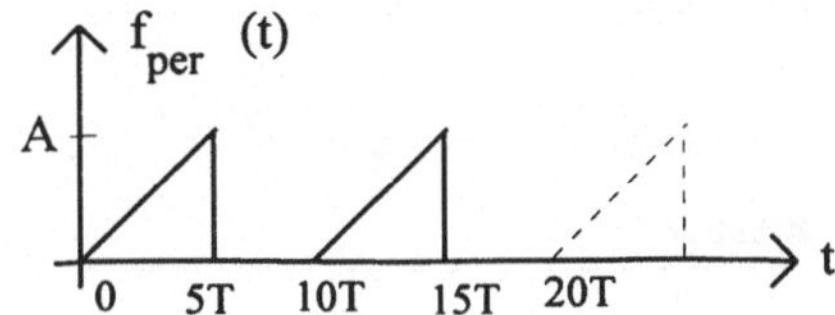

> Ges.: Z-Transformierte $F(z)$
> (Periodizitätsfaktor benutzen!)

7.1.2 Z-Rücktransformation
nsigsys2

1.Geg.: $F(z) = \dfrac{z^2 + z}{(z-1)^3}$

> Ges.: f(t) mittels Reihenentwicklung !

2. Bestimme die zugehörigen Zeitfunktionen f(nT) der 3 folgenden F(z)

> a) $F(z) = \dfrac{z^2}{(z-a)(z-b)}$ (Partialbruchzerlegung)
>
> b) $F(z) = \dfrac{z}{(z-a)(z-b)}$ (Partialbruchzerlegung)
>
> c) $F(z) = \dfrac{z}{(z+a)^2}$ (Reihenentwicklung)

3. Berechne f(nT) aus $F(z) = \dfrac{2z}{2z^2 - 3z + 1}$

> a) mittels Rekursionsformel (4 Werte)
> b) durch Ausdividieren (4 Werte)
> c) mittels Korrespondenztafel (geschl. Lösung)

4. Leite den Diff.-Satz der Z-Transformation her für

> a) Rückwärts-Diff. $f'(nT) = \dfrac{f(nT) - f[(n-1)T]}{T}$
>
> b) Vorwärts-Diff. $f'(nT) = \dfrac{f[(n+1)T] - f(nT)}{T}$
>
> Vergleiche !

5. Geg.: $f(t) = (t - at^2)\, 1(t)$

> Ges.: $Z\{f'(t)\}$ a) über die Def.-Gl.: $f'(t) = \dfrac{f[(n+1)T] - f(nT)}{T}$
>
> b) über Differentiationssatz

7.1.3 System-Kennfunktionen, Systemreaktion
nsigsys3

1. Geg.: Diskretes System mit Ein- und Ausgangswertefolge lt. Skizze
(vergl. Tabelle)

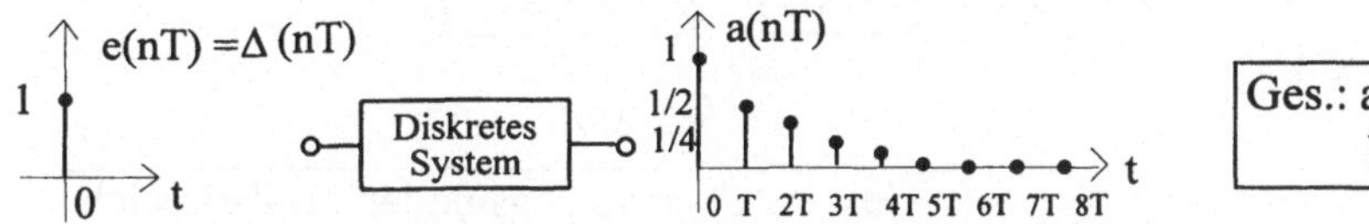

n =	0	1	2	3	4	.....
a(nT) =	1	1/2	1/4	1/8	1/16	.....

2. Geg.: Schaltung mit Eingangssignal lt. Skizze

$$[e(t) = e^{-t/kT}, \; g(t) = \tfrac{1}{k}e^{-t/kT}]$$

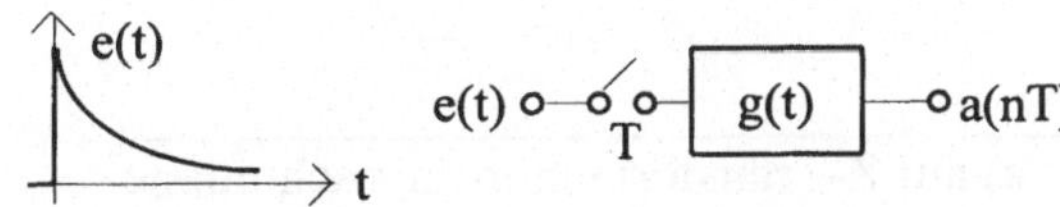

Ges.: a(nT)
   a) Mittels Reihenentwicklung von A(z)
   b) mittels Korrespondenztabelle
   c) berechne a(nT), wenn das Eingangssignal e(t) mit einer Dirac-Stoßfolge
       (Abstand T) moduliert ist !

3. Geg.: Schaltung u. Eingangssignal lt. Skizze.

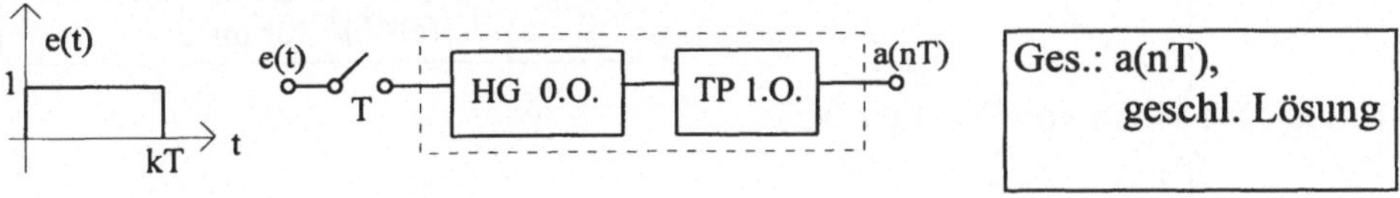

4. Geg.: Schaltung lt. Skizze mit e(t) = 1(t)

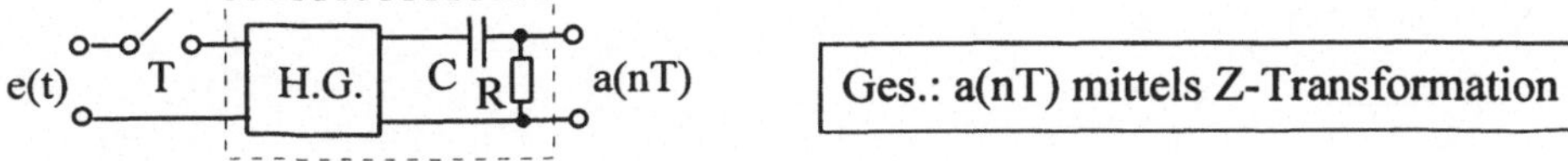

7.1.4 Übertragungsmodell, Z-P-N-Plan
nsigsys4

1. Geg.: Schaltung lt. Skizze

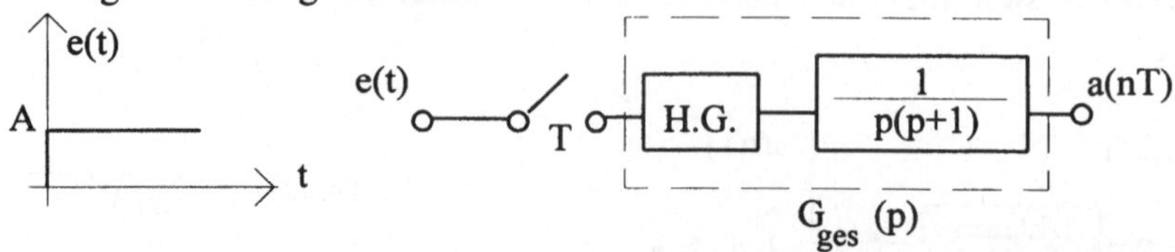

Ges.: a) Übertragungsmodell im Z-Bereich
     b) Übertragungsfunktion $G_{ges}(z)$
     c) Diskretes Ausgangssignal a(nT)

2. Geg.: Treppenkurve e*(t) als Eingangssignal [e(t) = $(1-e^{-at})$ 1(t)].

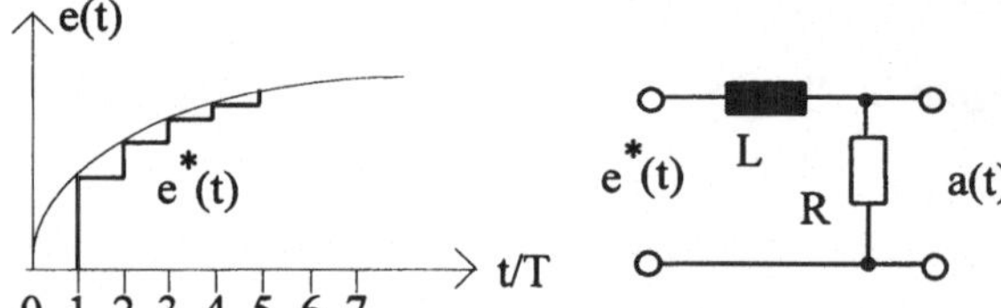

Ges.: a) auf Z-Transformation zugeschnittene
      Schaltung im Zeitbereich
     b) a(nT) mittels Z-Transformation

3. Geg. : P-N-Plan i. Z-Bereich (doppelte Nullstelle i. Ursprung)

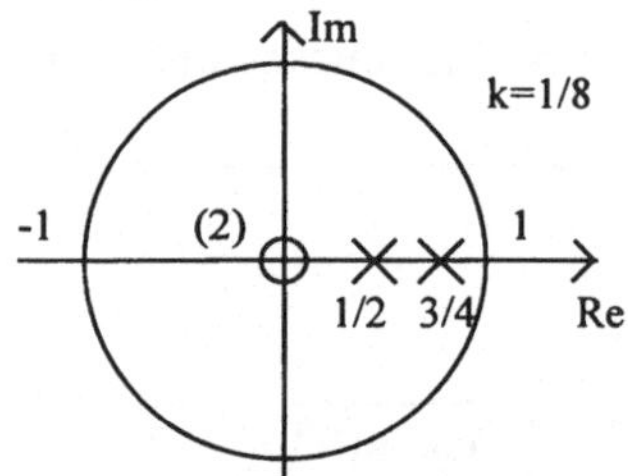

Ges.: a) G(z)
     b) g(nT)
     c) Amplitudengang $/G(e^{j\omega T})/$
     d) $/G(e^{j\omega T})/$ für $\omega=0$

4. Geg.: P-N-Plan von F(z) (a = 0.5)

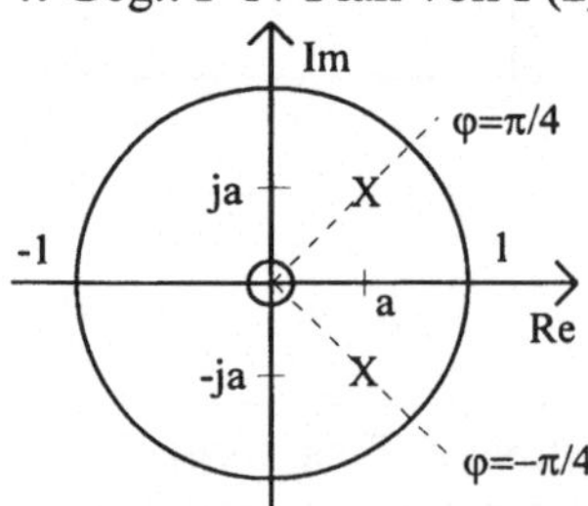

Ges.: a) Bildfunktion F(z)
     b) Zeitreihe f(nT)

7.1.5 Differenzengleichungen u. Z-Transformation
nsigsys5

1. Geg.: $y'(t) = C\, e^{-t}$ mit $y(0) = 0$

> Ges.:   a) zugehörige Diff.-Gl. (Vorwärtsdiff.)
> b) geschlossene Lösung
> c) rekursive Lösung (vergleiche !)

2. Geg.: $y'(t) = c\, e^{-t}$ mit $y(0) = 0$

> Ges.:   a) zugehörige Diff.-Gl. (Rückwärtsdiff.)
> b) geschlossene Lösung

3. Geg.: $y'(t) + a\, y(t) = x(nT)$

> Ges.:   a) zugehörige Diff.-Gl. (Rückwärtsdiff.)
> b) geschl. Lösung für $x(nT) = 1(nT)$

4. Geg.: $y'(t) = t - y(t)$

> Ges.:   a) Diff.-Gl. (Vorwärtsdiff.)
> b) Lösung für $y(0) = y_0$ allgemein
> c) wie b) mit $T = 1$

5. Geg.: $G(z) = \dfrac{z}{2(z-1)^2}$
> $ = A(z)/E(z)$

> Ges.: a) $a(nT)$, wenn $e(nT) = 1$ für $n=0$,
> sonst $e(nT) = 0$
> b) Diff.-Gl. für $a(nT)$ (Rückwärtsdiff.)
> c) $a(nT)$ aus b) mittels Z-Transformation

7.1.6 Differenzengleichungen u. Systemfunktionen
nsigsys6

1. Geg.: $G(z) = \dfrac{1}{T_1} \cdot \dfrac{z}{z - e^{-T/T_1}}$

> Ges.: zugehörige Diff.-Gl. (Rückwärts-Diff.-Form)

2. Geg.: $F(z) = \dfrac{1}{2} \cdot \dfrac{z}{(z-1)^2}$

> Ges: a) zugehörige Differenzengleichung.
> b) Lösung , wenn $e(nT) = 1$ für $n=0$
> und $e(nT) = 0$ für alle übrigen n
> (Einheitsimpuls).
>   b1) rekursive Lösung
>   b2) Lösung mit Z-Transf.

3. Geg.: Schaltung lt. Skizze (T: Verzögerungsglied für 1 Tastperiodendauer)

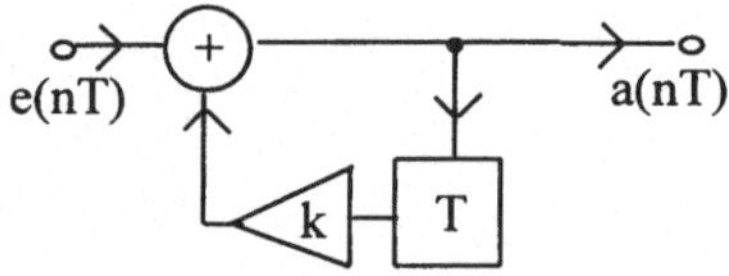

> Ges.: a) Diff.-Gl. für $a(nT)$
> b) $G(z)$, P-N-Plan für $k<1$
> c) Systemantwort $a(nT)$,
>   wenn $e(nT) = e^{-anT}$
>   und $k = 1/2$, $e^{-aT} = 1/4$

4. Geg.: Schaltung lt. Skizze.

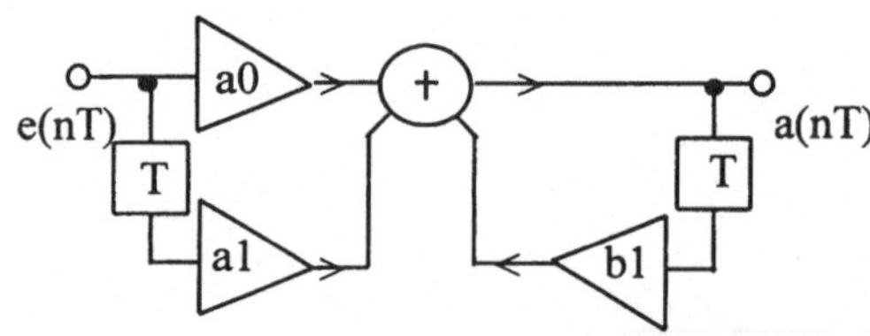

> Ges.:a) Diff.-Gl. für $a(nT)$
> b) Z-Übertragungsfkt $G(z)$, P-N-Plan
> c) Amplitudengang $/G(e^{j\omega T})/$ rechnerisch

7.1.7 Systeme mit Rückführung
nsigsys7

1. Geg.: Z-P-N-Plan ($z_1 = 0.5$; $z_1^* = 0.9$)

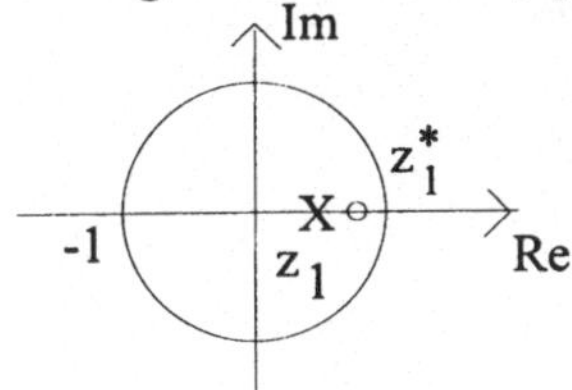

<table>
<tr><td>Ges.</td><td>a) Übertragungsfunktion G(z)</td></tr>
<tr><td></td><td>b) g(nT) + Skizze</td></tr>
<tr><td></td><td>c) Amplitudengang /G(e$^{j\omega T}$)/ rechnerisch</td></tr>
<tr><td></td><td>d) Phasengang φ(e$^{j\omega T}$) rechnerisch</td></tr>
<tr><td></td><td>e) Diff-Gl. für a(nT) (Rückwärtsdiff.)</td></tr>
<tr><td></td><td>f) Schaltbild zur Diff.-Gl.</td></tr>
</table>

2. Geg.: Rückgeführte Schaltung lt. Skizze.

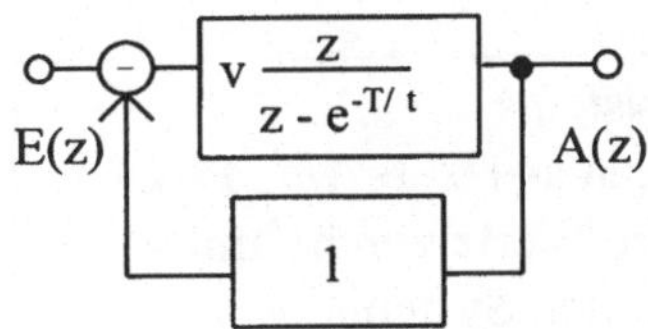

<table>
<tr><td>Ges.:</td><td>a) $G_{rück}(z)$</td></tr>
<tr><td></td><td>b) v, damit bei T/τ=1/10 ein Pol bei
z_1=0.4762 entsteht !</td></tr>
<tr><td></td><td>c) P-N-Plan zu b)</td></tr>
<tr><td></td><td>d) ü(nT) mit Werten von b)
und Skizze dazu</td></tr>
</table>

3. Geg.: Rückgeführte Schaltung lt. Skizze.

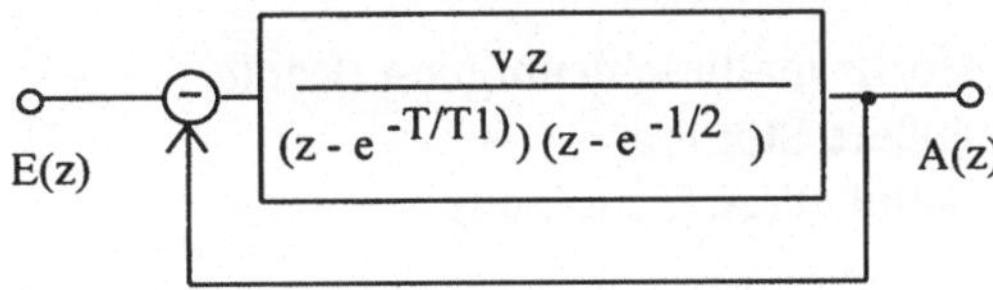

<table>
<tr><td>Ges.:</td><td>a) $G_{rück}(z)$ + P-N-Plan,
wenn T/T1=0.1 und v=2</td></tr>
<tr><td></td><td>b) Impulsreaktion g(nT)</td></tr>
</table>

7.1.8 Kontinuierliche Systeme mit diskreter Rückführung
nsigsys8

1. Geg.: Instabiles kontinuierliches System mit G(p) lt. Skizze.
Ein diskreter Regler mit der Übertragungsfunktion

$$R(z) = v \cdot \frac{z - b}{z}$$

soll Stabilität erzwingen.

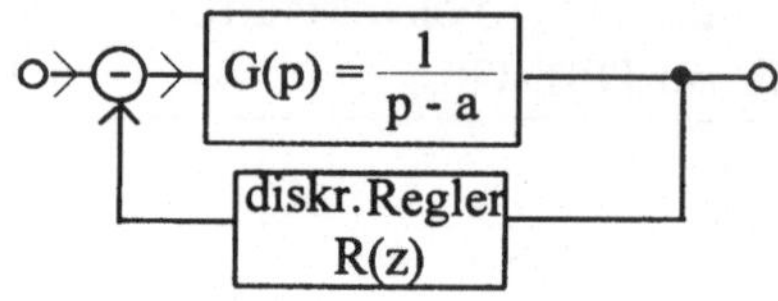

Ges.: a) $G_{rück}(z)$ des rückgeführten Systems
b) Zulässige Verstärkung v, wenn a=1/2, b=1/4, T=0.1
c) P-N-Plan von $G_{rück}(z)$ für die Werte von b) mit v=3
d) Sprungreaktion des rückgeführten Systems.

2. Geg.: Bei kleinen Auslenkungen des Pendelstabes L aus der Senkrechten

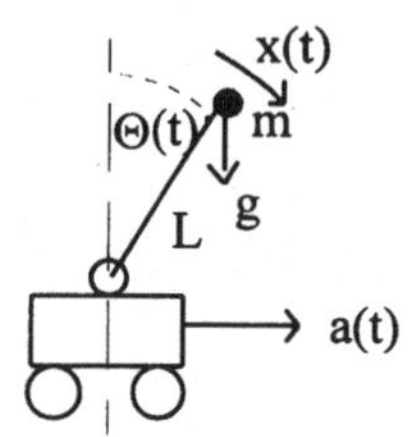

beschreibt die DGL

$$L \frac{d^2\Theta(t)}{dt^2} \approx g\Theta(t) - a(t) + Lx(t)$$

angenähert das dynamische Verhalten des nebenstehend abgebildeten "invertierten Pendels"

m- Pendelmasse,   a(t) - Horizontalbeschleunigung (Regler)
L - Stablänge,   x(t) - äußere Störung,
g- Fallbeschleunigung, Θ(t) - Winkelbeschleunigung.

Ges.: a) Übertragungsmodell des Pendels im p-Bildbereich,
wenn Θ(t) das Ausgangssignal und x(t) das Eingangssignal
im Zeitbereich bilden [a(t) = 0] !
b) Zu G(p) = Θ(p)/X(p) gehöriger P-N-Plan und die
Gewichtsfunktion g(t)

Das Pendel ist mit Hilfe eines diskreten PD- Reglers mit der
Übertragungsfunktion R(z)

$$R(z) = v \cdot \frac{z - 1/2}{z}$$

zu stabilisieren.

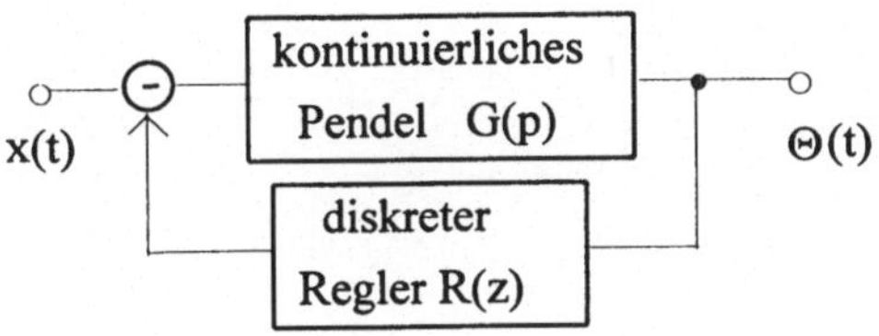

c) Bestimme das Blockschaltbild des geschlossenen Kreises und die
zugehörige Übertragungsfunktion $G_{rück}(z)$ im z-Bereich !

d) Bestimme die (Grenz-)Verstärkungswerte v, bei denen die Pole
von $G_{rück}(z)$ auf dem Einheitskreis liegen !

e) Ermittle aus den Polkoordinaten von d) Werte für zulässiges T
derart, das Stabilität gesichert ist!

7.2 Lösungen der Übungsaufgaben

Die in diesem Abschnitt zusammengestellten Lösungen enthalten lediglich die Ergebnisse, nicht aber vollständige Rechengänge. Sie sollen zur Kontrolle selbständig erarbeiteter Lösungen verwendet werden.

nsigsys1

1.a)

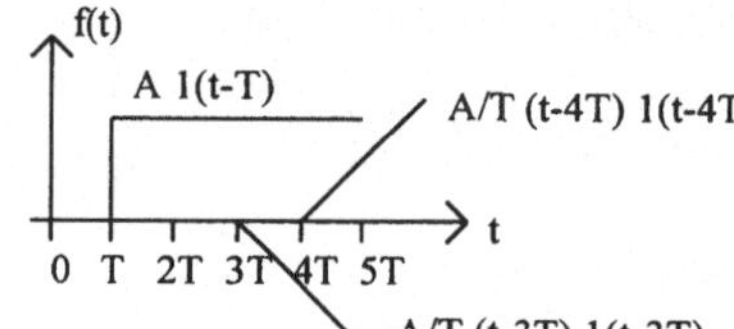

b) $F(z) = \dfrac{z}{z+1}$

2. $F(z) = aT\dfrac{z}{(z-1)^2}$

3. $F_1(z) = aT\dfrac{1}{z(z-1)^2}$; $F_2(z) = aT\dfrac{z}{(z-1)^2} - 2aT\dfrac{z}{z-1}$; $F_3(z) = aT\dfrac{z^3}{(z-1)^2} - Tz$

4. a)

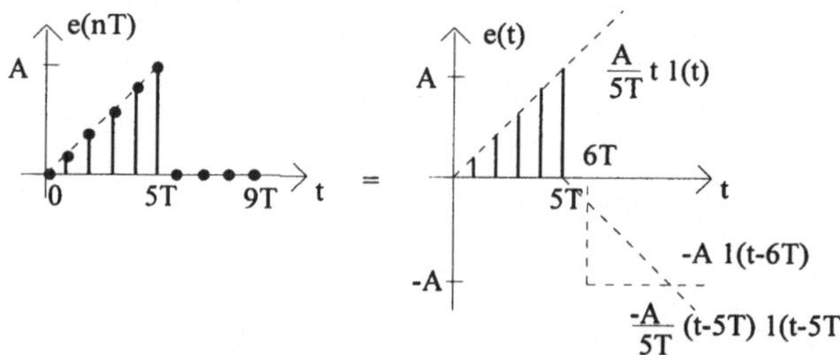

b) $F(z) = A\left\{ \dfrac{1}{z-1} - \dfrac{1}{z^2(z-1)^2} + \dfrac{1}{z^3(z-1)^2} \right\}$

5.)

$$e(t) = \dfrac{A}{5T}\cdot t \cdot 1(t) - A\cdot 1(t-6T) - \dfrac{A}{5T}\cdot(t-5T)\cdot 1(t-5T)$$

Beachte den Einsatzpunkt t = 6T der negativen Sprungfkt (vergl. Kap.1.4.1) !

$$E(z) = \dfrac{A}{5}\left\{ \dfrac{z^7 - 6z^2 + 5z}{z^8 - 2z^7 + z^6} \right\} = \dfrac{A}{5}\left\{ \dfrac{z^{-1} - 6z^{-6} + 5z^{-7}}{1 - 2z^{-1} + z^{-2}} \right\}$$

$$E_{per}(z) = \dfrac{A}{5}\left\{ \dfrac{z^{-1} - 6z^{-6} + 5z^{-7}}{1 - 2z^{-1} + z^{-2} - z^{-10} + 2z^{-11} - z^{-12}} \right\}$$

nsigsys2

1. $f(t)=(t/T)^2$

2. a) $\quad f(t) = \dfrac{a^{(\frac{t}{T}+1)} - b^{(\frac{t}{T}+1)}}{a-b}$

   b) $\quad f(t) = \dfrac{a^{1/T} - b^{1/T}}{a-b}$

3. a), b)

t	f(t)
0	0
T	1
2T	3/2
3T	7/4

c) $\quad f(nT) = 2\,(1-(\frac{1}{2})^n)$

4. a) $\quad Z\{f'(t)\} = \dfrac{1}{z}\dfrac{z-1}{T}F(z)$

   b) $\quad Z\{f'(t)\} = \left\{\dfrac{z-1}{T}F(z) - \dfrac{z}{T}f(0)\right\}$

5. a) $Z\{f'(t)\} = (1-aT)\dfrac{z}{z-1} - 2a\dfrac{Tz}{(z-1)^2}$

   b) $Z\{f'(t)\} = \dfrac{z}{z-1} - a\dfrac{Tz(z+1)}{(z-1)^2}$

nsigsys3

1. a) $\quad g(nT) = (1/2)^n$

   b) $G(z) = \dfrac{z}{z-1/2}$

2. a),b) $\quad a(nT) = 1/k\,(n+1)\,e^{-n/k}$

   c) $\quad a(t) = \dfrac{1}{k}\displaystyle\sum_{n=0}^{\infty} e^{-\frac{(t-nT)}{kT}}\,e^{-\frac{n}{k}}\,1(t-nT)$

3. $a(nT) = \left[\left(1-e^{-nT/\tau}\right)\cdot 1(nT) - \left(1-e^{-(n-k)T/\tau}\right)\cdot 1[(n-k)T]\right]$

4. $a(nT) = e^{-\frac{nT}{RC}}\,1(nT)$

nsigsys4

1. a) b)

$$E(z) \quad \boxed{G_{ges}\,(z) = \dfrac{T}{z-1} + \dfrac{z-1}{z-e^{-T}} - 1} \quad A(z)$$

c) $a(nT) = nT + e^{-nT} - 1$

2.a)

b) $a(nT) = 1 + \dfrac{1}{\alpha - \beta}\left[(\beta - 1)e^{-anT} + (1-\alpha)e^{-\frac{nT}{\tau}}\right]$; $\alpha = e^{-aT}$; $\beta = e^{-\frac{t}{\tau}}$

3. a) $G(z) = \dfrac{kz^2}{z^2 - \dfrac{5}{4}z + \dfrac{3}{8}}$ b) $g(nT) = \dfrac{1}{2}\left[(\dfrac{3}{4})^{n+1} - (\dfrac{1}{2})^{n+1}\right]$

c) $\left|G(e^{j\omega T})\right| = \dfrac{k}{\sqrt{(\cos 2\omega T - \dfrac{5}{4}\cos\omega T + \dfrac{3}{8})^2 + (\sin 2\omega T - \dfrac{5}{4}\sin\omega T)^2}}$ d) $/G(0)/ = 1$

4.a) $G(z) = \dfrac{z}{z^2 - 2az + 2a^2}$ b) $g(nT) = \left(\sqrt{2}\right)^n a^{n-1}\sin(n\pi/4)$

c) $|G| = \dfrac{1}{\sqrt{(\cos 2\omega T - 2a\cos\omega T - 2a^2)^2 + (\sin 2\omega T - 2a\sin\omega T)^2}}$

d) $\varphi(e^{j\omega T}) = \omega T - \text{arctg}\,\dfrac{\sin 2\omega T - 2a\sin\omega T}{\cos 2\omega T - 2a\cos\omega T + 2a^2}$

nsigsys5

1. a) $y[(n+1)T] = y(nT) + Tce^{-nT}$ b) $y(nT) = \dfrac{Tc}{1-e^{-T}}(1 - e^{-nT})$

c) k. Glied: $y[(k+1)T] = cT[1+e^{-T}+e^{-2T}+...+e^{-kT}]$ d.i. wie b)

2. a) $y(nT) = y[(n-1)T] + Tce^{-nT}$ b) $y(nT) = \dfrac{1-e^{-(n+1)T}}{1-e^{-T}}$

3. a) $y(nT) - y[(n-1)T] = aT\,y(nT) + T\,x(nT)$

b) $y(nT) = \dfrac{1}{a}\left[(\dfrac{1}{1-aT})^{n+1} - 1\right]$

4. a) $y[(n+1)T] - (1-T)\,y(nT) = nT^2$

b) $y(nT) = y_0(1-T)^n + [(1-T)^n + nT - 1]$

c) Beachte $0^0 = 1$! $y(nT)\big|_{T=1} = y_0\,0^n + \left[0^n + nT - 1\right] = y(n)$

5.a) $E(z) = 1$; $a(nT) = n/2$

b) $a(nT) - 2a[(n-1)T] + a[(n-2)T] = 1/2 \cdot e(n-1)T]$ c) $a(nT) = n/2$ (wie a))

nsigsys6

1. $a(nT) - e^{-T/\tau} a[(n-1)T] = (-1/\tau)\, e(nT)$

2. a) $a(nT) - 2\, a[(n-1)T] + a[(n-2)T] = (1/2)\, e[(n-1)T]$

   b.1) $a(nT) = n/2;$ b.2) dto.

3. a) $a(nT) = e(nT) + k\, a[(n-1)T]$

b) $G(z) = z / (z - k)$

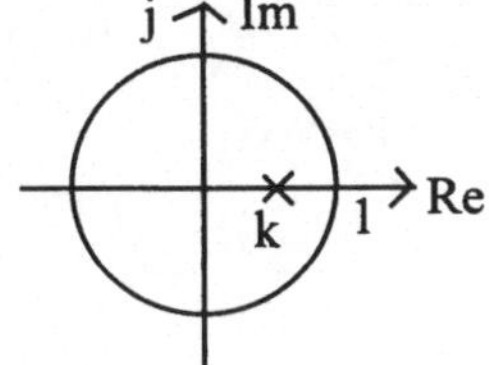

c) $a(nT) = 4\left[\left(\dfrac{1}{2}\right)^{n+1} - \left(\dfrac{1}{4}\right)^{n+1}\right]$

4. a) $a(nT) = a_0 e(nT) + a_1 e[(n-1)T] + b_1 a[(n-1)T]$

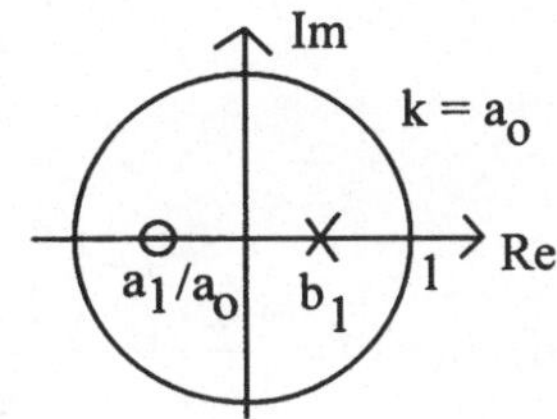

b) $G(z) = a_0 \dfrac{z + \dfrac{a_1}{b_1}}{z - b_1}$

c) $\left|G\left(e^{j\omega T}\right)\right| = a_0 \sqrt{\dfrac{1 + \left(\dfrac{a_1}{a_0}\right)^2 + 2\dfrac{a_1}{a_0}\cos\omega T}{1 + b_1^2 - 2 b_1 \cos\omega T}}$

nsigsys7

1. a) $G(z) = \dfrac{z - 0,9}{z - 0,5}$ b) $g(nT) = \left(\dfrac{1}{2}\right)^n 1(nT) - 0,9\left(\dfrac{1}{2}\right)^{n-1} 1[(n-1)T]$

c) $\left|G(e^{j\omega T})\right| = \sqrt{\dfrac{1,81 - 1,81\cos\omega T}{1,25 - \cos\omega T}}$ d) $\varphi\left(e^{j\omega T}\right) = \text{arctg}\dfrac{\sin\omega T}{\cos\omega T - 0,9} - \text{arctg}\dfrac{\sin\omega T}{\cos\omega T - 0,5}$

e) $a(nT) - \dfrac{1}{2} a[(n-1)T] = e(nT) - 0,9\, e[(n-1)T]$

f)

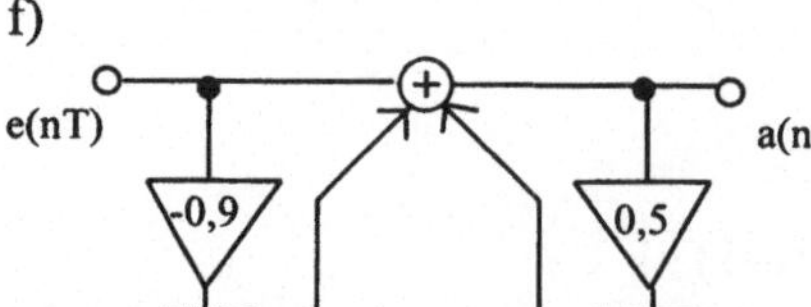

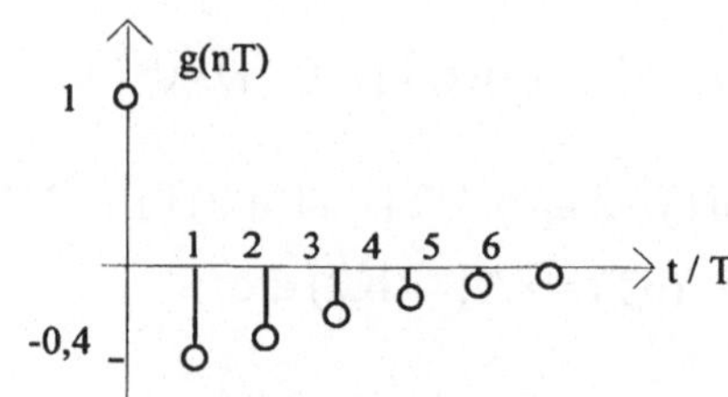

2. a) $G_{rück}(z) = \dfrac{v}{1+v} \cdot \dfrac{z}{z - \dfrac{e^{-T/\tau}}{1+v}}$

b) $v = 0,9$

c)

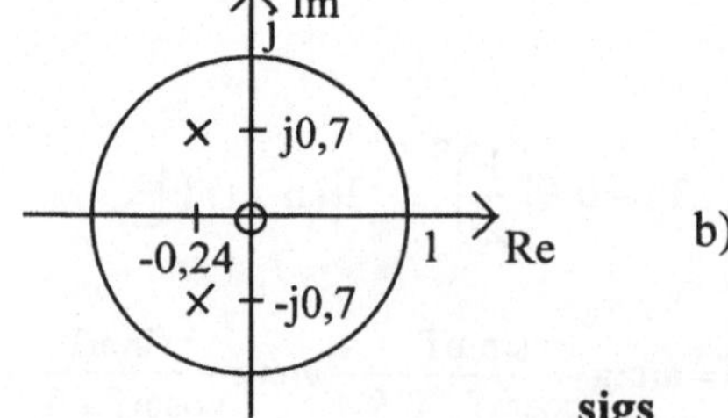

d) $\ddot{u}(nT) = \dfrac{v}{1+v} \cdot \dfrac{1 - \left(\dfrac{e^{-T/\tau}}{1+v}\right)^{n+1}}{1 - \dfrac{e^{-T/\tau}}{1+v}} = 0,9044\left(1 - 0,4762^{(n+1)}\right)$

3. a) $G_{rück}(z) = \dfrac{vz}{z^2 + \left(v - e^{-T/T_1} - e^{-1/2}\right)z + e^{-(T/T_1 + 1/2)}}$

b) $g(nT) = 2\,\dfrac{\left(e^{-0,1}\right)^n - \left(e^{-1/2}\right)^n}{e^{-0,1} - e^{-1/2}}$

sigs

nsigsys8

1. a) $\displaystyle G_{\text{rück}}(z) = \frac{G(z)}{1 + vR(z)G(z)} = \frac{1}{1+v}\,\frac{z}{z - \dfrac{e^{aT} + vb}{1+v}}$

b) Instabilität tritt ein, wenn der reelle Pol von $G_{\text{rück}}(z)$ in Abhängigkeit von v den Wert $z = \pm 1$ annimmt:

$$v_{z=+1} = \frac{e^{aT} - 1}{1 - b}; \qquad v_{z=-1} = -\frac{e^{aT} + 1}{1 + b}.$$

Zahlenwerte: $v_{z=+1} = 0.066$; $v_{z=-1} = -1.64$,
folglich sichern $v > 0.066$ und $v < -1.64$ Stabilität

c) $\displaystyle G_{\text{rück}}(z) = \frac{z}{4(z-0.45)}$, wenn $v = +3$

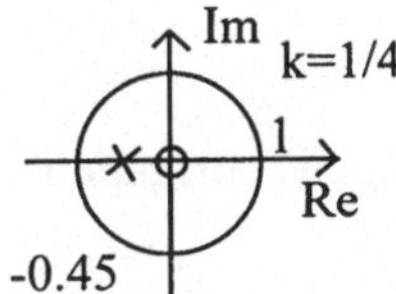

d) $\displaystyle a(nT) = \frac{1}{4} \cdot \frac{1 - 0.45^{(n+1)}}{0.55}$

2.a) Übertragungsmodell

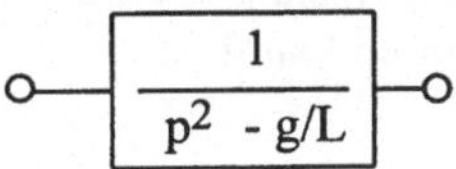

b) $\displaystyle g(t) = \frac{1}{\sqrt{g/L}}\sinh(\sqrt{g/L}\cdot t)$

c)

$$G_{\text{rück}}(z) = \frac{\dfrac{1}{a}\sinh(aT)}{z^2 + (\dfrac{v}{a}\sinh(aT) - 2\cosh(aT))\cdot z + (1 - \dfrac{v}{a}\sinh(aT))} , \quad \text{wo} \quad a = \sqrt{\frac{g}{L}}$$

$$\frac{(1/a)\,\sinh(aT)\,z}{z^2 - 2\cosh(aT)\,z + 1}$$

$$\frac{v\,(z-1/2)}{z}$$

d) $v_{z=+1} = 4a\cdot[\cosh(aT)-1]\,/\sinh(aT),$
   $z_{1/2} = 1$ bzw. $-2\cosh(aT) +3$
   $v_{z=-1} = (4a/3)\cdot[\cosh(aT)+1]\,/\sinh(aT),$
   $z_{1/2} = -1$ bzw. $(1/3)\cdot[-1+2\cosh(aT)]$

e) $|3-2\cosh(aT)| < 1$ und $|(1/3)\cdot(2\cosh(aT) - 1)| < 1$ sind einzuhalten !

7.3 Lösungen der Kontrollfragen / -aufgaben

Zur einfacheren Lektüre und besseren Übersicht sind Kontrollfragen /-aufgaben
und ihre Lösungen gemeinsam aufgeführt.

Kontrollfrage 1.3.4

Erkläre, warum der Lösungsansatz: zuerst $f'(t)$ bilden, dann $Z\{f'(t)\}$ berechnen,
nicht zum Ziel führen kann!

Zu 1.3.4:

Da $f'(t)$ stellvertretend für $f'(nT)$ steht, wobei $f'(nT)$ keinen Differentialquotienten
besitzt, entsteht ein fehlerhaftes Ergebnis (Ausnahme: linearer Funktionsverlauf mit
$df(t)/dt = \Delta f(nT)/T$).

Kontrollaufgabe 1.4.1

Man bestimme (im Anschluß an die Lektüre des Kap. 2) die Rücktransformierte
der Beispielsaufgabe von Bild 1.29 ! Beachte dabei die Struktur der Lösung !

Zu 1.4.1:

Die geordnete Bildfunktion lautet:

$$F(z) = \left(\frac{z}{z-1} - \frac{1}{kT}\left(1 - \frac{1}{z^k}\right)\cdot\left(\frac{Tz}{(z-1)^2}\right) \right)\cdot\left(\frac{1}{1 - z^{-m}}\right)$$

$\qquad\qquad\uparrow\qquad\qquad\qquad\qquad\uparrow\qquad\qquad\qquad\qquad\uparrow$

Sprungfkt   Rampenfkt   Hinweis auf

(2 um k Takte   Periodizität
verschob. Lösungen)

Bei der Rücktransformation bleibt der rechte Klammerausdruck zunächst unbeachtet.
Der verbleibende Lösungsanteil

$$F(z) = \frac{z}{z-1} - \frac{1}{kT}\left(1 - \frac{1}{z^k}\right)\cdot\left(\frac{Tz}{(z-1)^2}\right) = \frac{z}{z-1} - \frac{1}{kT}\cdot\frac{Tz}{(z-1)^2} + \frac{1}{z^k}\cdot\frac{1}{kT}\cdot\frac{Tz}{(z-1)^2}$$

liefert im Zeitbereich die Anteile

$$f(t) = 1(t) - \frac{1}{kT}\cdot t\cdot 1(t) + \frac{1}{kT}\cdot(t-kT)\cdot 1(t-kT),$$

die graphisch dargestellt das nachfolgend skizzierte Signal ergeben:

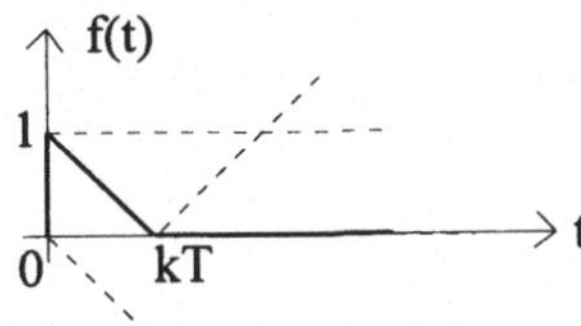

Das bisher unbeachtet gebliebene Glied liefert den Hinweis auf eine periodische
Wiederholung des Dreieckimpulses mit der Periodendauer mT.

Kontrollfrage 3.2.3

Warum kann die Gesamtübertragungsfunktion $G_{ges}(z)$ einer Kettenschaltung von
Halteglied und System *nicht* nach dem Faltungssatz im z-Bereich $G_H(z)\cdot G_{sys}(z)$
gebildet werden? (vergl. Bild 3.18)

Zu 3.2.3:
Eine Halteglied ist ein *kontinuierliches* System; die obige Verknüpfung
$G_{ges}(z) = G_H(z).G_{sys}(z)$ setzt jedoch *diskrete* Systeme voraus.
Es gilt: $g_H(t)*g_{sys}(t) \neq g_H(nT)*g_{sys}(nT) = G_H(z)\cdot G_{sys}(z)$.
Fazit: Für kontinuierliche Systeme gültige Rechengesetze dürfen nicht bedenkenlos auf
diskrete Systeme übertragen werden !

Kontrollaufgabe 3.3.1

Man untersuche den Sonderfall m = 1 in Gl(3.24) und vergleiche das Ergebnis
mit $G_{ges}(z)$ der Kettenschaltung von Halteglied 0.Ordnung und Tiefpaß 1.O.

Zu 3.3.1:

Die Ergebnisse stimmen überein: $G_{ges}\{z\} = \dfrac{1 - e^{-T/\tau}}{z - e^{-T/\tau}}$

Kontrollfrage 3.4

1. Warum wird im Beispiel Bild 3.42 anstelle der modifizierten Gewichtsfunktion $g_{Rechteck}$ nicht wie im Beispiel Bild 3.29 der Periodizitätsfaktor verwendet ?

Zu 3.4:
Die Anwendung des Periodizitätsfaktors setzt Signallängen voraus, welche größer als
die Tastperiodendauer T sind ! Im Beispiel gilt aber $T_{signal} = mT < T$, was den
Einsatz des Periodizitätsfaktors ausschließt.

Kontrollaufgabe 4.1.1

Man untersuche die Änderung der Bildfunktion F(z) und der Zeitfunktion f(t), wenn in Bild. 4.9 der Pol-Phasenwinkel um $\pi/2$ bei sonst unveränderten Parametern wächst !

Zu 4.1.1:

Wegen $\omega_0 T \rightarrow \omega_0 T + \pi/2$ wird

$$F(z) = \frac{e^{-aT} \cos[(\omega_0 + \pi/(2T))T] \cdot z}{z^2 + 2e^{-aT} \sin[(\omega_0 + \pi/(2T))T] \cdot z + e^{-2aT}}$$

und die zugehörige Zeitfunktion lautet: $f(t) = e^{-aT} \cos[(\omega_0 + \pi/(2T)) \cdot T] \cdot 1(t)$.
Die Kreisfrequenz erhöht sich um $\pi/(2T)$.

Kontrollfrage 4.2.1

Welcher physikalische Unterschied besteht zwischen einem diskreten und einem kontinuierlichen System mit derselben Übertragungsfunktion G(z) bezüglich der internen Signalverarbeitung?

Zu 4.2.1:

Die Signalverarbeitung erfolgt beim kontinuierlichen System ebenfalls kontinuierlich, bei diskreten System dagegen nicht. Deshalb reagieren 2 Systeme trotz gleichem G(z) physikalisch dennoch unterschiedlich.

Kontrollaufgabe 5.2.1

Bestimme aus Bild 5.12 die zugeordnete Diff.-Gl. und vergleiche das Ergebnis mit Gl(5.18) !

Zu 5.2.1: Aus der Schaltung ist abzulesen:

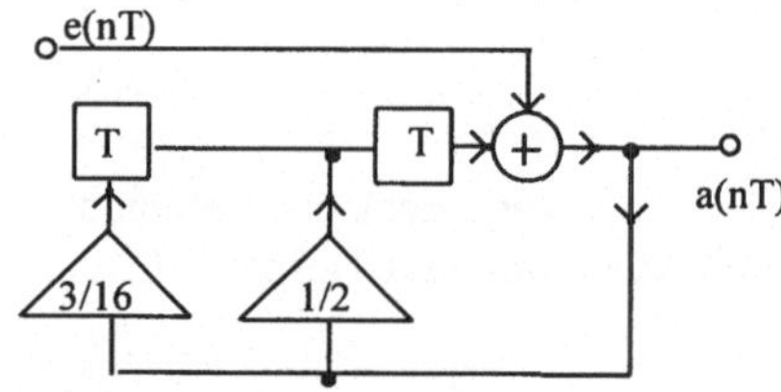

durchgehender Signalpfad: a(nT) = e(nT)
Rückführpfad rechts: + (1/2)·a[(n-1)T]
Rückführpfad links: +(3/16)·a[(n-2)T].

Man stellt Übereinstimmung mit Gl(5.18) fest !

Kontrollfrage 6.2.1

Die Gln(6.17) bis (6.19) liefern auch die technisch interessanten Grenzwerte für $n = \infty$ als Kennzeichen des stationären Zustandes sowie die Schwankungsbreite der Kondensatorspannung, die sogenannte Restwelligkeit.

Man bestimme $u_c(t)$ für $t \to \infty$ sowie die Schwankungsbreite u_{cmax} / u_{cmin} für den eingeschwungenen Zustand.

Zu 6.2.1: Gl(6.17) liefert für den stationären Endzustand ($n \to \infty$)

$$u_c(\infty) = u_{stör} \frac{1}{1 - e^{-a}} \cdot$$

Diese Spannung bezieht sich auf die Tastzeitpunkte $t = nT$.

Aus Gl(6.18) folgt für die maximale Spannung am Aufladungsende ($t = mT$):

$$u_{c\,max}(mT)\big|_{n \to \infty} = U_o - \left[U_o - u_{stör} \frac{1}{1 - e^{-a}} \right] e^{-\frac{mT}{T_1}},$$

während Gl(1.19) die minimale Spannung am Entladungsende [$t = (1-m)T$] liefert:

$$u_{cmin}\big[(1-m)T\big]\big|_{n \to \infty} = \left\{ U_o - \left[U_o - u_{stör} \frac{1}{1 - e^{-a}} \right] \cdot e^{-\frac{mT}{T_1}} \right\} \cdot e^{-\frac{(1-m)T}{T_2}} \cdot$$

Die Restwelligkeit wird somit:

$$1 - \frac{u_{c\,max}}{u_{c\,min}}\bigg|_{n \to \infty} = 1 - e^{\frac{(1-m)T}{T_2}} \cdot$$

Sie verschwindet für $(1-m) \to 0$; d.h., für den Fall fehlender Entladung. Dagegen wächst sie für große T_2, also bei großen Entladezeiten.

Kontrollaufgabe 6.3.1
    a) Man überprüfe, ob die in Bild 6.29 gewählte Tastperiodendauer T den im Kap.6.1 formulierten informationstheoretischen Anforderungen für gefensterte Funktionen entspricht   [vergl. Gl(6.5)].
    b) Welche Mindest-Tastperiodendauer ergibt sich, wenn man das nachgeschaltete TP-Filter in die Überlegung mit einbezieht ?

Zu 6.3.1.a: Bild 6.29 liefert: $T_F = 1$ sec, $f_{max} = 40$ Hz. Die Abschätzung nach Gl(6.5) verlangt:

$$T_{abt} < \frac{1}{2 \cdot \left(f_0 + \frac{100}{\pi \cdot T_F} \right)} = \frac{1}{2 \cdot \left(40 + \frac{100}{\pi \cdot 1} \right)} = 0{,}00696.$$

Gewählt wurde $T_{abt} = 0.005$, womit die obige Bedingung erfüllt ist.

Zu 6.3.1.b: Nach Bild 6.27 endet der Durchlaßbereich des TP 2.O. etwa bei $f_d = 66$ Hz. Nach dem klassischen Abtasttheorem gilt dann bei beliebigen Eingangssignalen die Forderung:

$$T_{abt} < 1/(2\ f_d) = 1/(2{\cdot}66) \approx 0.0076.$$

Wegen des relativ langsamen Amplitudengangsabfalls (nur 2.Ordnung) resultiert kein großer Unterschied zu 6.3.1.a.

Kontrollaufgabe 6.3.2

Man untersuche anhand der Aufgabenstellung von Bild 6.35, unter welcher Voraussetzung die Existenz einer zusätzlichen niederfrequenten Signalkomponente der Frequenz ω_1 am Filterausgang vorgetäuscht wird !

Zu 6.3.2: Wegen $\sin(\alpha + 2\pi n) = \sin\alpha$, worin n ganz und weil

$$\sin\left[2\pi(f_1 + 1/T)t\right] = \sin\left[2\pi \cdot f_1 \cdot t + 2\pi t/T\right]$$

worin $1/T = f_{abt} = n{\cdot}f_1$ für ganzzahlige $1/T$, lautet die Antwort:

Ist die Abtastfrequenz $1/T$ ein ganzzahliges Vielfaches der Frequenz f_1, so täuscht eine Eingangssignal-Frequenzkomponente $f_1+2\pi/T$ am Systemausgang eine zusätzliche Signalkomponente der Frequenz f_1 vor.

Kontrollaufgabe 6.3.3

Man untersuche anhand der Aufgabenstellung von Bild 6.41, unter welcher Voraussetzung es zur Auslöschung der niederfrequenten Signalkomponente mit der Frequenz ω_1 am Filterausgang kommt !

Zu 6.3.3 Wegen

$$\sin(2\pi \frac{t}{T} - 2\pi \cdot f_1 \cdot t) = \sin(2\pi \cdot n \cdot f_1 \cdot t - 2\pi \cdot f_1 \cdot t) \quad \text{für} \quad 1/T = f_{abt} = n \cdot f_1$$

folgt:

Ist die Abtastfrequenz $1/T$ ein ganzzahliges Vielfaches der Frequenz f_1, so löscht eine Eingangsfrequenz $(2\pi/T - f_1)$ am Systemausgang die Frequenz f_1 gleicher Amplitude aus.

Kontrollaufgabe 8.2

Es handelt sich beim o.g. System um einen Bessel-TP 2.O. mit der Grenzfrequenz $f_{gr} = 10$ Hz und einer Abtastfrequenz von $f_{abt} = 200$ Hz. Man kontrolliere die Koeffizienten von G(z) in Gl(8.1) durch Einsetzen obiger Parameter in die Gln(6.23) und (6.24).

Zu 8.2: Durch Einsetzen von f_{gr} und f_{abt} in die Gln(6.23) und (6.24) errechnet man:
$a_0 = 0.0201$; $a_1 = 0.0402$; $a_2 = 0.0201$; $b_1 = -1.561$; $b_2 = 0.6414$

8 Rechnerprogramme

Dieses Kapitel beinhaltet zwei Programmlistings; eins speziell zur *Z-Rücktransformation rationaler Funktionen* und ein allgemeineres zur *Analyse linearer diskreter Systeme*. Zur Programmierung wird das an Technischen Lehranstalten verbreitete MATLAB-Programmpaket benutzt, das wegen vieler vorgegebener Prozeduren eine besonders kompakte Programmgestaltung erlaubt. Diese Software ist ausgesprochen vielseitig anwendbar, für wissenschaftlich-technische Rechnungen gut geeignet und führt mit vergleichsweise geringen Aufwand rasch zu Ergebnissen.

Das erste Programm *z_rueck.m* benutzt die im Kap. 2.4 behandelte allgemeine Rekursionsformel zur Rücktransformation rationaler Bildfunktionen und stellt das Ergebnis graphisch dar.

Das zweite Programm *d_analys.m* erlaubt die Systemanalyse an Hand von z-Übertragungsfunktion oder Differenzengleichung und bietet vielfältige Auswahlmöglichkeiten bei der Darstellung charakteristischer Systemfunktionen und ihrer Eigenschaften.

Die vorgestellten Programmlistings bieten dem Leser u.a. die Möglichkeit, Beispielrechnungen vorangegangener Abschnitte nachzuvollziehen und / oder sie beliebig abzuwandeln. Beide Listings sind reichlich mit Kommentaren versehen, so daß sie sich auch zur Einarbeitung in " MATLAB " eignen.

8.1 Z-Rücktransformation: z_rueck.m

Das Programm transformiert gebrochen rationale Funktionen, deren Zähler- und Nennerpolynome nach negativen Potenzen von z geordnet sind

$$F(z) = \frac{a_0 + a_1 z^{-1} + a_2 z^{-2} + ...}{1 + b_1 z^{-1} + b_2 z^{-2} + ...}$$

in den Zeitbereich zurück, bzw. es findet die Lösung von Differenzengleichungen, die in der Form

$$\sum_{k=0}^{n} b_k \cdot a[(n-k)T] = \sum_{k=0}^{m} a_k \cdot e[(n-k)T]$$

vorliegen.

Um diese unterschiedlichen Aufgabenstellungen zu bearbeiten, wird als zentrale Lösungshilfe die Rekursionsformel (Kap. 2.4) genutzt.

Man findet die Zeitfunktionswerte f(nT) als Koeffizienten c_v des Ausdrucks

$$F(z) = c_0 + c_1 z^{-1} + c_2 z^{-2} + c_3{}^{-3} + ..., $$

die mit Hilfe des folgenden Algorithmus bestimmbar sind:

$$c_v = a_v - \sum_{\mu=1}^{v} b_\mu \cdot c_{v-\mu} \qquad (c_0 = a_0, \quad v = 1,2,3,...)$$

Im Ergebnis resultiert eine Wertefolge

$$f(nT) = Z^{-1}[F(z)]$$

als Rücktransformierte der Bildfunktion F(z).

Trotz der Kürze des Programms *z_rueck.m* sind seine Anwendungsmöglichkeiten recht vielfältig. Das Programm ist für beliebige rationale Funktionen bzw. für lineare Differenzengleichungen mit konstanten Koeffizienten verwendbar. So kann F(z) die verschiedensten physikalischen Inhalte widerspiegeln; beispielsweise eine Übertragungsfunktion oder eine Signaltransformierte verkörpern bzw. als Produktfunktion aus Eingangssignal und Systemfunktion eine Systemantwort im z-Bereich darstellen. Dabei bestehen keinerlei Beschränkungen bezüglich eines eventuell vorhandenen Polstellenüberschuß, sodaß auch rechtsverschobene Funktionen bearbeitet werden können (vergl. Kap.2.2).

Eigenschaften von z_rück.m
Um einen Eindruck von der Ergebnisdarstellung des z_rueck- Programms zu vermitteln, soll das Ausgangssignal A(z) der Anordnung von Bild 8.1 mit seiner Hilfe zurücktransformiert und das Ergebnis skizziert werden.
Das Gesamtsystem stellt einen Tiefpaß 1.O. mit vorgeschaltetem Abtast-Halteglied dar, der von einer periodischen Dreieck-Impulskette angeregt wird.

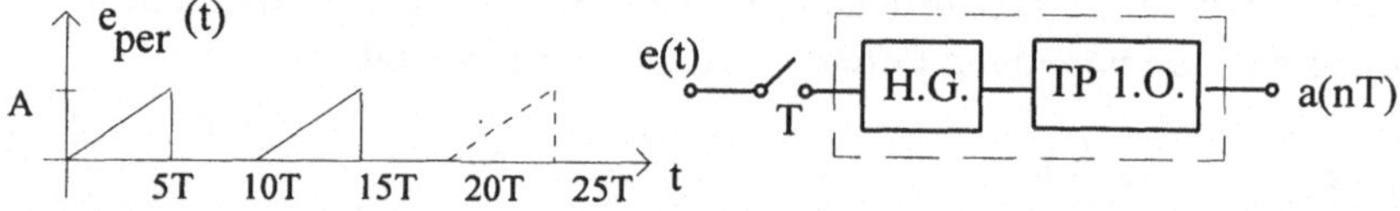

Bild 8.1 Zur Demonstration der Eigenschaften von z_rueck.m . Gesucht wird a(nT).

Die Rechnung führt auf folgenden Ausdruck, der das Ausgangssignal im z-Bildbereich beschreibt (vergl. Kap.7.1.1, Aufg.5 und Kap.7.1.3, Aufg. 3):

$$\frac{A(z)}{k} = \frac{z^{-2} - 6z^{-7} + 5z^{-8}}{1 - (2+\lambda)z^{-1} + (1+2\lambda)z^{-2} - \lambda z^{-3} - z^{-10} + (2+\lambda)z^{-11} - (1+2\lambda)z^{-12} + \lambda z^{-13}}$$

mit

$$k = \frac{A(1-\lambda)}{5}, \quad \lambda = e^{-T/\tau} .$$

Bei einem Verhältnis Tastperiodendauer zu Tiefpaß-Zeitkonstante $T / \tau = 0.1$ notiert man den speziellen Term :

$$\frac{A(z)}{k} = \frac{z^{-2} - 6z^{-7} + 5z^{-8}}{1 - 2.9048z^{-1} + 2.8097z^{-2} - 0.9048z^{-3} - z^{-10} + 2.9048z^{-11} - 2.8097z^{-12} + 0.9048z^{-13}}$$

auf dessen Grundlage *z_rueck.m* als Ergebnis der Rücktransformation die Wertefolge von Bild 8.2. liefert.

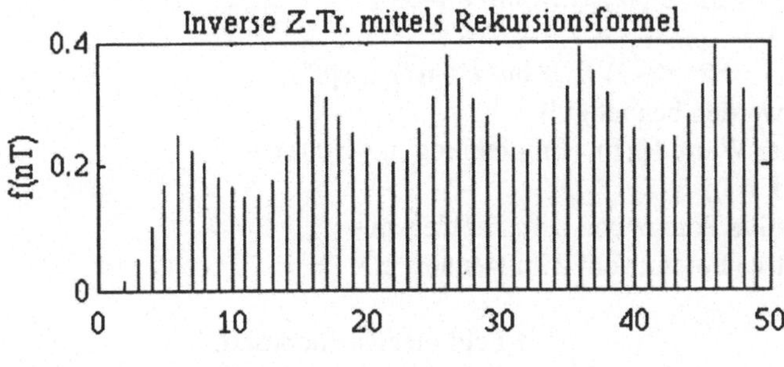

Bild 8.2 Die ersten 50 Werte des Ausgangssignals f(nT)=a(nT)/A der Schaltungsanordnung in Bild 8.1.

Die darzustellende Zahl der Probenwerte a(nT) kann über die Variable "Zahl" im Listing bei jedem Programmstart beliebig vorgewählt werden.

Der Lösungsverlauf entspricht grundsätzlichen physikalischen Überlegungen, nach denen das Ausgangssignal während der aktiven Impulszeiten (1 bis 6T, 11T bis 16T,....) anwächst, dagegen in den passiven Impulspausen (6T bis 11T, 16T bis 21T,...) abfällt, wobei das Halteglied die Verzögerung um T gegenüber dem Eingangssignal bewirkt. Deshalb ist der erste Wert a(T) Null, da das Eingangssignal mit e(0) = 0 beginnt und dieser Wert vom Halteglied über die 1. Periodendauer T gehalten wird.

Hinweis:
Wegen der zahlreichen Iterationsschritte bei der Bestimmung der Zeitfunktion darf die Rechnung nicht mit gerundeten Werten erfolgen; vielmehr sind die Nennerkoeffizienten obiger Gleichung für f(nT) = a(nT) / A als mathematische Ausdrücke einzusetzen, also in obigem Beispiel $2 + \lambda = 2 + \exp(-T/\tau)$ mit T = 0.1 und $\tau = 1$ anstelle des gerundeten Wertes 2.9048 !

Listing des Programms *z_rueck.m*
```
%-----------------------------------------------------------------------
%-----------------------------------------------------------------------
% zrueck.m
% Z-Ruecktransformation mittels allg. Rekursionsformel  (Kap.2.2.3)
% für rationale Funktionen F(z) oder Differenzengleichungen mit konst. Koeffizienten
% Es wird eine vorgebbare Zahl von Werten f(nT) aus F(z) berechnet!
%=======================================================================
clc, disp('')
```

```
disp('==================================================================')
disp('Inverse Z-Transformation mittels Rekursionsformel')
disp('==================================================================')
disp('')
disp('Koeffizienteneingabe fuer die Normalform: ')
disp('')
disp('        a0 + a1*z1(-1) + a2*z^(-2) +...+ am*z^(-m)')
disp(' F(z) =  k ---------------------------------------------')
disp('        1 + b1*z^(-1) + b2*z^(-2) +...+ bn*z^(-n)'), disp('')
disp('Folgende Angaben werden benoetigt:')
Zahl=input('Zahl gesuchter Werte f(nT); (Empfehlung: n < 100) n = ');
konst=input('Konstante:  k = ');
m = input('Hoechste negative Potenz von z im Zaehler: m = ');
n = input('Hoechste negative Potenz vom z im Nenner : n = ');
disp('')
ah=zeros(1,Zahl+1);                        % Feld fuer Zaehlerkoeff.
bh=zeros(1,Zahl+1);                        % Feld fuer Nennerkoeff.
Wert=zeros(1,Zahl+1);                      % Feld fuer Zeit-Fktwerte
clc
disp('Eingabe der Polynomkoeffizienten an, bn (b0=1)')
disp('==================================================================')
disp('')
disp('Zaehlerpolynom:')
  for i=0:m
    k=i+1;                                 % 1 <= k <= m+1
    ah(k)=input(sprintf('a%g= ',i));       % a(i) = ah(i+1)
  end;
disp('')
disp('Nennerpolynom')
  for i=0:n
    l=i+1;                                 % 2 <= l <= n+1
    bh(l)=input(sprintf('b%g= ',i));       % b(i) = bh(i+1)
  end;
 clc, echo on                              % Screen an
% Bitte etwas Geduld
% Berechnen der Werte nach Rekursionsformel:
% ---------------------------------------------------
 Wert(1)=ah(1);                            % a(1) = a0
    for i=1:Zahl
         ih=i+1;
         Summe=0;
      for j=1:i
        jh=j+1;
        Summe=Summe+bh(jh) .* Wert(i-j+1);
          Wert(ih)=(ah(ih)-Summe);
```

```
      end
    end;
echo off                                    % Screen aus
% Graphische Darstellung der Werte f(nT)
%----------------------------------------------
d=0:length(Wert)-1;                         % Zahl der Abszissenwerte
[a,b]= probe(d,konst*Wert);                 % Vektor [a b] enthält diskrete Werte
plot(a,b,'-g');                             % Ergebnisdarstellung
title('Inverse Z-Tr. mittels Rekursionsformel')   % Beschriftung
 xlabel('--> n');
 ylabel('f(nT)');
 pause, clc
%----------------------------------------------------------------------
```

Das obige Programm *zrueck.m* benutzt zur graphischen Darstellung der diskreten Probenwerte eine Hilfsroutine *probe.m*, die nicht im MATLAB-Programmpaket enthalten ist. Diese Funktion wird anschließend aufgelistet.

Hilfsprogramm *probe.m* zum obigen Rücktransformations-Programm.

```
%----------------------------------------------------------------------
% probe(t,y)  skizziert Probenwerte
% der Fkt y(t) ueber dem Zeilenvektor t
% oder uebergibt sie dem Vektor [xo,yo]
% Dateiname: probe.m
%----------------------------------------------
function [xo,yo] = probe(t,y);              % Definition der Funktion
n=length(t);                                %  Länge der Zeitachse
delta=(max(t)-min(t))/(n-1);                %  Abstand der Probenwerte
a=[ones(2,length(t))];                      %  Abszissenwerte der Proben
 for k=1:2
  for l=1:length(t)
   a(k,l)=(l-1)*delta;
  end
 end
b=[zeros(1,length(t)); ones(1,length(t))]; % Ordinatenwerte der Proben
 for l=1:length(t)
  b(2,l)=y(l);
 end;
if nargout==0                               % keine Übergabe an Zielvektor,
plot(a,b,'-g');                             % statt dessen Graphik darstellen
  else                                      % Übergabe an Zielvektor [xo yo]
    xo=a;    yo=b;
end
%----------------------------------------------------------------------
```

8.2   Analyse diskreter Systeme: d_analys.m

Dieses Programm leistungsfähiger als z_rueck.m ; es verfügt über mehr Auswahl-möglichkeiten und ist speziell auf die Analyse linearer diskreter Systeme zuge-schnitten. D_analys.m gestattet die graphische Darstellung charakteristischer Systemeigenschaften in Zeit- und Bildbereich (erlaubt aber auch einfache Z-Rücktransformation) oder gibt die entsprechenden Zahlenwerte aus. Die Dateneingabe kann an Hand der nach negativen Potenzen von z geordnete Über-tragungsfunktion G(z) oder über die zugehörige Differenzengleichung erfolgen; das Eingabemenue läßt beide Möglichkeiten zu.

Die nachfolgend aufgelistete Datei "menue.m" stellt das Dienstleistungsangebot des Programms vor.

```
%--------------------------------------------------------------------
%              Analyse linearer diskreter Systeme
%              Dateiname: menue.m
%--------------------------------------------------------------------
%|  1) Koeffizienten-Eingabe            12) Amplitudengang
%|  2) Daten aus Datei laden            13) Phasengang
%|  3) Daten in Datei sichern           14) Ampl.- u. Phasengang
%|  4) Aktuelle Daten loeschen          15) Z-P-N-Plan
%|  5) Optionen                         16) Ampl.+Phase+PN+Impulsantw.
%|
%|  6) Impulsantwort                    17) Impulsantwort + HG0
%|  7) Sprungantwort                    18) Sprungantwort + HG0
%|  8) Rampenantwort                    19) Rampenantwort + HG0
%|
%|  9) Werte Amplituden+Phasengang      20) Filterg gleichverteiltes Sign.
%| 10) Koordinaten Pole+Nullstellen     21) Filterg normalverteiltes Sign.
%| 11) Systemeigenschaften              22) Ortskurve
%|-------------------------------------------------------------------
%|                       0) Ende
%--------------------------------------------------------------------
```

Eigenschaften und Leistungsangebot von _d_analys.m_

Die Positionen 1- 4 dienen der Dateneingabe, der Datensicherung und ihrer Wie-derverwendung.

Ziffer 5 erlaubt die beliebige Änderungen folgender Standardparameter:

      500 berechnete Probenwerte ,

      20 graphisch dargestellte Ergebniswerte im Zeitbereich,

      normierte Skalierung der Frequenzachse ωT im Bereich $0 < \omega T < 2\,\pi$.

Die Positionen 6 - 8 stellen charakteristische Systemreaktionen graphisch dar; die Ziffern 9 - 14 liefern Kennfunktionen im Frequenzbereich und allgemeine Systemeigenschaften wie Stabilität, Frequenzverhalten (Tiefpaß, Hochpaß), Aussagen über den Phasengang (Minimal- oder Nicht-Minimalphasigkeit).

Menuepunkt 15 zeichnet den P-N-Plan im Z-Bereich.

Position 16 faßt die wichtigsten Systemeigenschaften wie Amplitudengang, Phasengang, P-N-Plan und Gewichtsfolge in einer gemeinsamen Graphik zusammen.

Die Positionen 17 bis 21 liefern einige nützliche Zusatzinformationen; und unter Punkt 22 wird die Ortskurve des diskreten Systems im normierten Frequenzintervall $0 \leq \omega T \leq 2\pi$, also innerhalb eines geschlossenen Umlaufs darstellt.

Die folgende Beispielaufgabe vermittelt die Art und Weise der Ergebnisdarstellung des Programms d_analys.m.

Geg.: System 2. Ordnung , beschrieben durch seine Z-Übertragungsfunktion

$$G(z) = \frac{0.0201 + 0.0402 \cdot z^{-1} + 0.0201 \cdot z^{-2}}{1 - 1.561 \cdot z^{-1} + 0.6414 \cdot z^{-2}} = \frac{a_0 + a_1 \cdot z^{-1} + a_2 \cdot z^{-2}}{b_0 + b_1 \cdot z^{-1} + b_2 \cdot z^{-2}} \qquad (8.1)$$

oder mittels der gleichwertigen Differenzengleichung

$$a(nT) - 1.561 \cdot a[(n-1)T] + 0.6414 \cdot a[(n-2)T] = 0.0201 \cdot e(nT) + 0.0402 \cdot e[(n-1)T]$$
$$+ 0.0201 \cdot e[(n-2)T]$$

Ges.: Charakteristische Eigenschaften des zugehörigen Systems, wie

    a) Amplitudengang,
    b) Phasengang,
    c) Ortskurve
    d) Gewichtsfunktion,
    e) P-N-Plan,
    f) Sprungantwort
    h) Systemeigenschaften

Lösung:
Nach Eingabe der Systemkoeffizienten a_v, b_v von Gl(8.1) und kurzer Rechenzeit können unter anderem die nachstehenden Graphiken über das Menue abgerufen werden.

Zu a)
Position 12) liefert den über der normierten Frequenz ωT aufgetragenen Amplitudengang. Er besitzt einen für Tiefpässe typischen Verlauf. Seine Filterwirkung kann jedoch höchstens bis zur Frequenz $\omega T = \pi$ oder $f = 1/2T$,

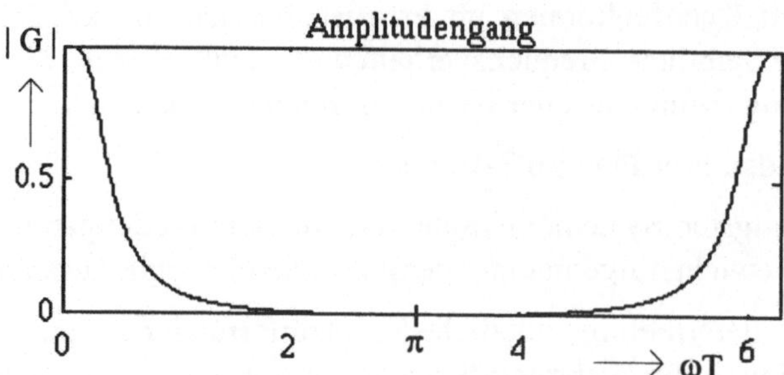

Bild 8.3 Amplitudengang eines diskreten TP 2.O. mit der Übertragungsfunktion Gl(8.1)

der maximalen Selektionsfrequenz ausgenutzt werden, da sich bei höheren Frequenzen weitere Durchlaßbereiche ausbilden (vergl. auch Kap.6.3).

Zu b)
Position 13) zeigt den dazugehörenden Phasengang. Die Rechnerroutine "unwrap1.m" (siehe Programmlisting weiter unten)

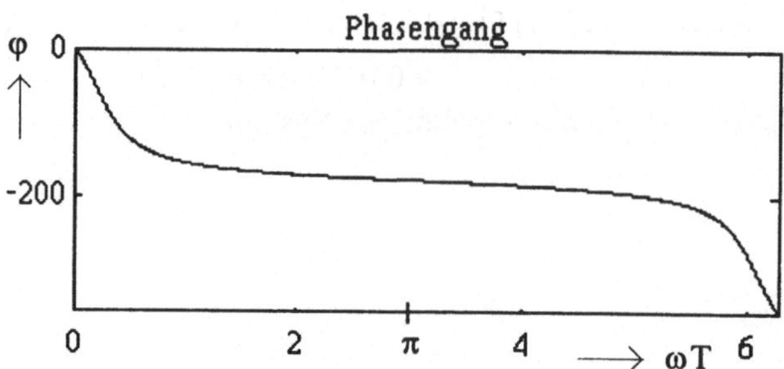

Bild 8.4 Phasengang des diskreten TP. 2.O.

verhindert, daß an der Stelle $\omega T = \pi$ ein durch die Mehrdeutigkeit der arctg-Funktion gelegentlich auftretender, technisch nicht vorhandener Phasensprung vorgetäuscht wird.

Zu c)
Position 22) zeichnet die Ortskurve $G(e^{j\omega T})$ des diskreten Systems; sie vereinigt in sich den Amplitudengang $| G(e^{j\omega T}) |$ als Betrag und den Phasengang $\varphi(\omega T)$ als Phasenwinkel jedes Ortskurvenpunktes.

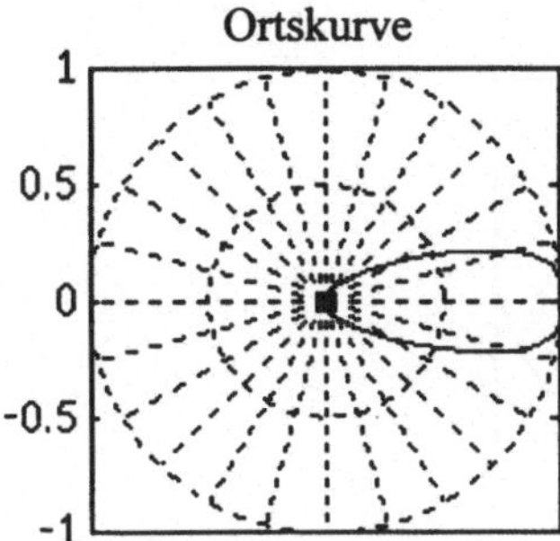

Bild 8.5 Ortskurve des diskreten Tiefpaß 2. Ordnung

Zu d)

Position 6) liefert die Einheits-Impulsantwort des Systems, von der die ersten 20 Werte (wahlweise mittels Ziffer 5 zu ändern) dargestellt wurden. Die Funktion g(nT) zeigt einen gedämpft schwingenden Verlauf, was auf komplexe Pole der Übertragungsfunktion schließen läßt.

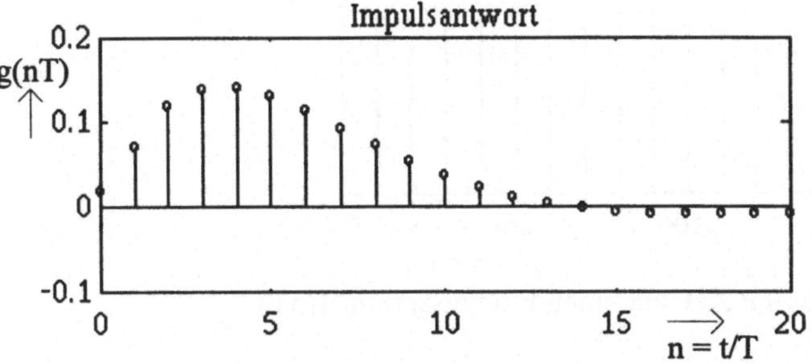

Bild 8.6 Antwort der TP. 2.O. auf einen Einheitsimpuls $\Delta(nT)$

Zu e)

Position 10) bestätigt die obige Erwartung. Neben einer doppelten Nullstelle bei (-1,0) tritt ein konjugiert komplexes Polpaar auf, das den Einschwingvorgang des Systems bestimmt.

$$\text{Pole:} \qquad z_{1/2} = 0.7805 \pm j\,0.1795$$
$$\text{Nullstellen:} \quad z_{1/2}{}^{*} = -1$$

Zu f)

Position 15) skizziert den P-N-Plan im Z-Bereich innerhalb des Einheitskreises. Auf die doppelte Nullstelle weist die vom Programm erzeugte Bildlegende hin.

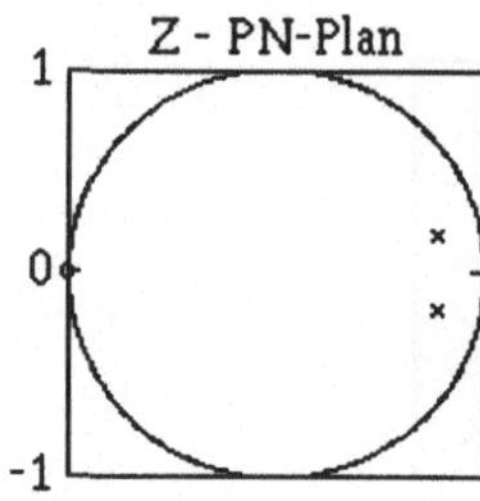

2 Pol(e), 2 Nullstelle(n)

Bild 8.7 Z-P-N-Plan des TP 2.O. mit den Nullstellen $z_{1/2}{}^{*}$ und den Polstellen $z_{1/2}$

Zu g)
Position 7) zeigt die Übergangsfunktion ü(nT) als Systemreaktion auf einen getasteten Einheitssprung.

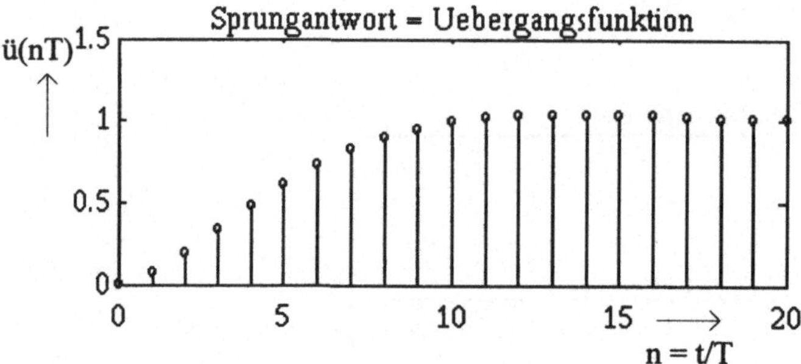

Bild 8.8 Antwort ü(nT) des TP 2.O. auf einen Einheitssprung 1(nT)

Zu h)
Position 11) liefert folgende Angaben:

> Das System ist stabil
> Das System ist ein Minimalphasen-System
> Das System ist ein rekursives Filter 2. Ordnung
> Das System zeigt Tiefpaßverhalten

und kennzeichnet so einige allgemeine Eigenschaften des zugehörigen diskreten Systems.

Kontrollaufgabe 8.2
Es handelt sich beim o.g. System um einen Bessel-TP 2.O. mit der Grenzfrequenz
f_{gr} = 10 Hz und einer Abtastfrequenz von f_{abt} = 200 Hz. Man kontrolliere die Koeffizienten
von G(z) in Gl(8.1) durch Einsetzen obiger Parameter in die Gln(6.23) und (6.24).

Listing des Programms *d_analys.m*
(Die weiter oben vorgestellte Datei "menue.m" ist Bestandteil dieses Programms)

```
%-------------------------------------------------------------------
%      Programm zur Analyse von linearen diskreten Systemen, deren
%      Differenzengleichung / G(z)-Uebertragungsfunktion gegeben ist.
%      Dateiname: d_analys.m
%-------------------------------------------------------------------
echo off                          % Screen aus
clear                             % alle Variablen loeschen
% Standardwerte, wenn keine Option gewaehlt wird:
abszissenwerte=500;               % Zahl der zu berechnenden Werte n
graphwerte=20;                    % zur graph.Darst. verwendete Wertezahl
helpfarbe=11;                     % hellgruen fuer Plots
farbe=sprintf('c%g',helpfarbe);   % (%g wählt kürzeste Ausgabeform)
vonwo=0;                          % normierte Abszissenskalierung: 0 - 2Pi
biswo=2*pi;
while 1             % While-Schleife Anfang
runs=['eingabe '       % 1  (runs(n,:) wird in Verbindung mit eval )
      'laden   '       % 2  (genutzt, um Teilprogramme auszuführen)
      'sichern '       % 3
      'allweg  '       % 4  Achtung: alle Elemente des Spaltenvektors "runs" sind
      'options '       % 5  zwischen den Anführungszeichen 8 Zeichen  lang
      'im_antw '       % 6  ( evtl. Leerzeichen mitgerechnet). Beim Scannen bzw.
                       %       Eintippen beachten, sonst Fehlermeldung !)
      'sp_antw '       % 7
      'ra_antw '       % 8
      'wspektr '       % 9
      'wpnst   '       % 10
      'ausw    '       % 11
      'a_gang  '       % 12
      'p_gang  '       % 13
      'ap_gang '       % 14
      'pn_plan '       % 15
      'appiantw'       % 16
      'im_antwh'       % 17
      'sp_antwh'       % 18
      'ra_antwh'       % 19
      'filt_gl '       % 20
      'filt_no '       % 21
      'ortskurv'       % 22
      ];
help menue                        % Startmenue anzeigen
n=input('   Auswahl [0..22] : '); % Aktion auswählen
 if ((n <= 0) | (n > 22))         % Test auf zulaessige Eingabe
  break                           % wenn unzulässig, dann Ende
```

```matlab
end

% Kontrolle auf zulässige Menuewahl:
% 1. Schleife Anfang
if ~((n==1)|(n==2)|(n==3)|(n==4)|(n==5)|(n==22))
  % 2. Schleife Anfang
  % Kontrolle auf erfolgte Koeffizienteneingabe
  if (exist('input___a')~=1) | (exist('input___b')~=1),
    disp(sprintf('\007\007\007\007\007\007'));% akustische Fehlermeldung
    disp('---------------------------------------------------------------'),
    disp('  Eingangswerte fehlen, rufen Sie Punkt 1 od. 2 im Menü auf ! '),
    disp('---------------------------------------------------------------'),
    pause
  else
    runs=runs(n,:);        % runs ist Menue-Variable; ausgewaehlt: n. Kolonne
    clg                    % Graphik-Screen loeschen
    eval(runs)             % eval fuehrt Argument-Funktion aus
               % 3. Schleife Anfang
    if n~=3                % entspricht Option Datei sichern
      pause
    end        % 3. Schleife Ende
  end          % 2. Schleife Ende
else
  runs=runs(n,:);          % Datei sichern
               % 4. Schleife Anfang
  if n~=4                  % entspricht Option alle Variablen loeschen
    clg                    % Graphik-Screen loeschen
    eval(runs)
    pause
  else
    clg
    eval(runs)             % alle Variablen loeschen
  end          % 4. Schleife Ende
end     % 1.Schleife Ende
end   % While-Schleife Ende

%-------------------------------------------------------
%  halt0.m simuliert ein Halteglied 0. Ordnung und plottet die Fkt y über der Fkt x
%  Dateiname: halt0.m
%-------------------------------------------------------
function [xo,yo] = halt0(x,y)
n=length(x);
if nargin == 1
      y = x;  x = 1:n;
end
delta=(max(x)-min(x))/(n-1);
```

```
nn=2*n;
xx=zeros(nn,1);   yy=xx;
xx(1:2:nn) = x;      xx(2:2:nn) = x+delta;
yy(1:2:nn)=y;    yy(2)=y(1);                          % beruecksichtigt y(1)<>0

yy(4:2:nn)=y(2:n);
if nargout == 0
        plot(xx,yy)
else
        xo = xx; yo = yy;
end


%-------------------------------------------------------------
%   nimmt Systemkoeffizienten entgegen und führt
%   einige Verträglichkeitstest's durch, entspricht D_ANALYS - Menüpunkt 1
%   Dateiname: eingabe.m
%-------------------------------------------------------------
clc
if ~exist('vonwo')               % Standardwerte, wenn keine Options gewaehlt
  abszissenwerte=500;            % Zahl der berechneten Werte
  graphwerte=20;                 % Zahl graphisch dargestellter Werte
  helpfarbe=11;                  % 11 entspricht gruen
  farbe=sprintf('c%g',helpfarbe);
  vonwo=0;                       % Startwert Abszisse Ampl-. u. Phasengang
  biswo=2*pi;                    % Endwert Abszisse
end
disp('Koeffizienteneingabe im Z-Bereich: [b0 ungleich Null !]')
disp('')
disp('        a0 + a1*z1(-1) + a2*z^(-2) +...+ am*z^(-m)')
disp(' F(z) =  -----------------------------------------')
disp('        b0 + b1*z^(-1) + a2*z^(-2) +...+ bn*z^(-n)')
disp(''), disp('oder')
disp(' Koeffizienten-Eingabe für Differenzengleichungen der Form'), disp('')
disp(' b0•y[n]+b1•y[n-1]+b2•y[n-2]+... = a0•x[n]+a1•x[n-1]+a2•x[n-2]+...'), disp('')
% Variable loeschen
clear input__b input__a a b nst pst bnst wnst bpst wpst betrag phase abszisse kreis
fehler=0;                        % Fehler-Flag zurueck
i=0;                             % Zaehlvariable zurueck
while 1                          % Schleife 1: fuer Koeffizienteneingabe
  buf=input(sprintf('  b%g = ',i));
  if ((buf>-1e38)&(buf<1e38))             % Schleife 2.: Abfrage zulaessige
                                          % Eingabe

    i=i+1;
    input___b(i)=buf;                     % Vektor b aufbauen
  else
```

```
     if i==1 & input___b(1)==0                  % Schleife 3: Test von b0 <> 0
       fehler=1;
     end                                         % Ende Schleife 3
    break                                        % Eingabe beenden
   end                                           % Ende Schleife 2. Abfrageschleife
end                                              % Ende While-Schleife 1.
i=0;
while 1                                          % Anfang While-Schleife
 buf=input(sprintf('         a%g = ',i));
 if ((buf>-1e38)&(buf<1e38))                     % Schleife2: Abfrage zulaessige Eingabe
   i=i+1;
   input___a(i)=buf;
   else
   break                                         % Eingabe beenden
 end                                             % Ende Schleife 2
end                                              % Ende While-Schleife
if fehler==0
 while input___a(length(input___a))==0
       input___a(length(input___a))=[];
 end
 while input___b(length(input___b))==0
       input___b(length(input___b))=[];
 end
disp(''); disp(''), disp(' Rechnung läuft, warten Sie bitte auf Signal!');
a=input___a;
b=input___b;
 if length(b)<length(a)
   for i = (length(b)+1):length(a),
    b(i)=0;
   end
 end
  if length(a)<length(b),                        % eingefügt, um Nullstellen richtig
    for k=(length(a)+1):length(b)                % darzustellen
     a(k)=0;
    end
  end
end
kreis=vonwo:(biswo-vonwo)/(abszissenwerte-1):biswo;     % für dbode1
abszisse=linspace(vonwo,biswo,abszissenwerte);          %lineare Teilung
[betrag phase]=dbode1(a,b,kreis);
  if length(a)>=1                                % if length(input___a)>1
  nst=roots(a);                                  % nst=roots(input___a);
   wnst=angle(nst);    bnst=abs(nst);
  end
  if length(b)>1                                 % if length(input___b)>1
   pst=roots(b);
```

```matlab
   bpst=abs(pst);
  end
 rho=[ones(1,abszissenwerte)];
 disp(sprintf('\7\7 OK')),   disp(' beliebige Taste druecken !')
      else
       disp(sprintf('\7\7\7\7\7\7\7'));
       disp(' ----------------------------------------------------------------')
       disp('   Unzulaessige Eingabe:  b0 muss ungleich Null sein !    ')
       disp(' ----------------------------------------------------------------')
end

%----------------------------------------------------
%    lädt eine m.- Datei mit Daten eines Systems
%    D_ANALYS - Menüpunkt 2
%    Dateiname: laden.m
%----------------------------------------------------
echo off, clc
dir *.mat
disp('')
datei=input(' Name der Datei mit den zu ladenen Daten : ','s');
eval(['load ',datei])
disp('')
 disp(' Daten wurden geladen !')

%-----------------------------------------------------------------------
%    speichert die Koeffizienten des Systems in einer Datei
%    entspricht D_ANALYS - Menüpunkt  3
%    Dateiname: sichern.m
%-----------------------------------------------------------------------
echo off, clc
disp('')
datei=input(' Dateiname für Speicherung der aktuellen Daten : ','s');
eval(['save ',datei])

%-------------------------------------------------------------
%    löscht alle aktuellen Variablen aus dem Speicher
%    entspricht D_ANALYS - Menüpunkt  4
%    Dateiname: allweg.m
%-------------------------------------------------------------
clear, clc

%----------------------------------------------------------------
%    setzt Werte für grafische Darstellung des Systems neu
%    entspricht D_ANALYS - Menüpunkt 5
%    Dateiname: options.m
%----------------------------------------------------------------
echo off, clc
```

```
disp('alle Werte sind neu einzugeben!')
vonwo=input('    Untere Frequenzgrenze ( Default wT == 0 ) : ');
biswo=input('    Obere  Frequenzgrenze ( Default wT == 2*pi ) : ');
abszissenwerte=input(' Wieviel Abtastwerte entnehmen? ( Default == 500 ) : ');
graphwerte=input(' Wieviele Anzeigewerte ? ( Default == 20 ) : ');

helpfarbe=input('Welche Kurvenfarbe [0..15] ? ( Default == 11 == hellgrün ): ');
farbe=sprintf('c%g',helpfarbe);
disp(''), disp(''), disp('  Neue Koeffizienteneingabe über Menüpunkt (1) erforderlich !')
disp(sprintf('\7\7\7\7'));

%---------------------------------------
%    zeigt die Impulsantwort Systems an,
%    entspricht D_ANALYS - Menüpunkt  6
%    Dateiname: im_antw.m
%---------------------------------------
helpx=([0:graphwerte;0:graphwerte]);
helpd=dimpulse(a,b,graphwerte+1);
helpy=([zeros(1,graphwerte+1);helpd']);
plot(0:graphwerte,zeros(1,graphwerte+1),'-w',helpx,helpy,sprintf('- c%g',...
farbe),0:graphwerte,helpd,sprintf('oc%g',farbe));
title('Impulsantwort'), xlabel('--> n = t/T')

%-------------------------------------------------
%    zeigt die Sprungantwort des Systems an
%    entspricht D_ANALYS - Menüpunkt  7
%    Dateiname: sp_antw.m
%-------------------------------------------------
helpx=([0:graphwerte;0:graphwerte]);
helpd=dstep(a,b,graphwerte+1);
helpy=([zeros(1,graphwerte+1);helpd']);
plot(0:graphwerte,zeros(1,graphwerte+1),'-w',helpx,helpy,sprintf('-c%g',...
farbe),0:graphwerte,helpd,sprintf('oc%g',farbe))
title('Sprungantwort = Uebergangsfunktion')

%-------------------------------------------------
%    zeigt die Rampenantwort des Systems an
%    entspricht D_ANALYS - Menüpunkt 8
%    Dateiname: ra_antw.m
%-------------------------------------------------
helpx=([0:graphwerte;0:graphwerte]);
helpd=filter(a,b,[1:1:graphwerte+1]);
helpy=([zeros(1,graphwerte+1);helpd]);
plot(0:graphwerte,zeros(1,graphwerte+1),'-w',helpx,helpy,sprintf('-c%g',...
farbe),0:graphwerte,helpd,sprintf('oc%g',farbe))
title('Rampenantwort = Anstiegsfunktion')
```

```
%-----------------------------------------------------------
%    zeigt Werte des Amplituden- und Phasenganges an
%    entspricht D_ANALYS - Menüpunkt  9
%    Dateiname: wspektr.m
%-----------------------------------------------------------
echo off, clc
disp(''), disp('   Amplitudenspektrum:')
disp(''), disp('')
[x_max,i_max]=max(betrag);
disp(sprintf('   Maximum bei A[%3g] = %.4g',i_max,x_max))
[x_min,i_min]=min(betrag);
disp(sprintf('   Minimum bei A[%3g] = %.4g',i_min,x_min))
disp(''),  disp('')

for i = 0:(abszissenwerte-1)/10:abszissenwerte-1
  disp(sprintf('            A[%3g] = %.4g',floor(i+1),betrag(i+1)))
end
pause, clc

disp(''), disp('   Phasenspektrum:')
disp(''), disp('')
[x_max,i_max]=max(phase);
disp(sprintf('   Maximum bei w[%3g] = %g',i_max,x_max))
[x_min,i_min]=min(phase);
disp(sprintf('   Minimum bei w[%3g] = %g',i_min,x_min))
disp(''), disp('')

for i = 0:(abszissenwerte-1)/10:abszissenwerte-1
  disp(sprintf('            w[%3g] = %g',floor(i+1),phase(i+1)))
end

%-----------------------------------------------------
%    zeigt Koordinaten von Pol- und Nullstellen an
%    entspricht D_ANALYS - Menüpunkt  10
%    Dateiname: wpnst.m
%-----------------------------------------------------
clc, disp('')
 if exist('pst')
   if length(pst)==0
    disp('keine Polstellen')
   else
    Polstellen=pst;          % Variable einrichten
    Polstellen               % listet die Variable Polstellen auf
   end
  else
   disp('keine Polstellen')
 end
```

```
disp('')
if exist('nst')
  if length(nst)==0
    disp('keine Nullstellen')
  else
    Nullstellen=nst;          % Variable einrichten
    Nullstellen               % listet die Variable Nullstellen auf
end
  else
    disp('keine Nullstellen')
end

%---------------------------------------
%   Charakteristika des Systems
%   entspricht D_ANALYS - Menüpunkt  11
%   Dateiname: ausw.m
%---------------------------------------
echo off, clc
 disp(''), disp(' Auswertung '), disp('')
 stabil=1;
 if exist('pst')
  if length(pst)>0
    if exist('nst')
     if length(nst)>length(pst)
         stabil=0;
     end
    end
    for i = 1:length(pst)
    if abs(pst(i))>=1.0
     stabil=0;
    end
    end
  end
end
if stabil==1
  disp('    (*) Das gegebene System ist stabil.')
else
  disp('    (*) Das gegebene System ist nicht stabil.')
end
disp('')
minimalphas=1;
 if exist('nst')
  if length(nst)>0
  for i = 1:length(nst)
   if abs(nst(i))>1.0
```

```
      minimalphas=0;
    end
   end
  end
 end

if minimalphas==1
  disp('    (*) Das  System ist ein Minimalphasensystem.')
else
  disp('    (*) Das  System ist ein Nicht-Minimalphasensystem.')
end

disp('')
if length(input___b)==1
  disp('    (*) Das System ist nichtrekursiv ')
  disp(sprintf('        %g. Ordnung.',length(input___a)-1))
else
  disp('    (*) Das System ist rekursiv ')
  disp(sprintf('        %g. Ordnung.',length(input___b)-1))
end

[betr phas]=dbode1(a,b,[0 pi]);
disp('')
 if (betr(1)<betr(2)&betr(1)==0)            % Aenderung 23.7.93
   disp('    (*) Das System zeigt Hochpaßverhalten.')
 end
% else
 if betr(1)>0                               % Aenderung dto.
   disp('    (*) Das System zeigt Tiefpaßverhalten.')
 end

%------------------------------------------------
%   zeigt Amplitudengang des Systems an
%   entspricht D_ANALYS - Menüpunkt  12
%   Dateiname: a_gang.m
%------------------------------------------------
axis([vonwo biswo 0 max(betrag)]);          % Formatiere Grafikausgabe
 plot(abszisse,betrag,'-w')
 title('Amplitudengang')
 xlabel('--> wT'), axis;                     % zurueck zur normalen Grafik

%------------------------------------------------
%   zeigt den Phasengang des Systems an
%   entspricht D_ANALYS - Menüpunkt  13
%   Dateiname: p_gang.m
%------------------------------------------------
axis([vonwo biswo min(phase) max(phase)]);  % !max>min ist gefordert!
plot(abszisse,phase,'-w'), title('Phasengang')
```

```
xlabel('--> wT'),  axis;

%----------------------------------------------
%   zeigt Amplituden- und Phasengang  an
%   entspricht D_ANALYS - Menüpunkt  14
%   Dateiname: ap_gang.m
%----------------------------------------------
subplot(211),eval('a_gang')
subplot(212),eval('p_gang')

%----------------------------------------------
%   zeigt Pole und Nullstellen
%   entspricht D_ANALYS - Menüpunkt  15
%   Dateiname: pn_plan
%----------------------------------------------
helppst=sprintf('c%gx',helpfarbe);
helpnst=sprintf('c%go',helpfarbe);
if exist('pst') & exist('nst')
        polar(wpst,bpst,helppst,wnst,bnst,helpnst,kreis,rho,'-w')
        xlabel(sprintf(' %g Pol(e), %g Nullstelle(n)',length(pst),length(nst)))
   elseif exist('nst')
        polar(wnst,bnst,helpnst,kreis,rho,'-w')
        xlabel(sprintf('keine Pole, %g Nullstelle(n)',length(nst)))
   elseif exist('pst')
        polar(wpst,bpst,helppst,kreis,rho,'-w'),
        xlabel(sprintf(' %g Pol(e), keine Nullstellen',length(pst)))
   else
        polar(kreis,rho,'-w')
        xlabel('keine Polstellen, keine Nullstellen')
end
title('Z - PN-Plan')

%-------------------------------------------------------------
%   zeigt Amplituden- u. Phasengang, Impulsantwort und PN-Plan
%   gleichzeitig an, entspricht D_ANALYS Menüpunkt 16
%   Dateiname: appiantw.m
%-------------------------------------------------------------
subplot(221), eval('a_gang'), subplot(222), eval('im_antw')
subplot(223), eval('p_gang'), subplot(224), eval('pn_plan')

%----------------------------------------------------
%   zeigt die Impulsantwort + HG0 des Systems an
%   entspricht D_ANALYS - Menüpunkt  17
%   Dateiname: im_antwh.m
%----------------------------------------------------
[helpx helpy]=halt0(0:graphwerte-1,dimpulse(a,b,graphwerte));
plot(helpx,helpy,farbe)
```

```matlab
title('Impulsantwort + HG0')

%------------------------------------------------------
%    zeigt die Sprungantwort des Systems +HG0 an
%    entspricht D_ANALYS - Menüpunkt  18
%    Dateiname: sp_antwh.m
%------------------------------------------------------
[helpx helpy]=halt0(0:graphwerte-1,dstep(a,b,graphwerte));
plot(helpx,helpy,farbe), title('Sprungantwort + HG0')

%------------------------------------------------------
%    zeigt die Rampenantwort + HG0 des Systems an
%    entspricht D_ANALYS - Menüpunkt  19
% Dateiname: ra_antwh.m
%------------------------------------------------------
[helpx helpy]=halt0(0:graphwerte-1,filter(a,b,[1:1:graphwerte]));
plot(helpx,helpy,farbe), title('Rampenantwort + HG0')

%----------------------------------------------------------
%    zeigt die Filterwirkung des Systems an einem zufälligen
%    gleichverteilten Signal, entspricht D_ANALYS - Menüpunkt 20
%    Dateiname: filt_gl.m
%----------------------------------------------------------
rand('uniform')                          % Zufallsgenerator auswählen
rausch=rand(abszissenwerte,1);
  obergrenze1=max(rausch);               %Koordinatensystem anpassen
  untergrenze1=min(rausch);
axis([vonwo biswo untergrenze1 obergrenze1]);
 subplot(211),  plot(abszisse,rausch,farbe)
 xlabel('wT'), title('Filterung gleichverteiltes Signal')
axis;
  obergrenze2=max(filter(a,b,rausch));
  untergrenze2=min(filter(a,b,rausch));
axis([vonwo biswo untergrenze2 obergrenze2]);
 subplot(212),  plot(abszisse,filter(a,b,rausch),farbe)
 xlabel('wT'), title('Filterergebnis')
axis;

%----------------------------------------------------------
%    zeigt die Filterwirkung Systems an einem zufälligen
%    normalverteilten Signal, entspricht D_ANALYS - Menüpunkt 21
%    Dateiname: filt_no.m
%----------------------------------------------------------
rand('normal')                           % Zufallsgenerator auswaehlen
rausch=rand(abszissenwerte,1);
axis([vonwo biswo min(rausch) max(rausch)]);
 subplot(211),  plot(abszisse,rausch,farbe)
```

```
  title('Filterung normalverteiltes Signal'), xlabel('wT')
axis;

filt=filter(a,b,rausch);
axis([vonwo biswo min(filt) max(filt)])
  subplot(212),  plot(abszisse,filt,farbe)
  title('Filterergebnis'), xlabel('wT')
axis;

%----------------------------------------------
% Zeichnet Ortskurve diskreter Systeme
% entspricht D_ANALYS - Menuepunkt 22
% Dateiname: ortskurv.m
%----------------------------------------------
polar(kreis, rho), grid
title('Ortskurve')

%-------------------------
% Dateiname:  unwrap1.m
%-------------------------
function q = unwrap1(p, cutoff)
%UNWRAP Unwrap phase angle in radians.
%       UNWRAP(P,CUTOFF) unwraps radian phases P by changing absolute
%       jumps greater than CUTOFF to their 2*pi complement.  CUTOFF
%       angle defaults to pi.  Unwraps columnwise with matrices.
%------------------------------------------------------------------------------
% Original: J.N. Little, 4-1-87.
% Revised:  C R. Denham, 4-29-90.
%       Copyright (c) 1987-90, by the MathWorks, Inc.
% Revised:  B.P. Lampe   5-9-91
if nargin < 2, cutoff = pi/2; end          % Original UNWRAP used pi*170/180.
                                           % Denham used pi
[m, n] = size(p); oldm = m;
if m == 1, p = p(:); [m, n] = size(p); end     % Column orientation.
pmin = min(p); pmin = pmin(ones(m, 1), :);      % To force REM to behave.
p = rem(p - pmin, pi) + pmin;              % Phases modulo pi.

b = [p(1, :); diff(p)];                    % Differentiate phases.
c = -(b > cutoff); d = (b < -cutoff);      % Locations of jumps.
e = (c + d) * pi;                          % Array of pi jumps.
f = cumsum(e);                             % Integrate to get corrections.

q = p + f;                                 % Phases + corrections.
if oldm == 1, q = q.'; end                 % Reorient.
%------------------------------------------------------------------------------
%------------------------------------------------------------------------------
```

9 Anhang: Tabellen

Dieser Anhang stellt häufig gebrauchte Korrespondenzen und Sätze zusammen, die sowohl zwischen dem z-Bereich und dem Zeitbereich vermitteln, als auch Verbindungen zum Laplaceschen Bildbereich herstellen. Die Auflistung einiger für die Praxis nützlicher Zusammenhänge mit "vorgefertigten Lösungshilfen" ergänzt das Angebot an Rechenhilfsmitteln.

9.1 Einige Elementarfunktionen

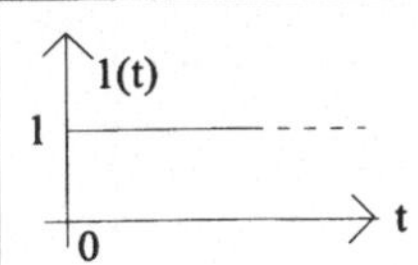

$$1(t) = \begin{cases} 1 \text{ für } t \geq 0 \\ 0 \text{ für } t < 0 \end{cases} \qquad \text{Einheits-Sprungfunktion}$$

$$Z\{1(t)\} = \frac{z}{z-1} \qquad \text{Z-Bildfunktion}$$

$$A \cdot 1(t - nT) = \begin{cases} A \text{ für } (t-nT) \geq 0 \\ 0 \text{ für } (t-nT) < 0 \end{cases} \qquad \text{verschobene Sprungfkt}$$

$$Z\{A \cdot 1(t - nT)\} = A \cdot z^{-n} \cdot \frac{z}{z-1} \qquad \text{Z-Bildfunktion}$$

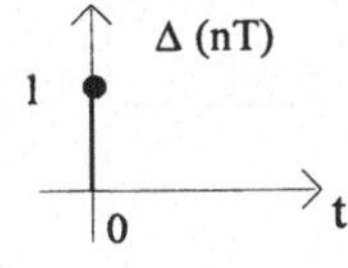

$$\Delta(nT) = \begin{cases} 1 \text{ für } nT = 0 \\ 0 \text{ für } nT \neq 0 \end{cases} \qquad \text{Einheitsimpuls}$$

$$Z\{\Delta(nT)\} = 1 \qquad \text{Z-Bildfunktion}$$

$$A \cdot \Delta[(n-k)T] = \begin{cases} A \text{ für } n-k = 0 \\ 0 \text{ für } n-k \neq 0 \end{cases} \qquad \text{verschobener Impuls}$$

$$Z\{A \cdot \Delta[(n-k)T]\} = A \cdot z^{-k} \qquad \text{Z-Bildfunktion}$$

9.2   Ausgewählte Korrespondenzen und Sätze
9.2.1   Korrespondenzen zur Z-Transformation

Nr	f(t)	F(z) = Z{f(t)}
0	$f(t)$	$F(z) = Z\{f(nT)\} = \sum_{n=0}^{\infty} f(nT) \cdot z^{-n}$
1	$\Delta(t)$	1
2	$1(t)$	$\dfrac{z}{z-1}$
3	t	$\dfrac{T\,z}{(z-1)^2}$
4	t^2	$\dfrac{T^2\,z\,(z+1)}{(z-1)^3}$
5	t^3	$\dfrac{T^3 z\,(z+4z+1)}{(z-1)^4}$
6	e^{at}	$\dfrac{z}{z-e^{aT}}$
7	$a^{t/T}$	$\dfrac{z}{z-a}$
8	$\dfrac{t}{T}\,a^{t/T}$	$\dfrac{a\,z}{(z-a)^2}$
9	$\dfrac{t}{T}\,a^{(t/T-1)}$	$\dfrac{z}{(z-a)^2}$
10	$\sin\omega_o t$	$\dfrac{z\sin\omega_o T}{z^2 - 2\,z\cos\omega_o T + 1}$

9.2.2 Korrespondenzen zur Z-Transformation

11	$\cos\omega_0 t$	$\dfrac{z(z - \cos\omega_0 T)}{z^2 - 2\,z\cos\omega_0 T + 1}$
12	$\sinh\omega_0 t$	$\dfrac{z\sinh aT}{z^2 - 2\,z\cosh aT + 1}$
13	$\cosh\omega_0 t$	$\dfrac{z(z - \cosh\omega_0 T)}{z^2 - 2\,z\cosh\omega_0 T + 1}$
14	$a^{t/T}\sin\omega_0 t$	$\dfrac{z\cdot a\cdot\sin\omega_0 T}{z^2 - 2a\cdot z\cdot\cos\omega_0 T + a^2}$
15	$a^{t/T}\cos\omega_0 t$	$\dfrac{z(z - a\cos\omega_0 T)}{z^2 - 2\,az\cos\omega_0 T + a^2}$
16	$e^{-at}\sin\omega_0 t$	$\dfrac{z\,e^{-aT}\sin\omega_0 T}{z^2 - 2\,z\,e^{-aT}\cos\omega_0 T + e^{-2aT}}$
17	$e^{-at}\cos\omega_0 t$	$\dfrac{z^2 - 2\,z\,e^{-aT}\cos\omega_0 T}{z^2 - 2\,z\,e^{-aT}\cos\omega_0 T + e^{-2aT}}$
18	$\dfrac{a^{(t/T+1)} - b^{(t/T+1)}}{a - b}$	$\dfrac{z^2}{(z - a)(z - b)}$
19	$\dfrac{(a^{t/T} - b^{t/T})}{a - b}$	$\dfrac{z}{(z - a)(z - b)}$
20	$\dfrac{1}{(a-1)^2}\left((1-a)\dfrac{t}{T} - 1 + a^{t/T}\right)$	$\dfrac{z}{(z-1)^2\,(z-a)}$

9.2.3   Sätze zur Z-Transformation

Nr	$f(t)$	$F(z) = Z\{f(t)\}$	
1	$f(t - kT)\,1(t - kT)$	$z^{-k}\,F(z)\quad k >= 0,\ \text{ganz}$	Verschiebung rechts für Schaltfkt
2	$f(t - T)\,1(t)$	$z^{-1}\,F(z) + f(-T)$	Verschiebung rechts für Nicht-Schaltfkt
3	$e^{at}\,f(t)$	$F(e^{-aT}z)$	Multiplikation mit e-Fkt
4	$a^{-n}f(t)$	$F(a \cdot z)$	Skalierung i. Bildbereich
5	$\displaystyle\int_{t=0}^{nT} f(\tau)\,d\tau$	$\dfrac{T}{z-1}\,F(z)$	Integration (Vorwärts-Diff.)
6	$\dfrac{df(t)}{dt}$	$\dfrac{z-1}{T}\,F(z) - \dfrac{z}{T}\,f(+0)$ — Differentiation (Vorwärts- Diff.) $\dfrac{z-1}{zT}\,F(z)$ — Differentiation (Rückwärts-Diff.)	
7	$\Delta f(nT) = f[(n+1)T] - f(nT)$	$(z-1)\,F(z) - f(0)\,z$	Vorwärts-Diff.1.O.
8	$\Delta^2 f(nT) = \Delta f[(n+1)T] - \Delta f(nT)$	$(z-1)^2\,F(z) - f(0)z\,(z-1) + f(0)z$	Vorwärts-Diff.2.O.
9	$f[(n+1)T]$	$z\,F(z) - z\,f(0)$	Verschiebung links für Schaltfunktionen
10	$f[(n+2)T]$	$z^2\,F(z) - z^2\,f(0) - z\,f(T)$	
11	$f[(n+3)T]$	$z^3\,F(z) - z^3\,f(0) - z^2\,f(T) - z\,f(2T)$	
12	$f[(n+a)T]$	$z^a\,F(z) - z^a\,f(0) - z^{a-1}\,f(T) - z^{a-2}\,f(2T) - .. - z\,f[(a-1)T]$	
13	$f_1(nT) * f_2(nT)$	$F_1(z) \cdot F_2(z)$	Faltungssatz
14	$f(t) = f(t + mT)$	$\dfrac{1}{1 - z^{-m}}\,F(z)$	period. Zeitfkt
15	$f(0) = \lim_{z \to \infty} F(z)$		Anfangswertsatz
16	$f(\infty) = \lim_{z \to 1}(z-1)F(z)$		Endwertsatz
17	$G(z) = \dfrac{z-1}{zT}\,Z\{\ddot{u}(t)\}$		$G(z)$ - Übertragungsfkt i. Z-Bereich $\ddot{u}(t) = L^{-1}\{G(p)/p\}$ - Übergangsfkt
18	$Z\{f(t+\varepsilon T)\cdot 1(t+\varepsilon T)\} = Z\{f(t+\varepsilon T)\}$ $Z\{f(t-\varepsilon T)\cdot 1(t-\varepsilon T)\} = Z\{f[(t-\varepsilon T]\} - f(-\varepsilon T)$		Erweiterte Z-Transformation Verschiebungssätze

9.2.4   Korrespondenzen zur $\mathcal{L}$-Transformation

Nr	$f(t)$	$F(p)=\mathcal{L}\{f(t)\}$
0	$f(t)$	$\mathcal{L}\{f(t)\} = F(p) = \int\limits_{0}^{\infty} f(t)\cdot e^{-pt}dt$
1	$\delta(t)$	1
2	$\dfrac{d^n\delta(t)}{dt^n}$	p^n
3	$1(t)$	$\dfrac{1}{p}$
4	t	$\dfrac{1}{p^2}$
5	$t^n/n!$	$\dfrac{1}{p^{n+1}}$
6	e^{-at}	$\dfrac{1}{p+a}$
7	$\dfrac{1}{b-a}(e^{-at}-e^{-bt})$	$\dfrac{1}{(p+a)(p+b)}$
8	$\sin\omega t$	$\dfrac{\omega}{p^2+\omega^2}$
9	$\cos\omega t$	$\dfrac{p}{p^2+\omega^2}$
10	$\sinh at$	$\dfrac{a}{p^2-a^2}$
11	$\cosh at$	$\dfrac{p}{p^2-a^2}$
12	$e^{-at}\sin\omega t$	$\dfrac{\omega}{(p+a)^2+\omega^2}$
13	$e^{-at}\cos\omega t$	$\dfrac{p+a}{(p+a)^2+\omega^2}$
14	$\dfrac{e^{-at}\cdot t^n}{n!}$	$\dfrac{1}{(p+a)^{n+1}}$
15	$\dfrac{t}{2\omega}\sin\omega t$	$\dfrac{p}{(p^2+\omega^2)^2}$

9.2.5 Sätze zur L-Transformation

Nr.	f(t)		$F(p)=L\{f(t)\}$
1	$f(t)$	Definition	$F(p) = \int\limits_{0}^{\infty} f(t) \cdot e^{-pt}\,dt$
2	$a_1 f_1(t) + a_2 f_2(t)$	Superposition	$a_1 F(p) + a_2 F_2(p)$
3	$\dfrac{df(t)}{dt}$	Differentiation	$p\,F(p) - f(0)$
4	$\dfrac{d^n f(t)}{dt^n}$		$p^n \cdot F(p) - \sum_{i=1}^{n} p^{(n-i)} \cdot f^{(i-1)}(0)$
5	$\int_0^t f(\tau)\,d\tau$	Integration	$\dfrac{1}{p} F(p)$
6	$\int_0^t \int_0^t f(\tau)\,d\tau\,dt$		$\dfrac{1}{p^2} F(p)$
7	$(-t)^n\, f(t)$		$\dfrac{d^n F(p)}{dp^n}$
8	$f(t-a)\cdot 1(t-a)$	Verschiebung	$e^{-ap}\, F(p)$
9	$e^{-at}\, f(t)$	Dämpfung	$F(p+a)$
10	$f(at)$	Ähnlichkeit	$\dfrac{1}{a} F(\dfrac{p}{a})$
11	$f(0) = \lim\limits_{p \to \infty} p \cdot F(p)$	Anfangswertsatz	
12	$f(\infty) = \lim\limits_{p \to 0} p \cdot F(p)$	Endwertsatz	

9.2.6 Vergleichende Korrespondenzen im Z-, L- u. Zeitbereich

Systemfkten im Zeitbereich, Z- u. L-Bildbereich mit u. ohne Halteglied 0.O.

t-Bereich	L-Bereich.	Z-Bereich	System + Halteglied
$g(t)$	$G(p)=L\{g(t)\}$	$G(z)=Z\{g(t)\}$	$G_{sys+HG}(z) = \dfrac{z-1}{z}\, Z\{\ddot{u}(t)\}$
$1(t)$	$\dfrac{1}{p}$	$\dfrac{z}{z-1}$	$\dfrac{T}{z-1}$
t	$\dfrac{1}{p^2}$	$\dfrac{Tz}{(z-1)^2}$	$\dfrac{T^2}{2}\dfrac{z+1}{(z-1)^2}$
e^{-at}	$\dfrac{1}{p+a}$	$\dfrac{z}{z-e^{-aT}}$	$\dfrac{1-e^{-aT}}{a(z-e^{-aT})}$
te^{-at}	$\dfrac{1}{(p+a)^2}$	$\dfrac{Te^{-aT}z}{(z-e^{-aT})^2}$	$\dfrac{z(1-e^{-aT}-aTe^{-aT})+e^{-2aT}-e^{-aT}+aTe^{-aT}}{a^2(z-e^{-aT})^2}$

$-\boxed{g(t)}-$	$-\boxed{G(p)}-$	$\overset{\circ\!\!\!/\,\circ}{T}\ \boxed{g(t)}$ $G(z)$	$\overset{\circ\!\!\!/\,\circ}{T}\ \boxed{H.G.}\ \boxed{g(t)}$ $G_{sys+HG}\ (z)$
$\boxed{\text{TP 1.O.}}$ $\dfrac{1}{\tau}e^{-\frac{t}{\tau}}$	$\dfrac{1}{\tau}\dfrac{1}{p+\dfrac{1}{\tau}}$	$\dfrac{1}{\tau}\cdot\dfrac{z}{z-e^{-\frac{T}{\tau}}}$	$\dfrac{1-e^{-\frac{T}{\tau}}}{z-e^{-\frac{T}{\tau}}}$
$\boxed{\text{TP 2.O.}}$ $\dfrac{1}{b-a}\left(e^{-at}-e^{-bt}\right)$	$\dfrac{1}{(p+a)(p+b)}$	$\dfrac{1}{b-a}\left(\dfrac{z}{z-e^{-bT}}-\dfrac{z}{z-e^{-aT}}\right)$	$\dfrac{1}{ab}+\dfrac{1}{b-a}\left(\dfrac{1}{b}\dfrac{z-1}{z-e^{-bT}}-\dfrac{1}{a}\dfrac{z-1}{z-e^{-aT}}\right)$

$p \rightarrow \dfrac{2}{T}\cdot\dfrac{z-1}{z+1}$	angenäherte numerische Laplace-Rücktransformation (Kap. 6.5.)

9.3   Anwendung der Z-Transformation auf diskrete / kontinuierliche Systeme bei verschiedenen Signaltypen

Signalart	Systemart	Lösungsansatz
diskret oder kontinuierlich:		
aperiodisch mit $T_{signal} \gg T$	$E(z) \rightarrow \boxed{G(z)} \rightarrow A(z)$	$\rightarrow$ Kap.3.1; Kap. 3.3.1 $A(z) = E(z)\,G(z)$
periodisch mit $T_{signal} \gg T$	$E(z) \rightarrow \boxed{G(z)} \rightarrow A(z)$	$\rightarrow$ Kap.3.1; Kap. 1.4.2 $A(z) = E(z)G(z) \cdot \dfrac{1}{1-z^{-m}}$
kontinuierlich:		
Rechteckimpulsfolge mit $T_{signal} < T$ A_o , ΔT , $A_o 1(t)$	$E(z) \rightarrow \boxed{G(z)} \rightarrow A(z)$	$\rightarrow$ Kap.3.2.2; Kap.3.2.3 $A(z) \approx E(z)G(z)$ wenn $f_{gr} \ll 1/\Delta T$ und $\Delta T \ll T$
Treppensignale $e(t)$, $e^*(t)$	$E(z) \rightarrow \boxed{G_H(z)} \rightarrow \boxed{G(z)} \rightarrow A(z)$ $G_{ges}(z)$	$\rightarrow$ Kap. 3.2.4 $A(z) = E(z)G_{ges}(z)$ $G_{ges}(z) = Z\{g_H(t) * g(t)\}$
beliebige Impulsfolge mit $T_{signal} < T$ $e(t)$	$E(z) \rightarrow \boxed{\substack{\text{Formier-}\\\text{Glied}}} \rightarrow \boxed{G(z)} \rightarrow A(z)$ $G_E(z)$ $E(z) \rightarrow \boxed{G_E(z)} \rightarrow A(z)$	$\rightarrow$ Kap.3.3.3 $A(z) = E(z)G_E(z)$ $G_E(z) = Z\{g_E(t)\}$

9.4   System-Kennfunktionen

Häufig verwendete Systemfunktionen im

   Zeitbereich,

   Laplace-Bildbereich,

   Fourier-Frequenzbereich,

   Z-Bildbereich

für zeit*kontinuierliche* und zeit*diskrete* Systeme.

9.4.1   Zeitkontinuierliche Systeme

Zeitbereich: **Differentialgleichung**

$$\sum_{k=0}^{n} b_k \frac{d^k a(t)}{dt^k} = \sum_{k=0}^{m} a_k \frac{d^k e(t)}{dt^k}$$

a(t): Ausgangssignal

e(t): Eingangssignal

Laplace-Bildbereich: **Übertragungsfunktion G(p)**

$$G(p) = \frac{A(p)}{E(p)} = \frac{a_m p^m + a_{m-1} p^{m-1} + \cdots + a_1 p + a_0}{b_n p^n + b_{n-1} p^{n-1} + \cdots + b_1 p + b_0} = \frac{\sum_{k=0}^{m} a_k p^k}{\sum_{k=0}^{n} b_k p^k}$$

Beachte: die *Zähler*-Koeffizienten des Polynoms entsprechen den Koeffizienten
der *rechten Seite* der Differentialgleichung

Fourier-Bildbereich: **Komplexer Frequenzgang G(jω)**

$$G(j\omega) = \frac{A(j\omega)}{E(j\omega)} = \frac{a_m (j\omega)^m + a_{m-1} (j\omega)^{m-1} + \cdots + a_1 (j\omega) + a_0}{b_n (j\omega)^n + b_{n-1} (j\omega)^{n-1} + \cdots + b_1 (j\omega) + b_0} = \frac{\sum_{k=0}^{m} a_k (j\omega)^k}{\sum_{k=0}^{n} b_k (j\omega)^k}$$

worin $G(j\omega) = |G(j\omega)| \cdot e^{j\varphi(\omega)}$

9.4.2 Zeitdiskrete Systeme

Zeitbereich: **Differenzengleichung**

$$\sum_{k=0}^{n} b_k\, a[(n-k)T] = \sum_{k=0}^{m} a_k\, e[(n-k)T] \qquad a(nT): \text{Ausgangssignal}$$

$$e(nT): \text{Eingangssignal}$$

oder a(nT) explizit geschrieben

$$a(nT) = -\sum_{k=0}^{m} a_k\, e[(n-k)T] + \sum_{k=1}^{n} b_k\, a[(n-k)T] \quad \text{für rekursive Systeme}$$

$$a(nT) = \sum_{k=1}^{n} b_k\, a[(n-k)T] \qquad\qquad \text{für nichtrekursive Systeme}$$

Z-Bildbereich: **Übertragungsfunktion G(z)**

$$G(z) = \frac{A(z)}{E(z)} = \frac{a_m z^m\; + a_{m-1} + \cdots + a_1 z + a_0}{b_n z^n + b_{n-1} z^{n-1} + \cdots b_1 z + b_0} = \frac{\displaystyle\sum_{k=0}^{m} a_k z^k}{\displaystyle\sum_{k=0}^{n} b_k z^k}$$

Fourier-Bildbereich: **Komplexer Frequenzgang $G(e^{j\omega T})$**

$$G(e j\omega T) = \frac{a_m (e^{j\omega T})^m + a_{m-1}(e^{j\omega T})^{m-1} + \cdots + a_1 e^{j\omega T} + a_0}{b_n (e^{j\omega T})^n + b_{n-1}(e^{j\omega T})^{n-1} + \cdots + b_1 e^{j\omega T} + b_0} = \frac{\displaystyle\sum_{k=0}^{m} a_k (e^{j\omega T})^k}{\displaystyle\sum_{k=0}^{n} b_k (e^{j\omega T})^k}$$

Beachte: die *Zähler*-Koeffizienten des Polynoms entsprechen den Koeffizienten der *rechten Seite* der Differenzengleichung.

9.5   Polwinkel $\varphi = \omega_o T$ und Zeitfunktion f(nT)

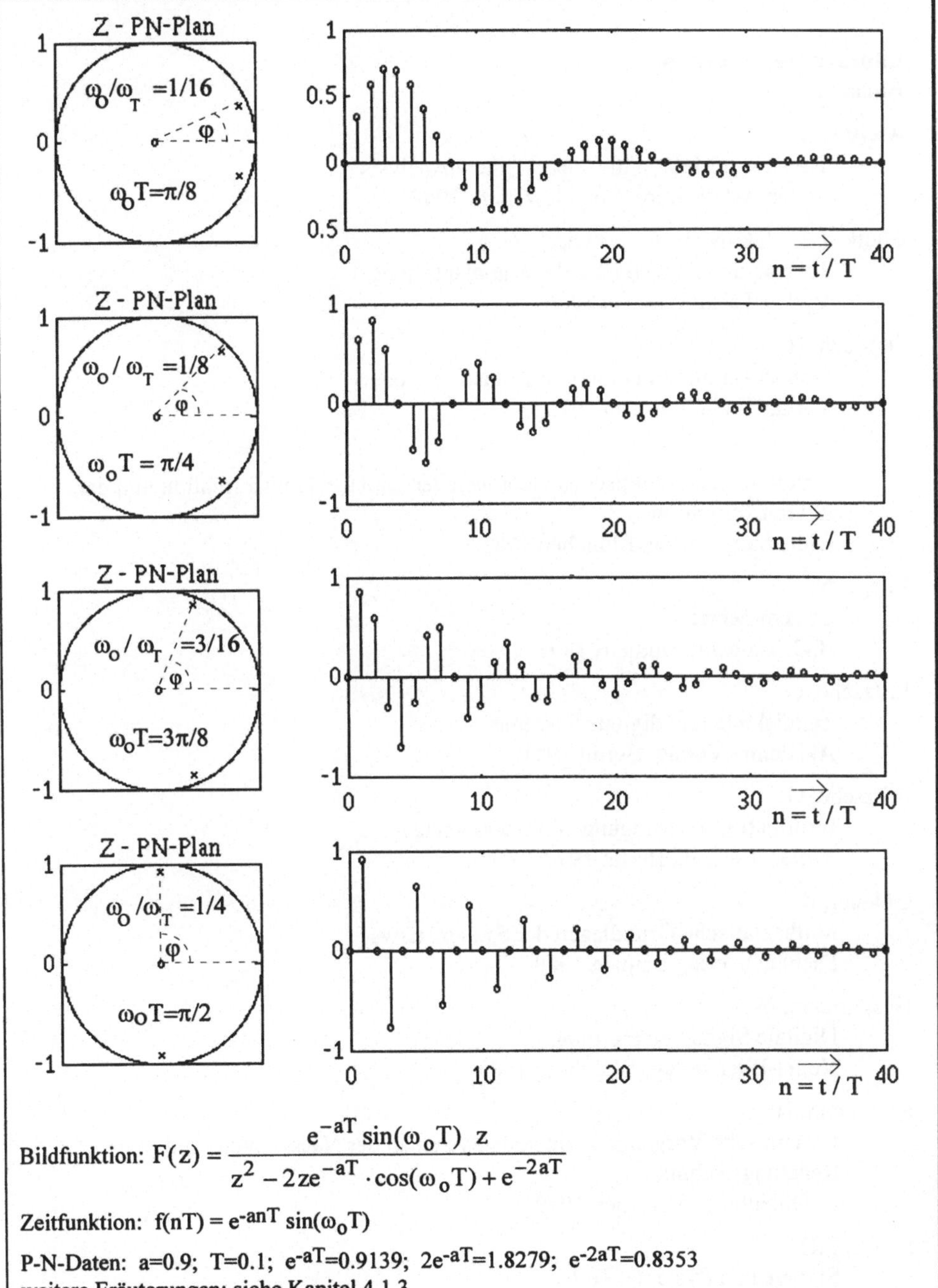

Bildfunktion: $F(z) = \dfrac{e^{-aT} \sin(\omega_o T)\ z}{z^2 - 2ze^{-aT} \cdot \cos(\omega_o T) + e^{-2aT}}$

Zeitfunktion: $f(nT) = e^{-anT} \sin(\omega_o T)$

P-N-Daten: a=0.9; T=0.1; e^{-aT}=0.9139; $2e^{-aT}$=1.8279; e^{-2aT}=0.8353

weitere Eräuterungen: siehe Kapitel 4.1.3

Literaturverzeichnis
Bücher:

Aseltine, J.A.
Transform Method in Linear System Analysis
McGraw-Hill Book Co., New York 1958

Churkin, J., Jakowlew, C., Wunsch, G.
Theorie und Anwendung der Signalabtastung
Verlag Technik Berlin 1966

Dobesch, H.
Laplace-Transformation von Abtastfunktionen
Verlag Technik Berlin 1970

Doetsch, G.
Anleitung zum praktischen Gebrauch der Laplace-Transformation und der
Z-Transformation
Oldenburg-Verlag, München 1981

Fliege, N.
Systemtheorie
B.G. Teubner, Stuttgart 1991

Fritzsche, G.
Zeitdiskrete und digitale Systeme
Akademie.Verlag, Berlin 1981

Fritzsche, G.
Informationsübertragung, Wissensspeicher
Verlag Technik, Berlin 1977

Göldner, K.
Mathematische Grundlagen der Systemanalyse
Fachbuchverlag Leipzig 1989

Hesselmann, N.
Digitale Signalverarbeitung
Vogel-Buchverlag, Würzburg 1983

Kaufmann, H.
Dynamische Vorgänge in linearen Systemen der Nachrichten- und
Regelungstechnik
R. Oldenburg, München 1959

Lange, F.H.
Signale und Systeme, Teil 1
Verlag Technik, Berlin 1975

Oppenheim, A.V., Willsky, A.S.
    Signale und Systeme
    VCH-Verlagsgesellschaft, Weinheim, 1989

Papoulis, A.
    The Fourier Integral and its Applications
    McGraw-Hill Book Co., New York 1962

Schrüfer, E.
    Signalverarbeitung
    München, Carl Hanser-Verlag 1992

Schwartz, H.
    Zeitdiskrete Regelungssysteme
    Berlin, Akademie-Verlag 1979

Stopp, F.
    Operatorenrechnung, Laplace-, Fourier- und Z-Transformation
    B. G. Teubner-Verlagsgesellschaft
    Stuttgart, Leipzig 1992

Tietze, U. , Schenk. Ch.
    Halbleiter-Schaltungstechnik
    Berlin, Springer 1993

Unbehauen, R.
    Systemtheorie
    Akademie-Verlag Berlin 1980

Van den Enden, A., Verhoeckx, N.
    Digitale Signalverarbeitung
    Friedr. Vieweg & Sohn, Braunschweig/Wiesbaden 1990

Vich, R.
    Z-Transformation, Theorie und Anwendung
    Verlag Technik, Berlin 1963

Wunsch, G.
    Systemanalyse Bd. 1 u. Bd. 2
    Hüthig Verlag, Heidelberg 1967, 1972

Wunsch, G.
    Systemtheorie der Informationstechnik
    Akademische Verlagsgesellschaft Geest u. Portig, Leipzig 1971

Einzelarbeiten:

Bening, F.
    Z-Transformation und puls-amplitudenmodulierte Signale
    Nachrichtentechnik, Elektronik H.11, 1982, S.467-471

Bening, F.
Z-Transformation und kontinuierliche Systemreaktion
Messen, Steuern, Regeln, Berlin 26 Jahrg., H.8., 1983, S.447-458

Hameister, R.
Demonstrationsprogramm zur Z-Transformation
Diplomarbeit 1992, Universität Rostock (unveröffentlicht)

Hoffmann, J.
Gefiltertes AmplitudenGephasel
Magazin für Computerpraxis H.1, 1991, S.82-91

Holzhausen, G.
Demonstrationsprogramm DIGFILT
Belegarbeit 1991, Universität Rostock (unveröffentlicht)

Lipinski, I.
Demonstrationsprogramm FILTFALT
Belegarbeit 1991 , Universität Rostock (unveröffentlicht)

Zecha, M.
System-Kennfunktionen
Belegarbeit 1992, Universität Rostock (unveröffentlicht)